Jasmin Jülicher

# Aspiration

AF216928

Bibliografische Information der Deutschen Nationalbibliothek:
Die Deutsche Nationalbibliothek verzeichnet diese Publikation in
der Deutschen Nationalbibliografie; detaillierte bibliografische
Daten sind im Internet über http://dnb.d-nb.de abrufbar.

**Aspiration**
© 2024 Jasmin Jülicher
Annastraße 87
47638 Straelen
Deutschland

Coverillustration: Hannah Böving
Lektorat: Ka & Jott, Bernau bei Berlin
Buchsatz: saje design, www.saje-design.de
Innengrafiken: Shutterstock
Druck: Booksfactory, Szczecin (Polen)

ISBN: 978-3-98942-381-7

# ASPIRATION

## DIE AKADEMIE

## JASMIN JÜLICHER

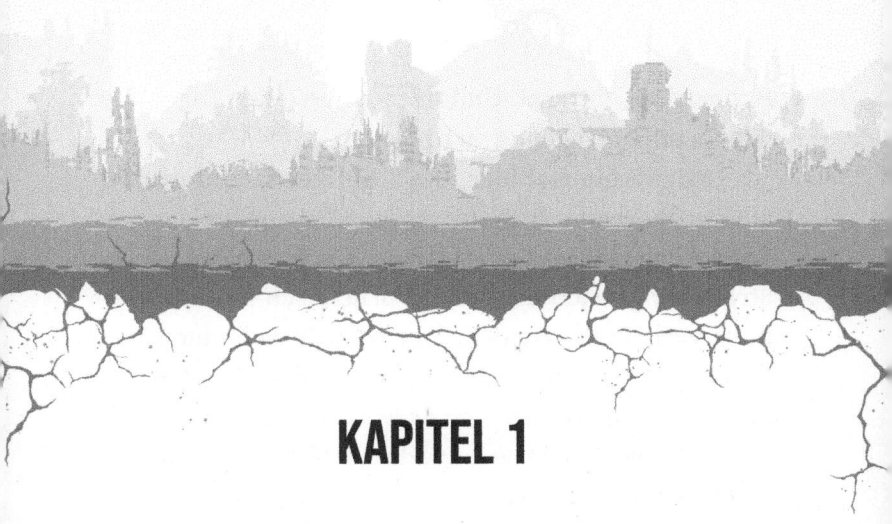

# KAPITEL 1

„Hier!" Reena warf ihrem Vater eine zerdrückte Plastikflasche zu. Geschickt fing er sie mit einer Hand auf und ließ sie in den Korb auf seinem Rücken gleiten, der bereits halb mit Plastikabfall gefüllt war. Auch Reena trug einen Korb auf dem Rücken, der ihr bis in die Kniekehlen reichte. Er war fast voll und der Müll darin rutschte bei jedem Schritt hin und her, so dass das Gehen mühsam wurde und sie langsam Schwierigkeiten mit dem Gleichgewicht bekam. Doch das war sie gewohnt. Seit ihr Bruder Joe vor einigen Wochen den Unfall gehabt hatte, war sie jeden Tag mit ihrem Vater hier draußen.

Mit einem Anflug von Schuldgefühlen ließ Reena ihren Blick über den Boden wandern. In Windeseile sortierte ihr Gehirn Aluminiumdosen und Glasscherben und trennte sie von dem wertvollen Plastikmüll, den sie suchte. Sie hatten sich bereits weit von Hope, ihrem

Heimatdorf, entfernt. Und sie mussten jeden Tag weiter gehen, um noch genug zu finden.

„Ich schaue mal hier rein", rief Reena und deutete auf die Überreste eines Hauses. Rundherum um das, was vermutlich mal der Garten gewesen war, waren kleinere Sträucher gewachsen, deren Dornen sich in ihrer Kleidung verhakten. Vorsichtig bahnte sie sich einen Weg durch die Pflanzen und achtete darauf, nicht über den Abfall zu stolpern, der sich dazwischen auftürmten.

„Aber bleib nicht zu lange da drin!", rief ihr Vater, als Reena bereits das ehemalige Wohnhaus betrat. Wie auch die Häuser in ihrem Dorf war es aus Steinen gebaut worden, weswegen es auch jetzt, rund 250 Jahre später, noch stand. Sie machte sich nicht allzu große Hoffnungen, im Inneren noch Plastik zu finden, vermutlich waren bereits mehr als genug andere Sammler hier gewesen. Aber es reizte sie. Hier konnte sie nachempfinden, wie die Menschen damals gelebt hatten. Wie es gewesen war, bevor abwechselnde Überschwemmungen und Dürreperioden das Leben in Kalifornien unmöglich gemacht hatten. Und bevor eine resistente Form der Beulenpest den größten Teil der Überlebenden dahingerafft hatte.

Vorsichtig tastete Reena sich an der Tür entlang. Die ehemaligen Fenster waren zerbrochen, vor ihnen hatte sich Müll aufgetürmt und nur wenig Licht drang ins düstere Innere des Hauses. Mit einem Schnippen entzündete Reena ihr Feuerzeug und schwenkte es hin und her. Auf der linken Seite führten zwei Stufen in einen etwas tiefergelegenen Raum, den drei vergammelten Haufen

Stoff nach zu urteilen vermutlich das ehemalige Wohnzimmer. Rechts ging es weiter in die Küche. Die Schränke waren längst zusammengebrochen und die Reste von Bakterien zersetzt worden. Unter dem Müll auf dem Boden entdeckte Reena Fliesen. Welche Farbe sie einmal gehabt hatten, war unmöglich zu sagen. Rasch schaute sie, ob irgendetwas von dem Abfall noch verwertbar war, entweder Plastik oder Teile von elektronischen Geräten, die womöglich noch nützlich waren. Die könnte sie Al mitbringen, einem Mann in ihrem Dorf, der fast alles reparieren konnte. Vor einigen Wochen hatte sie ein Gerät gefunden, das CDs abspielen konnte, kleine Scheiben, auf denen die Menschen früher Musik gespeichert hatten. Und nun konnte sie dank Al diese Musik hören, es war fast wie Magie.

Am Fuß der Treppe, die ins Obergeschoss führte, zögerte Reena. Das, was von der Treppe noch übrig war, wirkte wenig vertrauenerweckend. Würden die Stufen sie überhaupt tragen? Doch vielleicht war gerade aus dem Grund noch niemand oben gewesen, vielleicht gab es dort noch Plastik. Dann hätte sich ihr Ausflug am Ende noch gelohnt. Das, was sie und ihr Vater heute bisher gesammelt hatten, würde nicht für Joes Medikamente reichen. Er brauchte Schmerzmittel. Sein gequälter Gesichtsausdruck, mit dem er sie in der Frühe verabschiedet hatte, tauchte vor ihrem inneren Auge auf. Er litt und das einzige, was sie dagegen tun konnte, war, diesen verdammten Müll zu sammeln. Entschlossen setzte Reena einen Fuß auf die unterste Stufe und

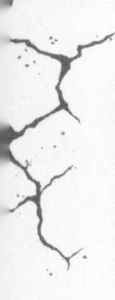

verlagerte ihr Gewicht prüfend ein paar Mal auf ihn. Die Stufe fühlte sich solide an und sie zog den anderen Fuß nach. Ganz langsam und vorsichtig arbeitete sie sich die Treppe empor. Auf der Hälfte machte diese einen Knick und wand sich wieder in die andere Richtung. Behutsam umrundete Reena die Kurve und konnte nun schon das Ende der Treppe erkennen. Sie hob ihr Feuerzeug höher, um zu sehen, ob das Obergeschoss bereits geplündert war, doch es war zu dunkel, der Lichtschein reichte nicht weit genug. Ungeduldig nahm sie eine weitere Stufe, und noch eine. Ihr Blick bohrte sich in die Finsternis jenseits des Feuerscheins. Das dort hinten könnte eine Plastikflasche sein, und das dort ...

Der Boden unter ihren Füßen gab nach. Mit einem Ruck sackte die Treppenstufe zuerst ein Stück nach unten und begann sich dann zur Seite zu neigen.

„Scheiße!" Reena warf das Feuerzeug hinauf in den ersten Stock und sprang hinterher. Sie bekam die letzte Treppenstufe und die Überreste eines Geländers zu fassen und zog sich daran hoch, ehe die halbe Treppe einstürzte. „Na wundervoll", murmelte sie. Das hatte ihr gerade noch gefehlt. Hoffentlich war ihr Vater weit genug entfernt und hatte von dem Getöse nichts mitbekommen, sonst würde er sie vermutlich nie wieder allein auch nur in die Nähe eines Hauses lassen.

Reena griff nach dem Feuerzeug und stand auf. Das Herz hämmerte in ihrer Brust. Aber ... Nun, da sie eh schon hier war, konnte sie sich auch umschauen. Das Feuerzeug erhoben ging sie langsam den Flur entlang. Das, was sie von der Treppe aus als Plastikflasche identifiziert hatte, war tatsächlich eine. Sie bückte sich und warf sie in den Korb auf ihrem Rücken. Wieder einen Schritt näher an den Medikamenten für Joe. Neben der Wasserflasche lagen noch einige Verpackungsreste für etwas, was die Leute früher Schokoriegel genannt hatten, klebrig süße Lebensmittel, um die Reena die Menschen von damals beneidete. Sie hätte nur zu gern gewusst, wie sie geschmeckt haben. Alles aus Plastik wanderte in ihren Korb und so arbeitete sie sich langsam den Flur entlang.

Es hatte eine Zeit gegeben, in der die Erde nicht so voller Abfall gewesen war. Dieser Gedanke erfasste Reena regelmäßig, oft gerade dann, wenn sie ein Haus durchstöberte. Denn in den Häusern konnte sie sich viel eher vorstellen, dass dort einmal Menschen ein anderes Leben geführt hatten. Sie hatte Bilder gesehen. Von Landschaften, die wunderbar grün waren. Ganz ohne den bunten Abfall, der die Welt nun bedeckte. Sie hatte gelesen, dass die Menschen selbst schuld daran gewesen waren, dass sich immer mehr Müll aufgehäuft hatte. Die Menschen hatten ihn selbst hergestellt und irgendwann wurden sie ihm nicht mehr Herr. Im Gegensatz zu Papier wurde Plastik, Glas oder Aluminium mit der Zeit nicht abgebaut. Es blieb für immer. Und genau das war das Problem gewesen. Der Abfall hatte die Welt mit der Zeit regelrecht überschwemmt. Erst hatten die Menschen versucht, ihn auf Inseln zu verstecken, ihn loszuwerden. Doch da sie immer mehr produzierten, reichten diese Inseln nicht lange. Die Abfälle breiteten sich in den Meeren aus, in den Seen und auf dem Land, bis sie schließlich überall waren. Und dann kam die Pest. Reena hatte in einem Haus, das sie durchsucht hatte, Berichte über diese Krankheit gefunden. Es hieß, dass sie durch Ratten ausgelöst worden war. Nein, durch Flöhe, die auf ihnen lebten, so war es gewesen. Im Müll fanden die Ratten ideale Lebensbedingungen, eine Plage, die die Menschen nicht mehr loswurden. Die Flöhe tummelten sich munter auf den Ratten und diese Krankheit, von denen die Menschen geglaubt hatten, sie wäre ausgerottet, war wieder ausgebrochen, nur diesmal mit einer Mutation, gegen die all die Antibiotika, die die Menschen besaßen, unwirksam waren.

Reena stieß die Tür zum ersten Zimmer auf der rechten Seite auf. Mit einem Knirschen öffnete sie sich einen Spalt breit, kippte dann einfach um und zerbrach sie in mehrere Teile.

„Ups."

Bunte Zeichnungen von niedlichen Tieren verzierten die Wände des Zimmers. Teile der Farbe waren abgeblättert, doch Reena konnte noch immer eine Katze und einen Vogel erkennen. Dies war vermutlich ein Kinderzimmer gewesen. Mitten auf dem gut erhaltenen Holzboden war ein dunkler Fleck mit ausgefransten Rändern. Und überall lagen bunte Figuren herum. Reena bückte sich rasch und griff nach einer von ihnen. Sie war aus Plastik. Aus schwerem Plastik. „Jackpot", murmelte sie und warf hektisch eine nach der anderen in ihren Korb. Die würden viel Gewicht bringen. Und mehr Gewicht bedeutete mehr

Medikamente für Joe. Fieberhaft sammelte sie alles an Plastik ein, das sie im Zimmer entdecken konnte, dann ging sie weiter ins nächste. Dies mochte das Elternschlafzimmer gewesen sein. Ein zusammengesunkener Haufen an der Wand ähnelte entfernt einem Bett. Auch hier lagen ein paar Plastikflaschen auf dem Boden, die Reena auflas, bis sie ruckartig stehenblieb und ihr Blick auf einen Schrank mit einer gläsernen Tür fiel. „Oh!" Sie stürzte hinüber zu dem Schrank, bei dessen Anschaffung sich seine Besitzer zu ihrem Glück für Glas entschieden hatten, denn nur so hatte das, was in seinem Inneren lag, die Zeit überdauert. Bücher. Ganze Regalreihen voll. Und alle in gutem Zustand! Mit zitternden Händen zog Reena die Tür auf. Die Luft, die dem Inneren entwich, roch nach Staub, nach der alten Zeit. Ihr Herz machte einen Satz, als sie den Rücken des ersten Buches berührte. Sie zog es heraus und fuhr mit den Fingern über den glatten Einband. Er war wunderschön. In noch immer bunten Farben zeigte er ein U-Boot, um das Fische herumschwammen. „20.000 Meilen unter dem Meer", las Reena laut. Sie wollte gerade nach dem nächsten Buch greifen, da erklang eine Stimme entfernt von draußen.

„Reena? Wo bist du? Wir müssen jetzt gehen, sonst sind wir nicht vor Sonnenuntergang zu Hause." Ihr Vater. Reenas Blick huschte zwischen dem Regal mit all den Büchern und der Tür zum Flur hin und her. Sie könnte vielleicht in einem der anderen Zimmer noch Plastik finden. Oder sie würde sich noch einige dieser kostbaren Bücher anschauen ...

„Reena?"

Reena seufzte tief. Ihr Vater würde wütend werden oder ihr womöglich etwas von er wenigen Freizeit streichen, die sie hatte, wenn sie nicht bald draußen erschien. Er war da recht streng, denn ihm gefiel es nicht, wenn er nicht wusste, wo sie war. Joe hielt es für eine Art Paranoia, doch für Reena fühlte es sich eher an, als traute ihr Vater ihr nichts zu. Was angesichts Joes Verletzung vielleicht auch kein Wunder war.

Kurz entschlossen schob Reena das Buch mit dem U-Boot in die Ledertasche, die neben ihrer Hüfte baumelte. Dann trat sie wieder hinaus auf den Flur. Sie blieb stehen, um nachzudenken. Die Treppe konnte sie nicht mehr nehmen, es sei denn, sie wollte riskieren, dass die Treppe noch weiter einbrach. Nein, mit dem schweren Korb auf ihrem Rücken war das keine Option. Sie lief hinüber zum Fenster am Ende des Flurs und warf einen Blick hinaus. Das Glas war vermutlich schon seit Jahrzehnten verschwunden. Und richtig: Ihre Erinnerung hatte sie nicht getäuscht, etwa einen Meter unterhalb verlief eine Mauer. Vermutlich war es einmal Teil einer dieser Garagen gewesen, von denen Reena in Büchern gelesen hatte. Ein zusätzlicher Raum, in dem die Menschen früher Autos abgestellt haben. Autos gab es schon lange nicht mehr. Reena hatte sie zwar oft auf Bildern gesehen, aber so richtig vorstellen konnte sie sich nicht, wie sich die Menschen damit fortbewegt haben sollten.

Mit einiger Mühe stieg sie auf die bröckelnde Fensterbank und ließ langsam ihre Füße einen nach dem anderen an der Außenwand hinab, bis sie den kurzen Mauerabschnitt ertastete. Sie ließ sich darauf sinken und hangelte sich an ihm herunter, bis sie wieder sicher auf dem Erdboden stand.

Mit raschen Schritten durchquerte sie das Dornengestrüpp. Ihr Vater stand auf einer kleinen Hügelkuppe und blickte sich in alle Richtungen um. Steile Falten hatten sich auf seiner Stirn gebildet. „Reena!"

„Ich bin doch schon da." Lässig legte sie den Kopf schief und sah ihren Vater ruhig an. Zum Glück konnte er nicht hören, wie ihr Herz nach dieser kleinen Kletterpartie hämmerte.

„Wo warst du denn so lange?" Noch immer glätteten sich die Falten auf seiner Stirn nicht.

Mit dem Daumen zeigte Reena auf das Gebäude hinter ihr.

„So lange? Hast du denn etwas gefunden?"

„Kann man so sagen." Reena bückte sich ein Stück, um ihm den Inhalt ihres Korbs zu zeigen.

Die Augen ihres Vaters wurden groß. „Sind die so schwer, wie sie aussehen?"

„Sehr schwer, ja." Mit beginnenden Rückenschmerzen richtete Reena sich wieder auf. „Aber mein Korb ist jetzt auch voll, von mir aus können wir gehen."

„Ja, das sollten wir. Wenn wir jetzt losgehen, schaffen wir den Weg noch, bevor es dunkel wird."

Erst zur Aspiration, dann dort auf die Abnahme warten, dann zurück nach Hope. Das waren gute zwölf Kilometer. Reena seufzte. In ein paar Stunden wären sie zu

Hause. Zweimal in der Woche machten ihr Vater und sie diese Ausflüge zum Schiff, noch vor einem Monat war es nur einmal gewesen, aber Joes Schmerzen nahmen zu und das Plastik, das sie fanden, wurde weniger.

Schweigend legten sie die ersten paar hundert Meter zurück. Sie liefen durch ein Waldgebiet, zwischen den Bäumen türmten sich Müllberge dort, wo der Wind sie hinwehte. Die Blätter der Bäume hatten einen leichten Gelbstich. Doch hier, in ihrem Schatten, war es wenigstens nicht so brennend heiß wie auf der freien Fläche, die sich überall rund um Hope erstreckte. Reena ging leicht vornübergebeugt. Das Gewicht ihres Korbes drohte sie bei jedem Schritt nach hinten zu ziehen.

„Vielleicht müssen wir nächste Woche dreimal gehen", durchbrach ihr Vater nach einiger Zeit die Stille und sah sie von der Seite an.

„Dad ...", wollte Reena protestieren, doch ihr Vater unterbrach sie.

„Nein, hör mir zu. Joe geht es immer schlechter, die Wirkung der Medikamente lässt nach."

„Es sind keine Medikamente, das weißt du, oder?" Reena blickte stur nach vorn. Sie wollte ihren Vater nicht ansehen, wollte nicht sehen, wie Hoffnungslosigkeit seinen Blick vernebelte. „Es sind Schmerzmittel, sie werden ihn nicht gesund machen. Sie machen nur, dass er nicht mehr richtig spürt, was mit ihm los ist."

Joe war in einem Gebäude gestürzt und hatte sich seinen Oberschenkel gebrochen. Der Arzt in ihrem Dorf hatte den Knochen zwar wieder in die richtige Position geschoben, doch er war nicht richtig zusammengewachsen und auch die Muskeln hatten gelitten. Ihr Bruder konnte seitdem nicht mehr ohne Schmerzen laufen und verbrachte die meiste Zeit im Rollstuhl.

„Aber was sollen wir denn sonst machen?"

Darauf wusste Reena keine Antwort. Das Einzige, was Joe vermutlich helfen konnte, wäre ein richtiger Arzt. Einen von denen, wie es sie auf der Aspiration gab. Mit gemischten Gefühlen dachte Reena an das riesige Schiff, das wie ein gigantischer gestrandeter Wal vor der Küste lag, etwa zehn Kilometer von ihrem Dorf entfernt. Vor siebzig Jahren war es bei einem schweren Sturm dort aufgelaufen. Der Antrieb des Schiffes wurde dabei zerstört und nun war es dazu verdammt, für immer und ewig an der ehemaligen kalifornischen Küste herumzuliegen.

Die Aspiration war ein Schutzraum, eine Zone, die vor hundertachtzig Jahren eingerichtet worden war, um seine Bewohner vor den Bedrohungen der Umwelt zu schützen. Vor der Pest, vor den Stürmen, den Überschwemmungen und dem langsamen Versinken im Müll. Das Leben auf der Aspiration war anders als in den Dörfern auf dem Land. Abgesehen davon, dass fast dreißigtausend Menschen auf dem Schiff lebten, gab es dort keinen Müll. Reena hatte es nie betreten, doch sie hatte sich das letzte Akademiejahr der Aspiration vor zehn Jahren zusammen mit allen anderen Dorfbewohnern auf dem Fernseher in der Versammlungshalle angesehen. Sie hatte verfolgt, wie die Kandidaten im Unterricht um ihr Weiterkommen auf der Akademie und die damit verbunden hohen Ämter auf der Aspiration kämpften, und dabei auch gesehen, wie sie lebten. Das Innere der Aspiration war wunderschön, alles glänzte, überall wuchsen Pflanzen und blühten Blumen. Es gab dort Wissenschaftler mit Laboren, Ärzte in weißen Kitteln, die Joe mit Sicherheit helfen könnten. Doch außerhalb dieses Schiffes? Keine Möglichkeit, Joe zu helfen oder ihn gar zu heilen. Die Schmerzmittel, die sie von der Aspiration bekamen, waren alles, was sie hatten.

„Dad, ich glaube nicht ...“

„Nein!“ Entschlossen schüttelte er den Kopf. „Es muss etwas geben, was wir tun können. Ich könnte die Dörfer abklappern, um jemanden zu finden, der ihm helfen kann. Irgendjemand wird etwas wissen.“

„Na klar“, gab Reena zurück. „Vielleicht findest du ja auch gleich noch jemanden, der zaubern kann. Das wäre doch wunderbar.“ Sie wandte sich von ihrem Vater ab. Er verrannte sich da in etwas. Sie kamen gerade so über die Runden und er wollte zu einer Mission losziehen, die weder Aussicht auf Erfolg noch ein klar definiertes Ziel hatte. Sie würden wochenlang ohne ihren Vater auskommen müssen.

Den restlichen Teil des Weges legten sie schweigend zurück. Reena blickte stur zu Boden, teilweise, um nicht zu stolpern, zum größten Teil jedoch, um ihren Vater von weiteren Gesprächsversuchen abzubringen.

Erst, als die Küstenlinie vor ihnen auftauchte, hob sie den Blick und betrachtete die Aspiration. Das dunkelgraue Schiff lag mit dem Bug auf dem Sand und war ein gutes

Stück darin eingesunken. Farbe blätterte vom Metall der Außenhülle, doch der Name, der in großen weißen Lettern an der Seite geschrieben stand, war noch lesbar. Wie jedes Mal löste der Anblick des riesigen Schiffs ein Gefühl der Ehrfurcht in Reena aus. Die schiere Größe und die Wunder, die sich hinter diesen Wänden verbargen, sorgten dafür, dass sie sich klein und unbedeutend vorkam. Links und rechts vom Schiff davon führten Holzwege den Strand hinauf. Wie jedes Mal begann Reena, die Etagen des Schiffes zu zählen. Bei vierunddreißig musste sie abbrechen, denn wegen des Korbes konnte sie ihren Kopf nicht weiter zurücknehmen. So viele Menschen, die hier leben ...

Am Ende des Holzwegs gelangten sie zu einer Luke, die offensichtlich nachträglich in das Schiff hineingeschnitten worden war. Ihr Türrahmen war rostig und sie öffnete sich mit einem langgezogenen Quietschen.

Sie betraten einen Raum, der in der Mitte durch eine Glasscheibe getrennt war. Hinter ihr saß ein teilnahmslos wirkender Mann, der auf einem Bildschirm herumtippte. Außer ihnen war niemand sonst aus dem Outland hier. Auf der linken Seite des Raumes befand sich eine breite Waage mit einer trichterförmigen Waagschale. Dahinter führte ein Förderband einige Meter weit, bevor es in einer Öffnung in der Wand verschwand.

„Guten Tag", grüßte Reenas Vater höflich in die Richtung des Mannes, der kurz aufblickte, die Augenbrauen hob und sich dann wieder seinem Bildschirm widmete. „Dann los", sagte Reenas Vater und hob den Korb von seinen Schultern und gemeinsam leerten sie ihn in die Waagschale, danach folgte Reenas Ausbeute. Die Anzeige unter der Waage blinkte einige Male und zeigte dann fast fünfzig Kilogramm an.

„Das ist gut", flüsterte Reena ihrem Vater zu. „Mehr als letztes Mal." Damit würden sie mehr Schmerzmittel bekommen.

Ihr Vater nickte nur und ging hinüber zu der Scheibe, hinter der der hagere Mann mit tiefen Augenringen saß. Er blickte erst auf, als ihr Vater an die Scheibe klopfte. Betont gelangweilt beugte er sich vor und sprach in sein Mikrophon. „Fünfzig Kilogramm. Dafür erhalten Sie zwanzig Credits. Was kann ich Ihnen dafür geben?"

„Zwanzig?" Fassungslos trat Reena ebenfalls an die Scheibe. „Letztes Mal waren es noch dreißig!" Wieso sank der Preis, den sie für den Plastikabfall erhielten?

Der Mann hinter der Scheibe zuckte desinteressiert mit den Achseln. „Zwanzig Credits, was wollen Sie dafür?"

„Aber uns steht mehr zu, wir wollen verdammte dreißig!" Reena presste die Hände gegen die Scheibe. Sie brauchten diese Credits, Joe brauchte die Schmerzmittel.

„Kein Grund, sich aufzuregen, junge Frau", erklang die nun deutlich muntere, beinahe belustigt wirkende Stimme des Mannes über die Lautsprecheranlage.

„Und was wäre Ihrer Meinung nach ein guter Grund sich aufzuregen? Vielleicht, wenn Sie uns gar nichts mehr geben?"

„Sie sollte ihr Temperament zügeln", kommentierte der Mann hinter der Scheibe in Richtung ihres Vaters.

Der streckte seine Hand aus und legte sie Reena auf die Schulter.

„Wir hätten gerne Aspirin für die Credits", sagte er mit fester Stimme, während seine Finger sich in Reenas Schulter bohrten.

Reena schloss die Augen. Das Herz hämmerte in ihrer Brust und nur zu gerne hätte sie ihre Frustration herausgeschrien. Die Menschen auf der Aspiration konnten mit ihnen machen, was sie wollten. Die Outlander brachten ihnen Plastikabfälle, die sie mit ihrer Technik wieder zu Erdöl umwandelten, und wurde dafür mit billigen Medikamenten abgespeist. Trotzdem, sie brauchten sie und waren vom Wohlwollen der Aspiration abhängig. Wie viel sie erhielten, hing allein von der Laune der Menschen ab, die die Entscheidung über den Wert des Plastikmülls trafen. Und denen waren die Menschen im Outland völlig egal. Ihnen war gleich, wie sehr ihr Bruder litt.

Während das wertvolle Plastik auf das Förderband polterte und weggefahren wurde, verließ der Mann hinter der Scheibe den Raum. Als er zurückkehrte, hielt er eine viel zu kleine Papiertüte in der Hand. Mit der anderen Hand öffnete er die Klappe einer Schleuse, die in die Scheibe eingelassen war, und schloss sie mit einem angewiderten Blick auf Reena und ihren Vater wieder. Trotzig blickte Reena zurück und nahm die Papiertüte. Erst, als sie draußen vor der Tür waren, warf sie einen Blick hinein. Die wenigen Tabletten, die sich im Inneren befanden, wirkten verloren in der Tüte. So wenige. Ree-

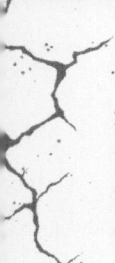

na schluckte. Das würde nicht lange reichen. Ihr Vater und sie würden noch mehr finden müssen, vielleicht würde ihr Vater sogar darauf bestehen, gleich morgen wieder loszuziehen ...

„Ich freue mich schon aufs Abendessen. Deine Mutter kocht sicher was Leckeres." Ihr Vater nahm ihr die Tüte ab und drückte im Vorbeigehen ihre Schulter. Reena schnaubte leise. Ihre Mutter. Ihre Mutter war nicht ihre Mutter. Das war etwas, was sie mit absoluter Sicherheit wusste.

Es war nicht lange her, vielleicht ein paar Wochen, da hatte sie ein Buch in einem unterirdischen Versteck gefunden. Ein Buch über Genetik, über Vererbung. Sie und ihre Mutter waren nicht verwandt. Es gab keine Ähnlichkeiten, keine Merkmale, die übereinstimmten. Und vielleicht hätte sie diese Tatsache als Zufall abgetan, doch das erklärte alles: Die fehlende Wärme ihr gegenüber, die Bevorzugung von Joe, die Tatsache, dass Reena sich in ihrer Familie wie ein Fremdkörper fühlte. Ihre Mutter hatte sie nie schlecht behandelt, doch eben auch nie so gut wie Joe.

Der Geruch von gebratenem Fleisch empfing sie an der Haustür. Mit schmerzenden Beinen trottete Reena über die Schwelle und steuerte direkt auf ihr Zimmer zu.

„Reena?", erklang da die Stimme ihrer Mutter aus der Küche. „Wasch dir bitte die Hände und komm ins Wohnzimmer. Wir essen gleich."

Reena biss die Zähne zusammen. Ihr Magen knurrte, doch war es denn zu viel verlangt, nur ein paar Minuten für sich allein haben zu wollen?

Sie ließ sich viel Zeit im Bad, wusch zweimal ihre Hände, die ganz schwarz waren von dem Müll, den sie heute aufgelesen hatte, und betrachtete die vielen feinen Risse im Waschbecken. Wie viele Menschen mochten bereits vor diesem Becken aus Porzellan gestanden haben? Die Rohre, die darunter verliefen, hatte ihr Vater gesammelt und eigenhändig zusammengesetzt. Nach den Händen wusch sie sich auch das Gesicht und bürstete sich die Haare. Erst, als ihr nichts mehr einfiel, was sie noch im Bad tun konnte, ging sie ins Wohnzimmer. Joe saß bereits am Tisch und stützte einen Ellenbogen auf der Tischplatte auf. Es hätte lässig ausgesehen, wenn Reena nicht gewusst hätte, dass es ihm Schmerzen bereitete, gerade zu sitzen. Im Vorbeigehen gab sie ihm einen Klapps auf die Schulter und grinste ihn an. „Na, was hast du heute Schönes gemacht?" Sie ließ sich auf den Stuhl neben ihm fallen.

„Ich war den Vormittag bei Al." Joe richtete sich ein wenig auf, als er mit ihr sprach und verzog gleich darauf das Gesicht. „Er hat mir ein paar Sachen gezeigt."

„Klingt doch gut." Reena versuchte, den Neid so weit es ging aus ihrer Stimme zu verbannen. Joe konnte nichts dafür, dass sie Plastik sammeln musste. Wenn er die Wahl hätte, würde er sich vermutlich eher fürs Müllsammeln statt für ständige Schmerzen entscheiden.

„Danach habe ich mit Mum die Vorberichterstattungen geschaut."

„Gab es was Interessantes? Kennt man schon einen Kandidaten?"

„Nee, natürlich nicht. Das kommt doch erst heute Abend."

„Ich weiß." Reena grinste. Die Vorberichterstattungen gehörten zum Beginn jedes neuen Semesters an der Akademie der Aspiration und sie waren das Highlight für jeden rund um und vermutlich auch auf der Aspiration. Alle zehn Jahre wurden dreißig Kandidaten ausgewählt, die bis zu ein Jahr an der Akademie absolvieren durften. Alle zwei Wochen wurde ein Kandidat vom Publikum auf der Aspiration aus der Akademie gewählt. Und am Ende des Schuljahrs entschied sich, welche zehn Kandidaten weiter an der Universität studieren durften und somit für wichtige Posten auf der Aspiration qualifiziert wurden. Es ging dabei sogar um die Stelle des Präsidenten. Doch das Interessanteste an dem Wettbewerb war nicht, welche Kandidaten von der Aspiration teilnehmen durften, nein: Jedes Mal wurde auch ein Kandidat von außerhalb zugelassen, aus einem der Dörfer aus dem Outland. Diesem Kandidaten drückten sie alle die Daumen. Nur flog er üblicherweise in der ersten oder zweiten Runde raus.

„Kennst du jemanden, der dieses Mal bei der Lotterie mitgemacht hat?"

Joe schüttelte nur den Kopf und verrenkte sich den Hals, um vom Wohnzimmer in die Küche zu schauen. „Wo bleiben die denn mit dem Essen?", murmelte er.

„Kommen sicher gleich." Noch während Reena das sagte, trugen ihre Mutter und ihr Vater zwei dampfende Töpfe in den Raum, die sie auf Untersetzern abstellten. Reena erinnerte sich noch sehr gut daran, wie sie die Untersetzer vor zwei Jahren zusammen mit Joe gefunden hatte. Sie hatten sie wie zwei Besessene sauber geschrubbt und sie ihrer Mutter zum Geburtstag geschenkt. Na ja, Joes Mutter. Mit einem bitteren Lächeln betrachtete Reena die Frau, die gerade jedem einen Löffel Kartoffeln auftat. Sie war klein und zierlich, ihre blonden Haare fielen ihr in seidigen Strähnen auf die Schultern. Wieder einmal bemerkte Reena, wie wenig ähnlich sie ihr sah. Sie selbst war fast so groß wie ihr Vater und durch die Schlepperei und die langen Fußmärsche war sie inzwischen recht muskulös. Ihre Haare waren dunkelbraun, fast schwarz, und sie lockten sich widerspenstig, ganz so wie die Haare ihres Vaters. Joe hingegen hatte zwar die Locken ihres Vaters, allerdings war sein Haar sehr viel heller.

„Ihr wart ja heute ganz schön erfolgreich", begann Reenas Mutter das Gespräch, nachdem jeder etwas zu essen bekommen hatte.

„Muss wohl so gewesen sein", murmelte Reena und starrte hinab auf ihren Teller.

„So viel habt ihr doch noch nie gesammelt, oder?" Der Tonfall ihrer Mutter war viel zu fröhlich. Reena ahnte, was gleich folgen würde. „Da wäre es doch vielleicht eine gute Idee, gleich morgen nochmal nachzulegen. Ihr scheint einige gute Stellen gefunden ...“

„Maria, bitte.“ Ihr Vater griff nach der Hand seiner Frau. „Wir können nicht jeden Tag da rausgehen. Ich habe auch noch meine Arbeit hier.“ Er deutete aus dem Fenster. Ihr Vater baute Gemüse und Kartoffeln an. „Und Reena muss in die Schule.“

„Natürlich, natürlich.“ Ihre Mutter hob die Hände. „Ihr habt ja recht.“ Reena bemerkte den kurzen Blick, mit dem sie Joe bedachte.

„Mutter, tu dir keinen Zwang an, du kannst gerne selbst da rausgehen“, sagte Reena in ironischen Tonfall. „Ich leihe dir auch meinen Korb.“

„So war das nicht gemeint“, protestierte ihre Mutter. „Ich habe nicht nachgedacht. Ich weiß natürlich, dass ihr euer Bestes gebt.“

„Das weiß ich auch“, meldete Joe sich ungewohnt ernsthaft zu Wort. Mit seinen vierzehn Jahren wirkte er meistens noch recht jung, aber in Momenten wie diesen fiel Reena auf, dass er langsam doch erwachsen wurde. „Und ich bin euch dankbar, dass ihr das für mich macht.“

Reenas Vater setzte gerade zu einer Antwort an: „Das machen wir ...“ Ein lautes Pochen an der Tür unterbrach ihn.

„Wer ist denn das um diese Uhrzeit?“

„Ich schlage vor, du siehst einfach nach.“ Reena schenkte ihrem Vater ein Grinsen.

„Du neunmalkluges Etwas", sagte er mit gespielter Entrüstung und stand auf.

„Lass nur, ich gehe." Ihre Mutter drückte ihren Vater zurück in seinen Stuhl und ging zur Tür.

„Guten Abend, wir kommen von der Aspiration", erklang eine feste und autoritäre Stimme gedämpft aus dem Flur.

Reena warf ihrem Vater einen fragenden Blick zu. Von der Aspiration? Hatte sie das richtig verstanden?

„Worum geht es denn?" Reenas Mutter kam zusammen mit zwei Männern und einer Frau, die eine Kamera auf der Schulter trug, zurück ins Wohnzimmer. Jeder der drei Neuankömmlinge trug einen grünen Schutzanzug, dessen Helm ein Schiffssysmbol zierte, das mit einer DNS-Helix umspannt war. Das Zeichen der Aspiration. Reena hatte es oft genug in den Übertragungen gesehen.

Die Frau schwenkte die Kamera einmal durchs Zimmer und Reenas Vater sprang vom Tisch auf. „Was tun Sie denn da? Wieso filmen Sie unser Haus?"

„Wir brauchen Aufnahmen von dem, was Sie ein Haus nennen." Der eine Mann rümpfte die Nase. „Wir zeigen sie heute Abend in der Ausstrahlung."

„Aber, warum ..." Reenas Vater kam gar nicht zu Wort.

„Joseph Vermillion, du wurdest unter allen externen Bewerbern für das Studium an der Akademie der Aspiration ausgewählt." Die Kamera schwenkte hinüber zu Joe, der wie festgewurzelt in seinem Rollstuhl saß und sein Wasserglas umklammerte. „Bitte erhebe dich, damit unsere Zuschauer dich auch sehen können."

„Moment, Moment." Reenas Vater trat zwischen die Leute von der Aspiration und Joe. „Er wurde ausgewählt? Das kann nicht sein, er hat sich nicht beworben."

Die Bewerbung erfolgte immer mittels Los in einer Urne, die in jedem Dorf aufgestellt wurde. Reena hatte nicht einmal daran gedacht, ihren Namen hineinzuwerfen. Doch Joe offenbar schon. Bei den Worten des Mannes überzog ein rötlicher Schimmer seine Wangen. „Doch, Dad, ich habe mich beworben."

„Aber ich hatte es dir verboten. Joe, verdammt nochmal." Fassungslos sah ihr Vater ihn an.

„Tut mir leid", flüsterte Joe. „Ich hätte nicht gedacht, dass ich ausgewählt werde."

„Aber das wurdest du", meldete der Mann im Schutzanzug sich wieder zu Wort. „Und wir würden es sehr zu schätzen wissen, wenn du jetzt endlich aufstehen und mit uns kommen würdest. Wir haben heute noch andere Dinge zu tun, als Externe einzusammeln." Alle drei von der Aspiration bedachten Joe mit einem ungeduldigen Blick.

Endlich kam Joe in Bewegung. Mühsam stemmte er sich mit beiden Armen aus dem Rollstuhl und machte zwei unsichere Schritte neben dem Tisch.

„Was ist das denn?", rief der eine Mann und sah sich zu seinem Kollegen um. „Der kann nicht richtig laufen."

„Was ist mit dir?", fragte der Kollege Joe. Der angewiderte Ton in seiner Stimme war nicht zu überhören.

„Ein Unfall." Reenas Mutter war neben ihren Mann getreten. Im Gegensatz zu seinem war ihr Gesicht hoffnungsvoll. Reena wurde auf einmal klar: Sie wollte, dass Joe dorthin ging. Sie dachte, wenn er erstmal auf der Aspiration war, würden sie ihn dort heilen. Doch ihr Vater war ganz und gar dagegen.

„Er braucht nur eine Behandlung, dann ..." Eine barsche Erwiderung unterbrach den Erklärungsversuch ihrer Mutter.

„Wenn er nicht vollkommen gesund ist, kann er nicht teilnehmen, so sind die Regeln. Hast du die etwa nicht gelesen?" Der Blick des einen Mannes wanderte hinüber zu Joe.

„Doch, habe ich", erwiderte der leise. Er klang so geknickt, dass Reena ihn am liebsten in den Arm genommen hätte. „Als ich mich beworben habe, konnte ich noch laufen. Der Unfall ... der ist erst danach passiert."

„Was machen wir jetzt?" Die beiden Männer wandten sich zur Frau um, die die Kamera herunternahm.

„Ich habe keine Lust, in irgendein anderes Dorf zu gehen. Schlimm genug, dass wir hierher kommen mussten. Außerdem muss erst neu ausgelost werden." Die Frau sah sich mit angeekelter Miene im Wohnzimmer um. „Begleichen Sie die Strafgebühr gleich jetzt?" Sie sprach nun mit Reenas Vater.

„Strafgebühr?"

„Ihr Sohn hat sich widerrechtlich für die Akademie beworben und damit unsere Zeit und unsere Ressourcen verschwendet. Sie werden eine Strafzahlung leisten müssen, Regeln sind schließlich dazu da, befolgt zu werden."

„Aber ich wusste doch nicht, dass ich diesen Unfall haben würde!", rief Joe und es klang, als wäre er den Tränen nahe.

Eine Strafzahlung? Die könnten sie doch niemals begleichen. Allein die Medikamente zu kaufen, verlangte ihnen fast alles ab!

„Wenn es Ihnen so große Umstände bereitet, können Sie ja mich mitnehmen. Sie bräuchten nicht noch einmal loszufahren und die Strafzahlung wäre vom Tisch." Reena war aufgesprungen und trat entschlossen vor den Tisch. Vielleicht verstanden diese Leute jetzt, wie lächerlich ist war, Joe nur nicht aufzunehmen, nur weil er gesundheitlich angeschlagen war, und nahmen ihn doch noch mit.

„Reena!" Die Stimme ihres Vaters schnitt durch den Raum. Er wurde sonst nie laut, doch Reena sah ihn trotzig an.

„Wieso nicht? So ist es für alle einfacher." Sie verschränkte die Arme vor der Brust.

Die Gäste von der Aspiration beachteten sie jedoch gar nicht. In der Seitentasche des Schutzanzugs des vorderen Mannes klingelten etwas. Als er es herauszog, erkannte Reena, dass es sich um eines dieser Geräte handelte, die die Leute auf der Aspiration benutzten, um Stimmen zu übertragen.

„Ja?" Als die Person am anderen Ende der Leitung sprach, nahm der Mann sogleich Haltung an, sein Rücken straffte sich und sein Gesicht wurde streng. „Natürlich, aber ..." Er lauschte wieder aufmerksam. „Aber ist das nicht gegen die Regeln?" Wieder folgte eine Pause. „In Ordnung." Der Mann legte auf und steckte das Telefon wieder zurück in die Tasche.

„Und jetzt? Nehmen Sie Joe doch mit?" Reena zog eine Augenbraue hoch. Vielleicht würden sie ja dieses Mal eine Ausnahme machen.

„Bitte, nehmen Sie ihn mit." Der Tonfall ihrer Mutter war nun flehentlich geworden, während ihr Vater sich hinter den Küchentisch zurückzog, als die Frau ihre Kamera wieder hob. „Joe ist ein kluges Kind, er kann es an der Akademie weit bringen, er kann ..."

„Wir nehmen sie!" Der Mann mit dem Telefon deutete auf Reena.

„Nein!" Mit einem Aufschrei stürzte ihr Vater hinter dem Tisch hervor. Nur wenige Zentimeter vor dem Mann blieb er stehen. „Das lasse ich nicht zu. Meine Tochter geht nirgendwohin."

Der Mann im Schutzanzug streckte einen Arm aus, um ihren Vater auf Abstand zu halten. „Sie sollten dankbar sein. Sie hat sich nicht beworben und wurde trotzdem aufgenommen, das ist noch nie passiert. Und wenn sie zur Akademie geht, kann sie Sie versorgen. Zum Beispiel mit angemessenem Essen." Der Mann warf einen vielsagenden Blick auf die Essensreste auf ihren Tellern.

„Wir brauchen keine Hilfe." Reenas Vater schüttelte wild den Kopf. „Sie wird nicht gehen! Auf keinen Fall! Wir zahlen die Strafe."

Ihr Vater wollte also nicht, dass sie ging. Wollte sie es denn? Sie wollte nicht, dass ihre Familie eine Strafe zahlen musste. Während ihr Vater sich noch mit dem Mann von der Aspiration stritt, begannen Reenas Gedanken zu rasen. Wenn sie mit diesen Menschen mitging, würde sie das Innere der Aspiration mit eigenen Augen sehen. Sie würde dort leben, vielleicht nur für kurze Zeit, aber konnte sie diese Gelegenheit auslassen? Sie dachte an all die Dinge, die die Kandidaten auf der Akademie lernten, an den Überfluss, in dem sie lebten. Und dann war da noch ihre Mutter. Wenn Reena auf der Aspiration war, würde sie sie vorerst nicht wiedersehen. Sie müsste das Gefühl nicht mehr ertragen, nicht in diese Familie zu gehören. Ihre Entscheidung war gefallen.

„Dad, lass gut sein. Ich gehe mit." Reena trat neben ihren Vater, der noch immer versuchte, die Leute mit Händen und Füßen davon zu überzeugen, sie doch bitte hier in Hope zu lassen.

„Reena, nicht." Mit großen Augen sah er sie an und sie sah die Sorge in seinem Gesicht. Doch sie hatte sich entschieden.

„Ich komme ja wieder." Reena zuckte mit den Schultern. „Vermutlich früher, als du denkst."

„Robert, das willst du doch nicht zulassen, oder?" Ihre Mutter stand händeringend neben Joe, der sich wieder zurück in seinen Rollstuhl gesetzt hatte und auf dessen Gesicht eine Tränenspur glänzte.

„Reena, ich verbiete dir, zu gehen." Ihr Vater baute sich vor ihr auf, doch seine Stimme wankte.

„Tut mir leid." Reena schüttelte den Kopf. „Ich gehe. Ich tue es für euch", sagte sie, doch insgeheim wusste sie, dass sie es auch ein kleines Bisschen für sich selbst tat. „Ich schicke euch Medikamente. Alles, was ihr braucht."

„Wir müssen los." Der Mann mit dem Telefon deutete auf die Tür. „Film noch eben die Abschiedsszene, dann ein Gang durch das Dorf, dann fahren wir zurück." Die Frau mit der Kamera trat einige Schritte zurück und richtete die Kamera auf Reena. Ihr wurde ein wenig mulmig zumute. Das war es, was sie nun jeden Tag rund um die Uhr würde ertragen müssen. Kameras, die sie auf Schritt und Tritt verfolgten und die jedes ihrer Worte mithören würde. Jeder würde alles über sie wissen. Über ihre Erfolge, ihre Misserfolge, über die peinlichen Dinge, die ihr passierten. Doch Reena reckte das Kinn vor. Das war nur ein kleiner Preis dafür, was sie mit diesem Ausflug erreichen konnte. Sie würde so viele Medikamente zurückschicken wie möglich. Und sie würde so viel von dem Essen, was die Aspiration zu bieten hatte, verschlingen, wie in sie hineinpasste.

„Geh nun langsam aus dem Haus, die Eltern mit stolzem Blick dahinter", sagte die Kamerafrau und ging rückwärts aus der Haustür. „Und los."

Unsicher tat Reena einige Schritte aus dem Haus. War das richtig so?

Die Kamerafrau setzte die Kamera ab und deutete den ungepflasterten Weg entlang, der zum Gemeindehaus führte. „Und jetzt hier lang. Wir filmen ein wenig, wie es in diesem ... in diesem Dorf aussieht. Die Zuschau-

er sind immer neugierig, wie es in der Heimat der Out- ...
ich meine, wie es in der Heimat der Kandidaten von außerhalb aussieht."

„Natürlich." Reena nickte. Kein Wunder, dass die Leute auf der Aspiration neugierig waren. Die wenigsten von ihnen verließen jemals das Schiff. „Einfach hier lang gehen?"

„Genau, ich filme dich von hinten."

Reena ging den vertrauten Weg zum Gemeindeaus hinab, links und rechts des Wegs standen windschiefe Häuser aus alten Steinen und Überbleibseln der alten Welt: Wellblech, rostendes Eisen, Holz. Reena dachte daran, dass sie all die Menschen hier in Hope jetzt vielleicht eine lange Zeit nicht sehen würde. Der Gedanke war seltsam, sie war noch nie von zu Hause fort gewesen, nicht einmal für eine Nacht.

Sie kamen vor dem Gemeindehaus an. Auf den Bänken vor der Tür saßen wie zu eigentlich jeder Tageszeit die Ältesten des Dorfs und plauderten, beziehungsweise eigentlich tratschten sie eher miteinander. Sie winkten Reena fröhlich zu, als sie sie bemerkten, warfen dann aber einen skeptischen Blick auf die Kamera.

„Du wurdest ausgewählt?", rief Thomas überrascht, ein netter älterer Mann, dem Reena hin und wieder Gemüse vom Feld ihres Vaters nach Hause brachte.

„Ja, sieht wohl so aus." Reena brachte ein Lächeln zustande, was hoffentlich signalisierte, dass sie sich freute, dann ließ die Kamerafrau ihre Kamera wieder sinken. „Und jetzt wieder zurück zu deinen Eltern. Das muss vom Dorf reichen. Ich hab genug für heute. Oder für die nächsten Wochen." Den letzten Satz murmelte sie leise vor sich hin.

Reena nickte stumm und nebeneinander gingen sie zurück zum Haus ihrer Eltern. Erst jetzt fiel Reena auf, wie schäbig es auf die Menschen von der Aspiration wirken musste, die nichts als glänzende Oberflächen und Sauberkeit kannten. Die Tür war fleckig bunt. Ihr Vater hatte sie in einem zerfallenen Haus gefunden und sie zum Wunder erklärt, da sie all die Zeit überdauert hatte, und sie genau so, wie sie gewesen war, eingebaut. Ein Großteil des Mauerwerks des alten Hauses stand noch, doch darüber hatte ihr Vater Löcher mit Metallteilen abgedeckt, die einen wilden Flickenteppich ergaben.

Egal. Reena straffte die Schultern. So sah es im Outland eben aus. Die Leute von der Aspiration wussten, dass es hier draußen anders zuging.

„Verabschieden Sie sich jetzt bitte", ordnete die Kamerafrau zurück im Haus an ihre Familie gewandt an. „Erst einzeln, dann einmal zusammen eine Umarmung."

Ihre Mutter kam der Aufforderung sofort nach, umarmte sie knapp und half dann Joe dabei, sie ebenfalls zu verabschieden.

„Es tut mir leid", murmelte Reena in sein Ohr. Sie hatte seinen Platz nicht gewollt. Aber er hätte ihn auch nicht bekommen, wenn sie abgelehnt hätte.

„Ist kein Problem." Joe schenkte ihr ein schiefes Grinsen. „Du wirst das schon machen. Die anderen haben gegen dich keine Chance."

„Danke."

„Reena, bitte sei vorsichtig." Ihr Vater stand vor ihr und ergriff ihre Hände. „Du kennst dort niemanden, es ist nicht so wie hier. Vertraue keinem, du weißt nicht, welche Absichten jemand verfolgt. Du und die anderen Kandidaten, ihr seid alle Konkurrenten. Vergiss das nie."

„Ich werd's mir merken." Reena zog ihren Vater in eine kurze Umarmung und drängte die Tränen zurück, die dabei in ihr aufsteigen wollten. Sie ließ ihren Vater nur ungern zurück, sie würde ihn ohne Zweifel vermissen. Und mehrere Wochen ohne ihn erschienen ihr nun beängstigend, einschüchternd. Sonst war er immer da gewesen, wenn sie ihn gebraucht hatte.

„Und jetzt noch alle zusammen, bilden Sie einen Kreis."

Ein letztes Mal drückte Reena ihre Familie fest an sich, dann ließ sie sie los und machte schnell einen Schritt zurück, damit sie nicht in Versuchung geriet, sich an ihnen festzuhalten und ihre Meinung doch noch zu ändern. Sie hatte sich entschieden. Sie ergriff die unerwartete Chance, die sich ihr nun bot. Und sie würde sie nutzen.

„Du brauchst nichts zu packen, auf der Akademie erhältst du alles, was du brauchst. Deine Sachen wären ohnehin nicht steril und damit auf der Aspiration nicht gestattet." Der eine Mann packte sie an der Schulter. Das Material des Schutzanzugs fühlte sich unangenehm klebrig auf dem Stoff ihres T-Shirts an.

„Gut." Reena ließ zu, dass er sie auf die Tür zuschob. Als sie die Schwelle übertrat, sah sie sich noch einmal um. Ihre Eltern und ihr Bruder standen dort vor dem Tisch, hatten die Arme umeinander gelegt und blickten ihr hinterher. Reena hob ein letztes Mal die Hand. Dann drehte sie sich um und ging.

# KAPITEL 2

„Hey, wann lasst ihr mich hier raus?" Reena hämmerte mit der Faust gegen die Metalltür. Seit mindestens zwei Stunden saß sie jetzt in dieser winzigen Wohnung fest. Es gab eine Küche mit zwei Kochplatten, einem Kühlschrank und einem Vorratsregal. Im Wohnzimmer stand ein rotes Sofa mit weißen Kissen darauf. An der Wand hing ein schwarzer Bildschirm, daneben hatte sie ein gut gefülltes Bücherregal entdeckt. Zumindest wollten die Leute von der Aspiration offenbar nicht, dass sie vor Langeweile starb. Neben dem Wohnzimmer befand sich ein kleines Badezimmer mit einer Dusche und einer Toilette. Im Schlafzimmer stand ein ordentlich gemachtes Bett mit rosafarbener Bettwäsche und einem Stapel akkurat gefalteter Kleidungsstücke darauf. Alles in dieser Wohnung war sauber und ordentlich. Und es war neu. So ganz anders als zu Hause. In Hope gab es nichts, das neu war. Sie fanden die Dinge irgendwo, reparierten sie oder verwen-

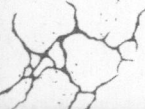

deten sie für etwas anderes. Aber nie war irgendetwas wirklich neu. Und sauber ... Sauber war es nirgendwo da draußen. Reena blickte an sich herab. Und auch sie war es nicht. Die Kleidung, die sie trug, war immer noch die gleiche, die sie bei der Expedition mit ihrem Vater getragen hatte. Sie waren den ganzen Tag gelaufen und hatten Müll aufgesammelt. Ihre ehemals sandfarbene Hose und das graue T-Shirt waren voller Schweißflecken, dunkler Kleckse, die vermutlich vom Müll herrührten, und auf der Vorderseite von ihrem unfreiwilligen Sturz auf der Treppe von Staub bedeckt. Sie passte nicht in dieses Zimmer. Sie traute sich nicht einmal, sich hinzusetzen, aus Angst, eines der Möbelstücke zu ruinieren.

„Hey." Wieder hämmerte sie gegen die Tür. „Sagt mir bitte mal jemand, was hier vor sich geht?" Wieder keine Antwort. Hörte sie überhaupt jemand? „Hallo?"

Minutenlang rief sie weiter und hämmerte gegen die Tür, bis ihre Fäuste schmerzten. Dann ging sie ein paar Schritte in den Raum hinein und ließ sich mitten im Wohnzimmer auf den Boden sinken. Stumm starrte sie die Tür an. Was geschah mit ihr? Warum war sie hier drin? Die zwei Männer und die Frau, die sie in Hope abgeholt hatten, hatten sie hier abgesetzt. Sie hatten gesagt, jemand würde kommen und sich um sie kümmern. War das gelogen gewesen? Ein Engegefühl machte sich in Reenas Brust breit. War sie in eine Falle getappt? Was mochten diese Menschen mit ihr vorhaben?

Ein langgezogenes Piepen erklang von der Metalltür und eine junge Frau mit kurzen blonden Haaren in einem Schutzanzug betrat den Raum und schloss die Tür sogleich wieder hinter sich. „Hallo, Reena." Mit einem breiten Lächeln streckte sie die Hand aus.

Nach kurzem Zögern ergriff Reena sie. Doch sie erwiderte ihre Begrüßung nicht. Stattdessen fragte sie: „Warum bin ich hier drin?"

„Keine Sorge, das ist nur eine Vorsichtsmaßnahme." Die junge Frau deutete auf das Sofa. „Setzt du dich bitte da rüber? Ich bin Ärztin und ich bin hier, um dich zu untersuchen."

Reena stand auf und machte einen unsicheren Schritt auf das Sofa zu. „Aber ich bin schmutzig." Sie schämte sich für ihr Auftreten. Alles hier war so sauber, so steril. Sie war hier falsch, sie gehörte hier nicht her.

Die Frau lachte amüsiert auf. „Du hast nachher die Möglichkeit, dich zu waschen und dir was Frisches anzuziehen. Mach dir um die Möbel keine Sorgen." Sie schenkte ihr ein weiteres Lächeln. Als Reena sich setzte, fuhr sie fort: „Es ist sicherlich eine große Umstellung für dich, hier zu sein. Also wenn du Fragen hast, frag ruhig."

„Warum sind Sie so nett zu mir?", platzte Reena mit der ersten Frage heraus, die ihr in den Sinn kam. Sie kannte neben dem Team, das sie abgeholt hatte, sonst nur die Männer, die in der Müllannahme arbeiteten, und die waren alles andere als nett.

Die Frau mit dem Schutzanzug lachte hell auf. „Wieso nicht? Und es gibt keinen Grund, mich zu siezen. Ich heiße Maddie."

Reena nickte, ließ Maddie aber nicht aus den Augen.

„Also Reena, warum sollte ich nicht nett zu dir sein?" Maddie legte einen Koffer neben dem Sofa ab und klappte ihn auseinander. Mehrere Arztwerkzeuge, Spritzen, Messer, Papierstreifen und andere Dinge wurden sichtbar.

„Keine Ahnung", murmelte Reena und starrte wie gebannt auf den Koffer. „Wofür sind die Sachen? Was hast du mit mir vor?" Unwillkürlich rutschte sie auf dem Sofa einige Zentimeter von Maddie weg.

„Keine Sorge, ich wurde nur hergeschickt, um festzustellen, ob du gesund bist. Eine wichtige Voraussetzung für die Teilnahme an der Akademie ist ein positiver Gesundheitsstatus. Wir können niemanden teilnehmen lassen, dem die Teilnahme womöglich schaden könnte."

„Und dieser Raum?"

„Das ist die Quarantäne. Du wirst die nächsten zwei Wochen hier verbringen."

„Zwei Wochen?" Schockiert sah Reena Maddie an. Sie sollte vierzehn Tage in dieser Schuhschachtel verbringen? Sie war gerade einmal zwei Stunden hier und hatte bereits das Gefühl, in der Enge verrückt zu werden. Sie war das Outland gewohnt, die Freiheit und die scheinbar unendliche Weite.

„So lang ist die Inkubationszeit der meisten uns bekannten Krankheiten von draußen." Die Ärztin zog eine lange Nadel und einige Röhrchen hervor. „Wir müssen sichergehen, dass du niemanden auf der Aspiration anstecken kannst. Das verstehst du doch sicher, oder?" Erwartungsvoll sah Maddie sie an und automatisch nickte

Reena. Die Menschen hier hatten Angst, sie könnte sie krankmachen, das verstand sie. Das war auch der Grund, warum die Menschen von der Aspiration ihr Schiff nicht zum Müllsammeln verließen: Sie wollten sich keinem Risiko aussetzen. Angeblich gab es viele Krankheiten, gegen die die Leute auf dem Land immun waren, die die Bewohner der Aspiration aber krank machen würden.

„Das wird jetzt kurz pieken, ich nehme dir Blut ab." Maddie schob die Nadel in die Vene an Reenas Arm und ließ eine kleine Menge Blut in eines der Röhrchen laufen, dann wechselte sie es und füllte das nächste. „Wir machen ein paar Tests, ob wir Krankheiten finden, die wir behandeln können, und auch darauf, ob dir Vitamine oder andere Stoffe fehlen. Wenn in zwei Wochen alles in Ordnung ist, beziehst du dein richtiges Quartier und schon bald kannst du die Akademie besuchen."

„Und wann kann ich ..." Reena schluckte. „Wann kann ich meinen Eltern etwas schicken? Ein paar Medikamente? Schmerzmittel?"

„Tut mir leid." Maddie sah sie mit Bedauern an. „Du erhältst erst Credits, wenn du tatsächlich auf die Akademie gehst. Momentan bist du nur eine Anwärterin. Denn wenn du nicht gesund bist, wirst du uns leider wieder verlassen müssen."

„Und wenn ich gesund bin? Dann kann ich auf die Akademie gehen und meinen Eltern etwas schicken, richtig?" Dies war der Hauptgrund, weshalb sie überhaupt hierhergekommen war. Wenn sie Joe und ihren Eltern jetzt doch nicht helfen konnte ...

„Du kannst deine Credits dazu benutzen, etwas an der Schleuse für sie bereitzulegen. Abholen müssen sie es selbst."

„Ich verstehe." Jetzt musste sie nur noch gesund sein.

„Aber willst du das wirklich tun? Du könntest deine Credits doch dazu verwenden, dir selbst etwas zu kaufen. Kleidung, vielleicht Süßigkeiten. Du könntest ausgehen, ins Kino oder sonst etwas unternehmen."

„Ich brauche das alles nicht." Sie hatte es vorher nicht gebraucht und sie würde diese Dinge auch jetzt nicht brauchen. Doch vielleicht würde ja nach der Bezahlung der Medikamente genug übrigbleiben, um … Reena versuchte, die verlockende Stimme in ihrem Kopf zu ignorieren. Sie war hier, um zu helfen und um zu lernen. Wenn sie nur gut genug war, würde es ihr vielleicht sogar gelingen, für Joe einen richtigen Arzt zu besorgen. Aber dazu musste sie es erst einmal auf die Akademie schaffen. „Kann ich irgendetwas tun, damit ich angenommen werde? Etwas für meine Gesundheit?"

Maddie horchte gerade mit einem Stethoskop ihren Brustkorb ab. „So wie ich das sehe, bist du körperlich in guter Verfassung. Nur ein wenig zu dünn."

Reena blickte hinab auf ihre Arme, an denen die Sehnenstränge unter der Haut deutlich sichtbar waren.

„Gut möglich, dass dir deswegen auch einige Nährstoffe fehlen", fuhr Maddie fort. „Ich werde veranlassen, dass man dir zusätzliche Portionen bringt und eine vorbeugende Vitamintherapie veranlassen." Sie zog sich die Enden des Stethoskops aus den Ohren. „Worauf wir achten, sind sowohl Krankheitserreger wie Influenza und Yersinia, aber auch verschiedene Krebserkrankungen." Sie verpackte das Gerät wieder in ihrer Tasche und zog ein Fieberthermometer heraus, das sie in Reenas Ohr steckte, bis ein kurzes Piepen erklang. „Die Krankheitserreger sind für uns alle hier gefährlich, deswegen auch der Schutzanzug. Aber Krebs ist es für dich und der ist recht häufig bei Externen."

Reena nickte langsam. Sie kannte viele aus ihrem Dorf, die an Krebs gestorben waren. Also bekamen die Menschen auf der Aspiration keinen Krebs? Oder konnten sie ihn behandeln?

„Den Krebs können wir anhand bestimmter Merkmale in deinem Blut erkennen. Solltest du betroffen sein, wirst du ..." Maddie geriet ins Stocken und senkte den Blick herab auf ihre Hände, die in den Handschuhen des Schutzanzugs steckten. „Falls du Krebs hast, wirst du wieder gehen müssen."

„Sollte ich also in irgendeiner Weise nicht gesund sein, werde ich wieder rausgeworfen, damit ich draußen sterben kann, ja?" Reena schüttelte ungläubig den Kopf. „Das ist ja nett."

„Reena, das sind die Vorschriften. Wir alle halten uns daran und nur deshalb geht es uns auf der Aspiration gut. Ein kleiner Fehler, wie zum Beispiel ein übersehener Virus bei einer externen Kandidatin, kann unsere ganze Population gefährden."

„Ich verstehe schon." Reena biss die Zähne zusammen. „Wie hoch ist die Wahrscheinlichkeit, dass ich wieder gehen muss? Wie oft mussten externe Kandidaten wieder gehen, bevor die Akademie überhaupt begonnen hat?"

„Vier Mal", antwortete Maddie ernst.

„Vier Mal?" Die Akademie hatte bisher sieben Mal Kandidaten von außen zugelassen, mehr als die Hälfte war also durch die Gesundheitsprüfung gefallen!

„Das klingt viel", versuchte Maddie sie gleich zu beschwichtigen. „Aber Reena, bei dir sehe ich keine Warnzeichen, du scheinst gesund zu sein. Mach dir bitte keine allzu großen Sorgen. In wenigen Tagen wissen wir schon mehr." Maddie lächelte sie an. „Genieß die Zeit hier. Die Ruhe, das gute Essen, die Bücher ..."

„Diese Wohnung ist ein Gefängnis." Reena deutete auf die Metalltür, die ihr den Ausgang versperrte. „Ich kann hier nicht weg."

Noch immer lächelte Maddie, wenn auch ein wenig weniger euphorisch. „Nun, mach einfach das Beste aus deiner Zeit hier. Ich kann dir nur den Tipp geben, so viel zu essen, wie dir zugestanden wird, und dich körperlich fit zu halten. Mehr kannst du vorerst nicht tun."

„Schön", erwiderte Reena in bitterem Tonfall. „Es ist ja nicht so, als hätte ich eine andere Wahl. Jetzt bin ich hier." Und sie wollte es auch bleiben. Für Joe. Für ihre Eltern. Aber auch – obwohl sie es nur ungern zugab – für sich selbst. Hier konnte sie endlich sie selbst sein. Es gab keine Mutter, die ihr das Gefühl gab, nicht gut genug zu sein. Keinen Bruder, für dessen Wohlbefinden sie ihre Tage opfern musste. Hier konnte sie allen beweisen, dass auch ein Mädchen von außen es schaffen konnte. Jetzt musste sie nur noch ihren Körper davon überzeugen, gesund zu sein.

„Du kriegst das hin." Maddie erhob sich vom Sofa. „Ich werde in den nächsten zwei Wochen jeden Tag herkommen, um deinen Zustand zu überprüfen. Und ich werde auch dein Blut testen. Ich hoffe wirklich, dass dir nichts fehlt und du teilnehmen kannst." Maddies Lächeln wirkte aufrichtig, als sie Reena ein letztes Mal ansah, bevor sie durch die schwere Metalltür schlüpfte und diese mit einem Scheppern wieder hinter ihr ins Schloss fiel.

# KAPITEL 3

Unruhe erfasste Reena. Heute würde Maddie ihr die Abschlussergebnisse ihrer Untersuchungen bringen. Vor einer Woche hatte sie schon erfahren, dass weder Krankheitserreger noch Krebsanzeichen bei ihr gefunden worden waren, doch der endgültige Befund stand noch aus. Dort wurde alles berücksichtigt: sämtliche Tests der letzten zwei Wochen, ein psychologisches Gutachten, für das sie einen ganzen Tag von einem betont ruhigen Mann mit übergroßer Brille befragt worden war, und auch der Test auf akute Krankheiten, den Maddie gestern gemacht hatte, um sicherzugehen. Wenn heute alles glattlief, durfte sie die Akademie besuchen.

Unruhig lief Reena im Zimmer auf und ab. Sie würde noch wahnsinnig werden, wenn Maddie sie noch länger warten ließ! Um ein wenig der überschüssigen Energie in ihrem Inneren abzubauen, begann Reena, Kniebeugen zu machen. Sie hatte das getan, was Maddie ihr geraten hatte: Sie hatte alles gegessen, was ihr gebracht worden war – nicht gerade ein Opfer, denn das Essen auf der Aspiration war fantastisch – und sie hatte Kraft- und Ausdauerübungen gemacht, um sich fit zu halten. Tatsächlich hatte sie den Eindruck, dass ihr Körper sich in der kurzen Zeit deutlich verändert hatte. Die scharfen Kanten ihrer Knochen waren weicher geworden, ihre Muskeln noch kräftiger als zuvor. Ihre Ausdauer war durch die Märsche quer durchs Land schon gut gewesen, doch stetiges Sprungtraining und Laufen auf der Stelle hatte hier auch noch einmal deutliche Verbesserungen gebracht.

Dann endlich! Mit einem Quietschen öffnete sich die metallische Eingangstür und Maddie trat ein – ohne ihren Schutzanzug.

„Ich bin sauber?" Außer Atem lief Reena auf sie zu. „Ich darf hier raus? Ich darf auf die Akademie?"

Strahlend breitete Maddie die Arme aus. „Du bist bereit. Alle Tests waren negativ. Ich habe den Auftrag, dich offiziell auf der Akademie willkommen zu heißen. Und ich habe darum gebeten, dich herumzuführen und dir alles zeigen zu dürfen." Maddie deutete auf die Tür. „Hast du Lust?"

„Glaubst du, da sage ich nach zwei Wochen hier drin Nein?" Reena lief an Maddie vorbei zur Tür und übertrat die Schwelle. Sie atmete tief ein. Selbst in dem abgedunkelten Flur, auf dem sie jetzt stand, roch die Luft tausendmal besser als das abgestandene Gasgemisch in der winzigen Wohnung.

„Wir müssen mit der offiziellen Anmeldung zur Akademie beginnen", erklärte Maddie und deutete den Flur hinab, von dem links und rechts immer wieder Türen abgingen, die exakte Kopien der Metalltür in Reenas Quarantänewohnung zu sein schienen.

„Sind das alles Quarantänezimmer?" Reena blieb vor einer der Türen stehen. Wozu brauchten die Leute auf der Aspiration so viele davon?

„Ja, sind es." Maddie nickte. „Wenn jemand krank wird, dann müssen wir sicherstellen, dass er niemanden auf der Aspiration ansteckt. Wir leben hier auf engstem Raum, jeder Ausbruch einer Krankheit kann uns gefährlich werden. Und wenn es nur eine Erkältung ist."

„Das klingt nicht gut." So hatte Reena sich die Aspiration nicht vorgestellt. Wie Maddie es sagte, könnte man meinen, die Aspiration sei ein schwimmendes Grab, und nicht der paradiesische Ort, den sie sich zusammen mit Joe und den anderen aus dem Dorf immer vorgestellt hatte.

„So schlimm ist es nicht", wiegelte Maddie ab. „Wir haben das gut im Griff. Wir haben gegen die meisten Krankheiten Medikamente, die schnell wirken. Es gab bisher nur einen wirklich bedrohlichen Krankheitsausbruch und der ist inzwischen auch schon zweiundfünfzig Jahre her. Kein Grund zur Sorge also."

Kein Grund zur Sorge also. Reena beschloss, Maddie zu vertrauen. Sie kannte die Aspiration und die Risiken hier. Es war nur ein merkwürdiges Gefühl: Zu Hause kannte sie die Gefahren. Sie wusste, wie die bekannten Krankheiten aussahen und welche die ersten Symptome waren. Sie kannte gefährliche Tiere und Pflanzen. Die Welt der Aspiration war ihr fremd.

Maddie führte sie bis ans Ende des Flurs, wo ein Aufzug mit geöffneten Türen bereits auf sie wartete. Reena war bisher noch nie in einer solchen Maschine gefahren und das Gefühl, das durch ihren Bauch schoss, als sie sich in Bewegung setzte, war nichts, was sie unbedingt wiederholen wollte. Der Knopf mit der Nummer 35 leuchtete.

Als die Türen sich öffneten, wurde ein hell erleuchteter runder Raum sichtbar. Hinter einem Tresen gegenüber dem Aufzug stand eine blonde Frau, die einen Stapel Papiere sortierte und aufblickte, als sie aus dem Aufzug traten.

Maddie ging voraus auf die Frau zu. „Guten Tag, wir sind hier, um Reena Vermillion für die Akademie anzumelden." Maddie zeigte mit einem Lächeln auf Reena, der der aufmerksame Blick, mit dem die Frau sie musterte, unangenehm war.

„Reena?" Die Frau hievte einen Papierkarton mit mehreren Umschlägen zu sich heran. Sie blätterte sie durch und zog schließlich einen davon heraus. Er war verschlossen. Quer über die Front stand „vertraulich" in roten Lettern. „Das bist du?" Sie zeigte auf Reenas Namen oben in der Ecke des Umschlags.

„Ja."

Die Frau öffnete den Briefumschlag mithilfe eines kleinen Messers und zog drei Bögen Papier heraus. Ihre Augen huschten über das Papier. Plötzlich zogen sich ihre Augenbrauen zusammen, Falten erschienen auf ihrer Stirn. Sie wich einen Schritt nach hinten und begann, so hektisch in einer Schublade herumzuwühlen, dass mehrere Gegenstände daraus auf den Boden polterten. Als sie sich wieder aufrichtete, schob sie eine Atemmaske vor ihrem Mund und ihrer Nase zurecht. „Du bist eine Externe."

„Reena kommt von außerhalb, ja", bestätigte Maddie ruhig, bevor Reena etwas sagen konnte. „Und sie wurde gerade vollkommen gesund aus der Quarantäne entlassen."

„Sie muss hier unterschreiben." Die Frau richtete ihren Blick nur auf Maddie, als sie eines der Papiere mit spitzen Fingern über den Tresen reichte. Danach zog sie eine Flasche Desinfektionsmittel hervor und rieb sich ihre Hände damit ein.

„Ich stehe gleich hier, wissen Sie, und ich habe Sie nicht einmal berührt", bemerkte Reena, doch die Frau hielt ihren Blick unverwandt auf Maddie gerichtet.

„Unterschreib einfach hier", murmelte Maddie ihr zu und hielt ihr das Papier hin. Es war ein Text darauf abgedruckt und an der Unterkante eine lange Linie, auf die sie wohl ihre Unterschrift setzen sollte.

„Darf ich mir das erst durchlesen?" Ihr Vater hatte ihr immer eingebläut, niemals etwas zu unterschreiben, das sie nicht vorher durchgelesen hatte.

„Natürlich, lass dir Zeit." Maddies Blick wanderte zu der Frau hinter dem Tresen, die inzwischen fast zwei Meter von ihnen zurückgewichen war und eine Hand auf die Atemschutzmaske gedrückt hielt, als erwartete sie, dass jemand versuchte, sie ihr gewaltsam herunterzureißen.

## KANDIDAT DER AKADEMIE DER ASPIRATION

ALS KANDIDAT DER AKADEMIE DER ASPIRATION VERPFLICHTEN SIE SICH,
DEN RICHTLINIEN DER AKADEMIE ZU FOLGEN.
DER UNTERRICHT IST IHRE OBERSTE PFLICHT. EINE VERSÄUMNIS DES
UNTERRICHTS IST NUR IN BESTÄTIGTEN KRANKHEITSFÄLLEN GESTATTET
UND KANN MIT EINEM VERWEIS VON DER AKADEMIE BESTRAFT WERDEN.
DER MAGISTER, DEM SIE ZU BEGINN DES SCHULJAHRES ZUGETEILT
WERDEN, ERHÄLT JEGLICHE RECHTE, IN IHREM SINNE ZU ENTSCHEIDEN.
SIE WERDEN IM GESETZLICHEN SINNE SEIN MÜNDEL.

DER KONTAKT ZU FREUNDEN UND FAMILIE IST FÜR DIE
ERSTEN DREI WOCHEN AN DER AKADEMIE UNTERSAGT.
SIE ERHALTEN FÜR IHRE MÜHEN EINE FESTGELEGTE SUMME CREDITS,
DIE AUF DAS KONTO EINGEZAHLT WERDEN, DAS BEREITS UNTER
IHREM NAMEN ERÖFFNET WURDE.

SIE ERKLÄREN SICH BEREIT, DASS SIE AUF IHREM GESAMTEN WEG DURCH
DIE AKADEMIE VON KAMERAS BEGLEITEN WERDEN DÜRFEN.
WIR ERWARTEN VON IHNEN IHR BESTES.

**DER VORSITZ DER AKADEMIE**

Reenas Hand mit dem Stift schwebte über dem Blatt Papier. Diese Regeln ... Plötzlich erschien ihr die Akademie nicht mehr so verlockend. Offenbar ging es hier unheimlich streng zu und wenn sie etwas nicht besonders gut konnte, dann war es, sich an Regeln zu halten. Doch vor ihrem inneren Auge tauchte das Bild ihres Bruders auf, wie er sich vor Schmerzen im Rollstuhl wand. Sie tat das hier nicht nur für sich, sondern auch für ihn. Und für ihn würde sie versuchen, sich diesen Regeln zu beugen. „Alles klar", murmelte sie und setzte ihre Unterschrift unter das Schriftstück. „Dann bin ich jetzt Kandidatin an der Akademie." Sie reichte der Frau das Papier über den Tresen zurück, doch diese blieb in sicherer Entfernung stehen.

„Leg es einfach hin." Sie drückte sich gegen die Wand hinter ihrem Rücken, als wollte sie mit ihr verschmelzen.

Wortlos ließ Reena das Blatt los, das auf die Tischplatte segelte. „Vielen Dank", sagte sie in honigsüßem Tonfall zu der Frau, bevor Maddie sie am Arm packte und einen Flur entlang zog, von dem mehrere Türen abgingen.

„Wo gehen wir hin?" Die Namen an den Türen sagten ihr nichts.

„Wir sind gleich da." Maddie hob den Zeigefinger und musterte jeden Namen ganz genau. „Ist eine Weile her, seit ich hier war."

„Du warst Kandidatin an der Akademie?"

„Oh, nein." Maddie schüttelte den Kopf. „Das hier ist die Ebene für Bildungsangelegenheiten. Sämtliche Schulen, die Universität und auch Kindergärten befinden sich in den darüberliegenden Stockwerken. Zur Anmeldung müssen aber alle Kinder hier auf diese Ebene." Sie griff nach einer Türklinke. „Und ich war ja schließlich auch mal jung." Sie zwinkerte Reena zu, bevor sie die Tür aufdrückte.

Dahinter erwartete sie eine Art Warenlager. Lange Regalreihen, auf denen Kleidung, Schreibutensilien und Hygieneartikel lagen. Hinter einem Schalter an der linken Seite hing ein Mann auf seinem Stuhl und las Zeitung. Dabei streckte er seinen mächtigen Bauch heraus und ließ sich auch von seinen zwei Besuchern nicht aus der Ruhe bringen. Ohne Hast beendete er seine Lektüre, bevor er zum Fenster des Schalters schlenderte und ihnen wortlos die Hand entgegenstreckte.

„Guten Morgen", grüßte Maddie. Reena folgte ihrem Beispiel. Erst dann reichte Maddie dem Mann eines der Papiere, die sie zuvor am Tresen erhalten hatten.

„Akademie, ja?" Der Mann musterte Reena nun von oben bis unten, als wollt er einschätzen, wie weit sie es als Kandidatin der Akademie wohl bringen würde.

„Wenn es dort steht, wird es wohl stimmen", gab Reena steif zurück.

Der Mann lachte schnaubend, schlurfte mit dem Zettel in der Hand davon und verschwand irgendwo zwischen den vollgepackten Regalreihen. Reena erkannte vieles, was darauf lag, wieder, auch wenn es etwas anders aussah als das, was sie zu Hause in ihrem Dorf hatten. Die Buntstifte zum Beispiel waren weniger akkurat geschnitzt, meist ein wenig krumm und die Farben nicht immer exakt gleich. Einiges kannte sie von Bildern oder von Fundstücken aus alten Häusern wie die kleinen Computer auf einem der Regale.

„Die Akademie stellt dir die notwendigsten Dinge, die du benötigst", erklärte Maddie, während nur noch die schweren Schritte des Mannes zu vernehmen waren. „Alles, was darüber hinausgeht, musst du dir von deinen Credits selbst kaufen."

„Aber ich kann sie doch auch dazu benutzen, meiner Familie etwas bereitstellen zu lassen, richtig?", vergewisserte Reena sich ein letztes Mal. Sie hatte schon geplant, was sie ihrer Familie als Erstes schicken wollte. Schmerztabletten, ohne Frage. Aber auch Schokolade. Diese süße Speise gab es in der früheren Welt überall, jeder kannte sie und jeder hatte sie gegessen. Und sie musste gut sein. Reena hatte Gerüchte gehört, dass es auf der Aspiration Schokolade gab.

„Du kannst über deine Credits verfügen, wie auch immer du möchtest."

Der Mann kehrte zurück und ließ die Dinge, die er auf seinen Armen trug, achtlos auf den Tresen fallen. Eine Packung Stifte rutschte dabei über die Kante und fiel vor Reenas Füße.

„Vielen herzlichen Dank." Reena bückte sich und griff nach der Packung.

„Das ist alles." Mit einem Schnaufen ließ der Mann sich zurück auf seinen Stuhl fallen und schlug mit einem betont lauten Rascheln die Zeitung wieder auf. Sein Job war damit offenbar getan.

Reena begann, sich ihre neuen Schulutensilien auf die Arme zu stapeln. Da gab es mehrere Päckchen mit Papier, eine Packung Bleistifte, einen kleinen tragbaren Computer, mehrere Hefter in verschiedenen Farben, verschiedene Kleidungsstücke sowie etwas, das offenbar Kosmetikartikel waren, so etwas hatte sie in alten Zeitschriften gesehen, die sie im Outland gefunden hatte.

„Lass mich dir etwas davon abnehmen." Maddie streckte bereitwillig eine Hand nach dem wackeligen Stapel aus, doch Reena schüttelte den Kopf.

„Nicht nötig, ich schaffe das schon."

Maddie hob die Hände. „In Ordnung. Dann lass uns jetzt zu deinem Quartier fahren, ja?"

Reena nickte nur. Bei der bloßen Erwähnung ihrer Unterkunft hatte ihr Herz begonnen, schneller zu schlagen. Jetzt wurde es ernst. Wenn sie in ihrem Quartier angekommen war, wäre sie endgültig eine Kandidatin der Akademie. Dann gab es kein Zurück mehr.

Wieder im Aufzug betrachtete Reena all die Knöpfe, die zu verschiedenen Stockwerken führten. Wie sollte sie sich jemals hier zurechtfinden? Hatten die Leute hier ihr einen Chip eingepflanzt, mit dem sie sie wenigstens wiederfinden konnten, falls sie sich verlief? „Maddie?" Sie wandte sich an die junge Ärztin. „Was ist auf den anderen Ebenen?"

Maddie, die gerade noch leise eine Melodie vor sich hin gesummt hatte, drehte sich zu ihr um und blickte dann auf die Knöpfe, von denen der mit der Nummer 34 leuchtete.

„Ebene 1 Abwasser, Recycling und Krematorium, Ebene 2 Viehhaltung, Ebene 3 bis 22 Wohnungen für die Arbeiter, Ebene 23 und 24 Forschung und Krankenhaus – diese Ebene kennst du ja schon." Maddie warf Reena ein Lächeln zu. „Ebene 25 und 26 Geschäftsviertel, Ebene 27 und 28 Vergnügungsviertel, Ebene 29 bis 34 Schulbezirk und Verwaltung, Ebene 35 bis 37 Wohnungen, Ebene 38 Wohnungen der Präsidentin und anderer wichtiger Persönlichkeiten und Ebene 39 Agrarflächen, Wald und Obstplantagen." Maddie leierte die einzelnen Stockwerke so schnell herunter, dass es Reena weder gelang, sie sich zu merken, noch sich etwas darunter vorzustellen. Aber Vergnügungsviertel ... Was mochte es dort geben?

„Wir sind da", sagte Maddie, als die Türen des Aufzugs auseinanderglitten. Das, was hinter der Tür wartete, hatte Reena nicht erwartet. Vor ihr lag ein langgestreckter grauer Flur. Überhaupt war alles grau: Die Fliesen, die Decke, die Wände. Links und rechts gingen Türen ab, ähnlich wie auf der anderen Ebene, und ganz am Ende schien sich der Flur zu einem größeren Raum zu öffnen, doch Reena konnte nicht erkennen, was es dort hinten gab, selbst dann nicht, als sie die Augen zu schmalen Schlitzen zusammenkniff.

„Ist die ganze Ebene für die Kandidaten?" Es war so still auf diesem Flur.

„Das ist sie. Allerdings nur dieses Jahr. In der Zeit zwischen zwei Akademiejahren, dürfen hier Studenten der Universität wohnen. Aber es wurde alles ganz neu gestrichen und renoviert, keine Sorge."

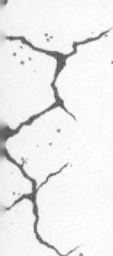

Reena entfuhr ein Schnauben.

„Stimmt etwas nicht?" Maddie sah sie stirnrunzelnd an.

„Ist das dein Ernst?", erwiderte Reena ungläubig. „Du erinnerst dich schon noch daran, wo ich herkomme, oder?"

„Du kommst von draußen", sagte Maddie vorsichtig, aber noch immer war keine Erkenntnis auf ihrem Gesicht zu sehen.

„Weißt du nicht, wie es da zugeht? Hast du nie rausgesehen?"

„Ich habe Berichte im Fernsehen gesehen", sagte Maddie. „Dörfer, Wälder, freie Tiere ..."

„Ist dir dabei nicht aufgefallen, wie es dort aussieht? In den Dörfern zum Beispiel?"

„Tut mir leid, ich ..."

„Wir nehmen das, was wir kriegen können. Alles, was wir haben, hat schon mal jemand vor uns besessen. Und da glaubst du, es wäre mir wichtig, dass mein Zimmer renoviert ist, nachdem Studenten darin *gewohnt* haben?" Reena atmete schwer. Maddie hatte keine Ahnung, wie es war, sich zu sorgen. Um wichtige Dinge. Doch als sie ihre betretene Miene sah, taten Reena ihre Worte leid. „Entschuldige, ich wollte nicht so barsch sein. Es ist nur ..."

„Du hast ja recht", fiel ihr Maddie ins Wort. „Ich habe keine Ahnung, wie es draußen ist. Ich habe einfach nicht nachgedacht. Trotzdem hoffe ich, dass dir dein Quartier gefällt."

Sie verzog ihr Gesicht zu einem vorsichtigen Lächeln, das Reena erwiderte. Maddie hatte nur nett sein wollen, nichts weiter. „Liegt Müll darin? Zieht es durch die Wände? Regnet es rein?"

„Äh ... nein." Verwirrt sah Maddie sie an.

„Dann werde ich es lieben, keine Sorge." Reena lachte und nach einem kurzen Zögern stimmte auch Maddie darin ein.

Sie blieben vor der Tür mit der Nummer fünf stehen. „Eins noch, Reena. Du wohnst nicht allein hier, jeder Kandidat hat einen Mitbewohner."

„Oh." Reena hatte bisher keinen Gedanken daran verschwendet, wie sie wohl wohnen würde und deswegen auch gar nicht darüber nachgedacht, dass sie nicht allein sein könnte. „Und wer ist es?"

Maddie hob die Schultern. „Das weiß ich leider nicht. Aber ich hoffe, ihr werdet euch gut verstehen. Wenn ich dir einen Tipp geben darf: Freunde können auch an der Akademie nicht schaden. Gemeinsam ist alles besser zu überstehen."

Mit einem Nicken nahm Reena ihren Rat zur Kenntnis, obwohl sie wusste, dass es nicht einfach werden würde. Schon in ihrem Dorf war es ihr immer schwergefallen, Anschluss zu finden. Und hier war sie nicht nur neu, sondern auch das seltsame Mädchen von draußen, eine Externe. Was, wenn ihre Mitbewohnerin nichts mit ihr zu tun haben wollte?

„Jetzt muss ich mich von dir verabschieden." Maddie wandte sich ihr zu und musterte Reena von oben bis unten. „Ich wünsche dir viel Erfolg, Reena. Lass dich von den anderen Kandidaten nicht unterkriegen. Du bist etwas Besonderes, du hast einen anderen Blickwinkel als die anderen, und vielleicht braucht die Aspiration genau das." Ungelenk umarmte sie Reena um den Berg an Schreibsachen herum, die sie auf ihren Armen balancierte.

Reena sah Maddie hinterher, als sie durch den Flur zurückging und Richtung Aufzug verschwand. Nun war sie allein. Und hinter dieser Tür wartete jemand, mit dem sie Wochen, womöglich Monate zusammenleben musste. Reena atmete tief ein und wandte sich dann der Tür zu, hinter der ihr Quartier lag. Doch die hatte keine Klinke. An der Stelle, wo diese normalerweise war, befand sich nur ein leuchtendes Feld. Und wie zur Hölle sollte sie nun reinkommen? Sie drehte sich wieder zum Aufzug um, doch Maddie war bereits fort. Nachdem sie einige Zeit auf das leuchtende Feld gestarrt hatte, klopfte sie einfach an. Ein Rumpeln erklang von drinnen, dann öffnete sich die Tür. Eine junge Frau mit kinnlangen glatten blonden Haaren stand vor ihr.

„Reena?" Ein vorsichtiges Lächeln schlich sich auf ihr Gesicht.

„Ja, genau." Reena streckte mühsam die Hand aus, um sie ihrer Mitbewohnerin zu reichen, doch diese ignorierte die dargebotene Hand und nahm ihr die Kleidungsstücke ab, um sie auf einer Kommode abzulegen. Danach umarmte sie Reena kurz. „Schön, dass du da bist. Ich bin Mary. Und wir wohnen dann jetzt wohl zusammen hier." Mary lachte kurz auf und deutete unsicher über ihre Schulter. Reena fiel auf, dass sie immer wieder auf ihrer Lippe herumkaute.

„Bist du schon lange hier?" Reena trat ein und sah sich um.

„Vor einer Stunde angekommen." Mary zog eine rechteckige Karte hervor und gab sie Reena. „Das ist die Zugangskarte für unser Quartier. Als ich meine abgeholt habe, habe ich gedacht, da kann ich deine auch gleich mitnehmen. Die können wir später auf deinem Com speichern." Mit einem Lächeln überreichte sie Reena die Karte, die nicht so recht wusste, was sie jetzt damit anfangen sollte. Sie tippte sich mit der Spitze der Karte in die Hand.

„Ah, ich verstehe." Mary griff nach der Karte und ging zur Tür. „Hier." Sie zog die Karte über das leuchtende Feld und ein Piepen erklang. „Wenn du das hörst, ist das Schloss entriegelt und du kannst die Tür öffnen."

„Danke." Reena spürte, wie sie rot wurde, als Mary ihr die Karte zurückgab. „Ich schwöre dir, ich bin kein Idiot." Sie versuchte, es wie einen Witz klingen zu lassen, doch es gelang ihr nicht richtig.

„Das habe ich auch nicht gedacht." Mary schüttelte den Kopf und sah sie freundlich an. „Ich weiß schon, dass du eine Externe bist. Und ich weiß nicht so genau, wie es draußen zugeht, aber es ist doch klar, dass du nicht alles kennst, was es hier auf der Aspiration gibt. Stell dir nur mal vor, ich müsste mich auf einmal draußen zurechtfinden." Sie riss die Augen weit auf. „Ich wäre verloren." Sie lachte verlegen.

„Ja, es ist tatsächlich nicht so einfach. Alles ist anders und ich fühle mich fehl am Platz."

Mary nickte verständnisvoll. „Aber du wirst mit der Zeit klarkommen. Ich helfe dir gerne dabei." Sie lächelte Reena noch einmal aufmunternd an. „Und jetzt willst du dich sicher umschauen."

„Allerdings." Reena fuhr mit der Hand über die Kommode im Flur. Sie war aus grau gestrichenem Holz und passte gut zu den weißen Dielen am Boden. Nach ein paar Metern öffnete der Flur sich zu einem kleinen Wohnzimmer mit einem dunkelgrauen Sofa und zwei bordeauxroten Sesseln. An der Wand hing ein Bildschirm, breiter als Reena ihn mit ihren Armen hätte umfassen können. Ein eigener Bildschirm für Übertragungen ... was für ein Luxus. Am liebsten hätte sie ihn sofort angeschaltet. Auf der Aspiration gab es vermutlich nicht nur das wenige, was ins Umland gesendet wurde. Doch sie zwang sich dazu, ihren Blick wieder von dem Gerät abzuwenden. In einer Ecke des Wohnzimmers gab es eine kleine Nische zum Kochen. Zwei Herdplatten, ein Kühlschrank, ein Vorratsschrank.

„Wir werden wohl kaum selbst kochen müssen", sagte Mary, als Reena hinüber zum Kühlschrank ging und einen Blick hineinwarf.

„Was meinst du?"

„Für die Kandidaten der Akademie gibt es einen Speisesaal. Eine Etage unter uns." Mary deutete mit den Fingern auf den Fußboden. „Frühstück, Mittagessen, Abendessen. Und wir müssen nichts extra dafür zahlen."

„Das ist schon mal gut", murmelte Reena. Sie hatte nicht vor, irgendetwas von den Credits, die sie für ihren Aufenthalt in der Akademie erhielt, für sich auszugeben. Oder vielleicht doch? Nur ein paar? Nein, sie würden an ihre Eltern und ihren Bruder wandern. Wer wusste schließlich schon, wie lange sie hierbleiben würde? „Sind deine Eltern reich?"

Plötzlich wirkte Mary nicht mehr so freundlich, ihr Lächeln verblasste. „Meine Mutter, ja, kann man vermutlich so nennen."

Reena blickte sie fragend an. Warum sprach Mary nicht weiter?

„Sie ist die Präsidentin."

„Wovon?"

„Der Aspiration." Mary blickte zu Boden, als würde sie sich dafür schämen.

„Oh. Aber das ist doch toll. Deine Mutter ist also richtig berühmt. Und wichtig."

„Das wird den anderen nicht gefallen."

„Wieso?"

„Was glaubst du denn, wie das aussehen wird?" Mary hob die Hände über den Kopf. „Die Tochter der Präsidentin wird natürlich in die Akademie aufgenommen, wie sollte es auch anders sein. Entweder werden sowieso alle glauben, ich wäre nicht gut genug und nur hier, weil meine Mutter mich reingebracht hat, oder aber sie werden so hohe Erwartungen an mich stellen, dass ich sie nie erfüllen kann." Außer Atem ließ sie ihre Arme wieder fallen. „Ich kann nur verlieren."

„Tut mir leid." Reena konnte sich nicht vorstellen, wie es sich für Mary anfühlen musste. An sie hatte die Bevölkerung der Aspiration ganz sicher keine Ansprüche. Alle glaubten ohnehin, sie sei nicht gut genug, weil sie eine Outlanderin war. „Was ist mit deinem Vater?"

„Nichts." Marys Stimme hatte einen abweisenden Ton angenommen.

„Okay." Wenn sie nicht darüber reden wollte, würde Reena das akzeptieren.

„Willst du erst auspacken?", fragte Mary schließlich nach einigen Augenblicken.

„Ich habe nichts, was ich auspacken könnte." Reena deutete auf den kleinen Stapel an Utensilien, der auf der Kommode lag. „Nur das, was ich für den Unterricht brauche."

„Wollen wir dann in den Aufenthaltsraum gehen? Wir könnten etwas spielen. Der Unterricht fängt erst morgen an."

„Klar, sicher." Als Mary vor ihr herging, entspannte sich Reena allmählich. Ihre Zimmergenossin schien nett zu sein, ganz anders, als sie befürchtet hatte. Vielleicht ein wenig zu nett, kam es Reena in den Sinn. Aber sie wollte keine voreiligen Schlüsse ziehen.

Der Aufenthaltsraum am Ende des Flurs war ein großer Raum mit einer Sitzecke und einer fast wandbreiten Leinwand, einem Bereich mit mehreren Computern und verschiedenen Spielen. Reena erkannte Billard und Tischfußball, beides kannte sie aus ihrem Dorf. Was jedoch die Platte mit den vielen winzigen Löchern und der kleinen Scheibe darauf sein mochte, war ihr ein Rätsel. Oder dieser seltsame Sessel, neben dem mehrere Kabel mit Saugnäpfen an den Enden hingen.

„Worauf hast du Lust?" Mary drehte sich mit einem Lächeln zu Reena um. Sie waren allein.

„Wie wäre es damit?"

„Tischfußball?" Mary ging hinüber zu dem kleinen Tisch und griff nach den Stangen auf der einen Seite. „Dann mach dich aber auf eine Niederlage gefasst." Mit betont grimmiger Miene blickte sie Reena an.

„Oh ja, ich habe schon Angst." Lachend rollte Reena den winzigen Fußball auf das Spielfeld und ergriff ebenfalls die Stangen auf ihrer Seite. Zum Glück hatte sie dieses Spiel schon mal gespielt, denn Mary war tatsächlich gut. Minutenlang lieferten sie sich einen erbitterten Kampf um das erste Tor, den Mary schließlich für sich entschied.

„Ja!" Sie riss einen Arm in die Höhe und sah Reena triumphierend an. „Hab ich es nicht gesagt?"

„Das war bloß der Anfang, ich wollte dich ein wenig schonen", gab Reena zurück und richtetet ihren Blick auf das Spielfeld. Der nächste Ball rollte bereits. Es war ungewohnt, an diesem Tisch zu spielen. Der Tisch zu Hause in der Markthalle hatte Kratzer auf dem Feld, durch den der Ball hin und her sprang und einige der Stangen hatten Dellen, sodass sie sich nicht so gut bewegen ließen. Außerdem fehlten den Spielfiguren ein paar Ecken, wodurch der Ball immer in einem anderen Winkel abprallte. Wenn sie sich erst einmal an diesen neuen Tisch gewöhnt hatte, würde sie es Mary noch zeigen.

Es stand gerade drei zu vier, da erklang eine Stimme im Aufenthaltsraum. Reena, die mit dem Rücken zum Eingang stand, zuckte heftig zusammen und verfehlte den Ball, der in ihr Tor rollte.

„Ich habe mich schon gefragt, wann wir die Ratte kennenlernen würden, die jetzt auf die Akademie gehen darf." Drei Jungen standen im Eingang, derjenige, der gesprochen hatte, war fast einen Kopf größer als die anderen beiden und hatte kurze dunkle Haare und hübsche ebenmäßige Gesichtszüge. Allerdings wurde dieser Eindruck gleich durch seinen angewiderten Gesichtsausdruck zerstört.

„Das sind Dusk, Kendrick und Rune", flüsterte Mary.

„Kommt ihr bloß nicht zu nah, Männer", wandte sich der große – Dusk? – an seine beiden Freunde. „Ganz sauber ist die sicher nicht."

„Hast du Angst, du könntest dich anstecken?" Reena trat einen Schritt auf den Jungen zu. Während seine beiden Freunde zurückwichen, blieb er stehen und erwiderte ihren Blick gelassen.

„Bei euch Ratten kann man davon ausgehen, dass man sich was einfängt", sagte er leise.

„Und was?" Reena machte einen weiteren Schritt in seine Richtung.

Dusk lachte abfällig. „Ihr Externen kriecht den ganzen Tag im Dreck herum, ihr lebt wie Tiere. Ihr habt alle möglichen widerlichen Krankheiten."

„Hast du dir in deinem Holzkopf mal überlegt, dass wir stärker sind als ihr?" Reena hatte ihre Stimme jetzt gesenkt und kam noch weiter auf den Jungen zu, auf dessen Gesicht die Abscheu wuchs. „Wir überleben dort draußen, während ihr euch hier drinnen versteckt und Angst habt, eine einzige Externe könnte euch armen Kleinen Schaden zufügen."

„Wie wir alle wissen, bleibt für körperliche Stärke oft die Intelligenz auf der Strecke", gab Dusk nach ein paar Sekunden zurück. „Und wir wissen alle, dass du nicht hier bist, weil du gut bist. Du bist hier, weil der Zufall es so wollte. Du bist schon bald wieder dort, wo du hingehörst."

„Streng dich lieber an." Reena war jetzt so nah an Dusk herangetreten, dass sie die Hand nach ihm hätte ausstrecken können. „Sonst bist du derjenige, der auf der Strecke bleibt." Den letzten Satz flüsterte sie ihm ins Ohr. Augenblicklich sprang Dusk panisch nach hinten und wischte sich über sein Ohr.

„Bist du wahnsinnig?" Sein Schrei hallte im Aufenthaltsraum wider. „Du Miststück!"

Reena trat lachend zurück an den Tisch. „Dir wird schon nichts passieren", sagte sie über die Schulter. Schritte erklangen und endlich waren sie und Mary wieder allein.

„Das war wirklich mutig von dir", flüsterte Mary, doch sie zog ihre Augenbrauen besorgt zusammen. „Ich weiß nur nicht, ob das so klug war."

„Was meinst du?" Sollte sie sich von so einem Möchtegern etwa alles bieten lassen?

Mary blickte in die linke Ecke des Raumes. Dort hing eine Kamera knapp unter der Decke. Ein rotes Licht leuch-

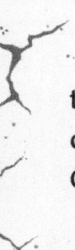

tete. „Du hast unterschrieben, dass du gefilmt werden darfst. Und das wirst du auch. Überall, außer in unserem Quartier."

„Auch jetzt schon?" Entsetzen kroch in Reenas Knochen. „Das Schuljahr hat doch noch nicht einmal angefangen."

„Ab sofort. Die Leiter der Akademie wollen alles zeigen, die Menschen sollen ihre Kandidaten ja kennenlernen."

Und nun hatten sie Reena verflucht genau kennengelernt. Von einer Seite, die wohl keinem Bewohner der Aspiration gefallen dürfte. Verdammt! Vielleicht hatte sie sich ihre Chance damit schon verspielt, bevor sie überhaupt die Möglichkeit gehabt hatte, sich zu beweisen.

„Und das wird auf jeden Fall gesendet?" In Hope hatte sie von der Akademie immer Zusammenfassungen gesehen, nur Ausschnitte des Tages der Kandidaten.

Mary nickte. „Jeder kann sich den ganzen Tag alles anschauen, was die Kameras aufnehmen. Im Intra-Com kann jeder wählen, was er sich ansieht. Abends gibt es dann eine Zusammenfassung der Höhepunkte. Und auch da wirst du wohl drin auftauchen." Sie sah Reena bedauernd an. „Tut mir leid."

„Meinst du, es war so schlimm?" Vielleicht sahen die Zuschauer die kleine Szene ja gar nicht so eng, es war ja nichts passiert. Dusk hatte sie provozieren wollen und sie hatte ihrerseits ein kleines Spielchen mit ihm getrieben.

„Ich glaube nicht, dass es den Leuten hier gefällt, wenn du behauptest, ihr dort draußen wärt stärker als wir. Und dass du damit drohst, ihn anzustecken ..."

„Aber ich habe nichts Ansteckendes." Mary wirkte, als hätte sie nun auch Angst vor ihr. „Das musst du mir verdammt nochmal glauben. Ich war zwei Wochen lang in Isolation, sie haben alles an mir untersucht, was es zu untersuchen gibt und nichts gefunden. Ich bin sauberer als jeder einzelne Stein hier auf der Aspiration!"

„Ich weiß." Doch Mary wirkte nicht überzeugt. „Ich bin sicher, du kannst es mit ausgezeichneten Leistungen wieder gut machen."

„Dann werde ich das versuchen." Sie würde sich anstrengen. Für ihre Familie. Und damit sie ein wenig länger auf der Aspiration bleiben durfte. „Spielen wir weiter?"

„In Ordnung." Doch den Rest des Spiels wirkte Mary abwesend. Ihre Freundlichkeit und ihre Euphorie waren verblasst. Es kam niemand mehr in den Aufenthaltsraum, obwohl Reena sie im Flur hören konnte, wie sie ihre Zimmer betraten. Und wie sie miteinander tuschelten.

„Hör mal ..." Reena lag auf ihrem Bett im Quartier. Mary saß am Schreibtisch und las etwas auf einem tragbaren Display. „Es tut mir leid."

„Was meinst du?" Mary drehte sich zu ihr um.

„Ich hätte das nicht sagen sollen. Ich hätte die Klappe halten sollen. Ich wollte nur ihn verletzen, nicht dich und auch niemanden sonst von der Aspiration, das schwöre ich. Er hat mich mit meiner Herkunft aufgezogen, also habe ich das Gleiche getan. Und es gibt nun mal nicht so viel, womit ich ihn treffen konnte. Da, wo ich herkomme, ist nichts besser als hier." Reena richtete sich auf. „Zumindest nicht, soweit ich es bisher beurteilen kann." Alles auf der Aspiration war sauberer, neuer und fortschrittlich. Alles lief problemlos und es gab Dinge, die sie noch nie gesehen hatte. Das, was sie draußen hielt, war ihre Familie. Und etwas, das sie zum ersten Mal schätzen gelernt hatte, seit sie auf der Aspiration war: Freiheit.

„Ich weiß." Mary legte ihr Display beiseite. „Eigentlich war ich auch gar nicht böse auf dich. Es war nur ..." Sie stand auf und hob die Hände. „Von den Menschen draußen kenne ich nur Geschichten. Und zum ersten Mal habe ich jetzt eine Externe getroffen. Ich war total aufgeregt, als ich die Mitteilung bekommen habe, aber ich hatte auch Angst. Ich wusste ja nicht, wie du sein würdest." Sie seufzte. „Ich weiß, dass Dusk ein Fiesling ist, das war er schon immer. Wir sind zusammen zur Schule gegangen. Und er war schon immer gemein. Aber als du ihm diese Dinge gesagt hast, da habe ich für einen kurzen Moment gedacht, dass du sie auch so meinst."

„Ich will gar nicht hier sein", gestand Reena ihr mit einem Mal und die Augen des anderen Mädchens weiteten sich ungläubig.

„Wieso denn nicht?"

„Ich habe mich nicht um den Platz an der Akademie beworben." Mary hatte gesagt, in ihren Zimmern gab es keine Kameras. Hoffentlich stimmte das auch. „Mein Bruder hatte sich beworben und wurde ausgewählt. Aber er kann nicht mehr laufen und hat starke Schmerzen. Deswegen sollte der Platz an jemand anderes gehen. Und weil die Typen zu faul waren, in ein anderes Dorf zu fahren, und weil sie uns eine Strafzahlung aufbrummen wollten, habe ich mich eben angeboten und sie haben mich mitgenommen."

Mary starrte sie an, als hätte sie einen Geist gesehen. „Warum hast du dich gemeldet, wenn du eigentlich gar nicht hierher wolltest?"

„Hättest du das Gesicht meines Bruders gesehen, hättest du dich auch gemeldet. Und glaub mir, jeder draußen wollte schon immer mal das Innere der Aspiration sehen. Und das kann ich jetzt."

„Du willst also nicht hier sein, aber du fühlst dich verpflichtet?", fasste Mary zusammen. „Nicht gerade angenehm. Da kann ich nachvollziehen, dass du dir nicht von Dusk auf der Nase herumtanzen lassen möchtest."

Reena atmete erleichtert auf. Wenigstens ihre Mitbewohnerin schien nicht mehr böse auf sie zu sein. „Das ist allgemein nicht so mein Ding", gab sie zu. „Ich kann es nicht leiden, wenn Menschen auf anderen herumhacken."

„Damit wirst du dir hier nicht nur Freunde machen."

„Einen Feind habe ich ja jetzt schon." Reena zog eine Grimasse. „Dusk und ich werden so schnell keine Freunde mehr."

# KAPITEL 4

Als Reena sich am nächsten Morgen für den ersten Tag
an der Akademie fertigmachte, krampfte sich ihr Magen immer wieder vor Nervosität zusammen. Sie musste
heute einen verflucht guten Eindruck auf die Zuschauer
machen. Immerhin entschieden sie mit ihrer Abstimmung darüber, welche Kandidaten alle zwei Wochen
gehen mussten. Nur zehn Kandidaten würden am Ende
übrigbleiben und weiter studieren dürfen, um auf die
wichtigsten Positionen auf der Aspiration vorbereitet zu
werden. Das waren Stellen als Leiter der Gesundheitsver-
sorgung, Beauftragter für Energie, Abfall und Recycling,
oder Agrarangelegenheiten, der Verbindungsmann zwischen Externen und der Aspiration, der wissenschaft-
liche Leiter, der militärische Vorstand ... Und letztlich
auch die Position im politischen Rat oder sogar die des
Präsidenten oder der Präsidentin der Aspiration. Sie
wollte keine der Stellen, aber zumindest musste sie so

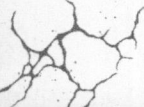

lange im Rennen bleiben, bis sie so viele Credits für Medikamente hatte, damit ihr Bruder erst einmal versorgt war.

Aber was, wenn es noch mehr so Idioten wie Dusk an der Akademie gab? Müllhirne, die ihr das Leben schwer machen wollten? Reena atmete tief ein und zog den Kragen ihrer grünen Uniform zurecht. Zum Glück gab es neben dem knielangen Rock auch eine lange Hose zur Uniform. Hätte sie einen Rock tragen müssen, wäre sie wohl gleich wieder nach Hope abgereist.

„Was genau passiert eigentlich heute?"

Sie und Mary waren bereits auf dem Weg zum Aufzug, um ein Stockwerk tiefer in den Speisesaal zu gelangen.

„Erst einmal Frühstück. Dann die Ansprache des Direktors."

„Es gibt einen Direktor für etwas, das nur alle zehn Jahre stattfindet?"

Mary lachte hell auf. „Nein, natürlich nicht. Er ist auch der Dekan der Universität. Zu Zeiten der Akademie übernimmt er die Leitung."

„Und was geschieht nach der Rede?"

„Dann kommen die Tests." Mary sagte es leichthin, doch Reena drehte sich bei dem Wort „Tests" der Magen um.

„Tests? Was für Tests?"

„Die Zuschauer brauchen einen Ausgangswert, um einschätzen zu können, ob wir uns verbessern. Also werden wir in allen Fächern geprüft und unsere Ergebnisse werden veröffentlicht. Das kennst du doch sicher aus dem Fernsehen, aus der Zeit der letzten Akademie."

„Da war ich ein Kind." Reena fuhr sich durch ihre Haare, die sie sich heute besonders sorgfältig gekämmt hatte. „Ich weiß eigentlich nur noch, wie seltsam ich es fand, dass hier alles so sauber und glänzend ist."

„Sieh die Tests einfach als Chance, zu zeigen, wie viel du lernst und wie sehr du dich verbesserst."

Wie sehr sie sich verbesserte. Sie würde sich lächerlich machen, das würde geschehen. Sie war nicht wie die anderen Kandidaten. Sie gehörte nicht hierher, im Gegensatz zu ihnen hatte sie nicht ihr ganzes Leben lang gelernt. Alles, was sie in der Schule gehabt hatte, waren uralte Bücher und gelangweilte Erwachsene, die sich den Lehrerposten teilten. Sie konnte lesen und rechnen, aber reichte das? „Wird nach den Tests schon jemand rausgeworfen?"

„Quatsch." Lachend hakte Mary sich bei Reena unter und zog sie mit sich aus dem Aufzug. „Du solltest da ganz entspannt herangehen."

„Entspannt?" Mary hatte gut reden. Ihre Mutter war die Präsidentin. Wenn irgendjemand sich keine Sorgen machen musste, dann wohl sie.

Im Speisesaal herrschte eine angespannte Stille. Es gab sechs Tische, an denen jeweils fünf Schüler sitzen konnten. Während Mary sie zu dem Tisch ganz hinten führte, versuchte Reena, sich ein Bild von ihren Mitschülern zu machen. Dusk und seine beiden Freunde hockten mit nachlässig gebundenen Krawatten am ersten Tisch und verfolgten sie mit Blicken voller Abscheu.

Sofort ließ Reena ihren Blick in eine andere Richtung schweifen, doch egal, wohin sie blickte, alle starrten sie an. Sie wussten es. Sie alle wussten, dass sie eine Outlanderin war, was anhand ihrer gebräunten Haut allerdings auch nicht schwer zu erkennen war. Und ganz offensichtlich gefiel es ihnen nicht.

„Hier, setz dich." Mary drückte sie auf einen Stuhl, bevor sie selbst Platz nahm. „Hey", grüßte sie dann die restlichen drei, die bereits dort saßen.

„Hey." Ein schlaksiger Junge mit dunkelblonden Haaren, leuchtend grünen Augen und einem breiten Grinsen streckte die Hand aus, um Reena zu begrüßen. „Ich bin Leo."

„Reena."

„Nimm dich bloß vor dem in acht", sagte Mary grinsend. „Der spinnt ein wenig."

Leo griff sich an die Brust. „Wie kannst du nur so etwas Gemeines sagen?" Er ließ die Hand wieder sinken. „Aber sie hat recht. Mary kennt mich schon, wir waren zusammen in einer Klasse." Er bedachte Reena mit einem Zwinkern.

„Ich bin Samara." Ein Mädchen mit strähnigen braunen Haaren, die ihr in unordentlich geschnittenen Wellen

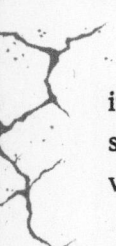

ins Gesicht fielen, nickte ihr nur kurz zu und vertiefte sich dann gleich wieder in das Buch, das aufgeschlagen vor ihr auf dem Tisch lag.

„Mehr weiß ich auch noch nicht über sie, sie will das Ding da einfach nicht weglegen." Leo zuckte mit den Achseln.

„Vielleicht hat sie einfach keine Lust, mit dir zu reden, hast du daran schon mal gedacht?" Der letzte am Tisch, ein Junge mit kurzrasierten schwarzen Haaren lehnte sich im Stuhl zurück und musterte Leo. Leo riss die Augen auf, doch bevor er etwas sagen konnte, fuhr der Junge fort. „Ich bin Nickels." Er wirkte ein wenig jünger als die anderen am Tisch.

„Nun, da wir uns alle kennen ..." Leo beugte sich nach vorn. „Du bist also die Outlanderin?" Seine Augenbrauen hüpften auf und ab.

Am Tisch trat eine unangenehme Stille ein. Sogar Samara blickte von ihrem Buch auf.

Was sollte sie dazu nur sagen? Jeder wusste es bereits. „Das bin ich." Unwillkürlich setzte Reena sich aufrechter hin. „Hast du ein Problem damit?"

„Überhaupt nicht", gab Leo zurück. „Ich bin nur neugierig. Vielleicht kannst du mir ja mal erzählen, wie es draußen so ist?" Echte Neugier schwang in seiner Stimme mit.

„Wir werden sehen." Konnten nicht alle irgendetwas anderes machen? Etwas anderes, als sie anzustarren?

„Gut, dann nehme ich das mal so hin." Leo lehnte sich auf seinem Stuhl so weit nach hinten, dass er nur noch auf zwei Beinen stand. „Was ist ein Keks unter einem Baum?"

„Was?"

„Was ist ein Keks unter einem Baum?", wiederholte Leo grinsend.

„Ach ja, da war noch was, was ich dir über Leo nicht gesagt habe ..." Mary verdrehte die Augen. „Er hält sich für lustig."

„Bin ich ja auch."

„Fragwürdig lustig", kommentierte Nickels und schüttelte den Kopf. „Antworte einfach", riet er Reena. „Sonst gibt er keine Ruhe."

„Na schön." Aber wie lautete die Antwort? Wenn es lustig sein sollte, musste die Antwort eine Art Wortwitz oder so etwas sein. Was war das Besondere an einem Platz unter einem Baum? „Ein schattiges Plätzchen?"

Mit offenem Mund starrte Leo sie an. „Im Ernst?"

Reena sah verunsichert in die Runde. Sie hatte wohl die falschen Schlüsse gezogen, vielleicht war die Frage ganz anders gemeint gewesen oder ...

„Mir hat noch nie jemand die richtige Antwort gegeben!" Lachend sprang Leo auf und klopfte ihr auf die Schulter. Vor Überraschung sackte Reena nach vorn.

„Jetzt liebt er dich", kommentierte Nickels trocken. „Mach dich darauf gefasst, dass er dir jetzt nur noch solche Fragen stellt."

Ein Räuspern erklang in der Halle und sämtliche Gespräche an den Tischen erstarben. Auf einer Kanzel an der Stirnseite der Halle stand ein Mann mit Halbglatze.

Nach einem weiteren Räuspern sprach er in sein Mikrophon: „Ich grüße euch, Kandidaten der Akademie."

„Wir grüßen", erscholl es aus vielen Kehlen. Erschrocken sah Reena sich um. Sie mussten etwas sagen?

„Mein Name ist Recovery Tailor." Er blickte hinab auf die Kanzel und auf das Papier, das vor ihm lag. „Heute beginnt das neue Jahr an der Akademie. Ein aufregendes Schuljahr voller Herausforderung steht vor uns. Es gilt, die vielversprechendsten Talente unter euch zu finden und sie im Anschluss an die Akademie von einem Rohdiamanten zu einem echten Edelstein zu schleifen. Uns bleiben vierzig Wochen. In diesen vierzig Wochen werdet ihr lernen, ihr werdet trainieren. Wir werden euch zusehen, wie ihr an eure Grenzen geht und hoffentlich über euch hinauswachst. Wir auf der Aspiration brauchen die Besten unter euch. Nur so sehen wir einer gesicherten Zukunft entgegen."

Aufregung durchflutete Reena. Was dieser Mann da sagte ... Diese Menschen erwarteten viel von den Kandidaten, wahnsinnig viel. Der Gedanke, dem nicht gerecht zu werden, verursachte ihr Magenschmerzen.

„Das neue Jahr an der Akademie beginnt traditionell mit den Tests. Und ich weiß, dass schon Wetten darauf abgeschlossen wurden, wie ihr abschneiden werdet."

„Wetten?", flüsterte Reena.

„Klar, die Leute lieben es, zu wetten", flüsterte Leo zurück. „Sie tippen darauf, wer der Beste sein wird, wie welcher Kandidat in welchem Fach abschneidet und so weiter."

„Aber noch vor den Tests nehmen wir eure Portraits auf", fuhr der Mann auf der Kanzel fort. „Wir erwarten euch in Raum 1 auf Ebene 34. Vorgegangen wird in alphabetischer Reihenfolge. Danach werdet ihr in jedem Fach kurze Tests schreiben. Und anschließend geht es in unser Gelände für die körperlichen Tests."

Körperliche Tests? Reena erinnerte sich nur dunkel daran, dass die Kandidaten vor zehn Jahren in Sportbekleidung zu sehen gewesen waren. Aber was hatten sie tun müssen?

„Aber jetzt möchte ich euch nicht länger vom Frühstück fernhalten. Ich wünsche euch guten Appetit und uns allen ein erfolgreiches Jahr an der Akademie." Unter dem Applaus der Kandidaten verließ der Mann seine Kanzel und setzte sich an einen langgestreckten Tisch ganz vorn im Saal, an dem bereits vier andere Erwachsene saßen, zwei Frauen und zwei Männer.

Reena schwirrte der Kopf. Sie hatte so viele Fragen. Erst jetzt ging ihr auf, dass sie eigentlich kaum etwas über die Akademie wusste. Als sie noch in Hope gewesen war, da hatte sie gedacht, Bescheid zu wissen. Dabei wusste sie nur das, was von dem letzten Akademiejahr bei ihr hängengeblieben war. Und auch nur das, was überhaupt im Fernsehen gezeigt worden war. Wie zum Teufel sollte sie auch nur die ersten zwei Wochen überstehen? Jeder einzelne Zuschauer würde gegen sie stimmen, daran bestand für Reena kein Zweifel.

„Frühstück." Leo klatschte in die Hände und hob die Augenbrauen.

Die Türen des Speisesaals schwangen auf und sechs Kellner erschienen. Jeder von ihnen trug eine große ovale Platte, auf der Pfannkuchen mit Sirup, Rührei, Brötchen, Brot, Wurst und Käse aufgetürmt waren, und stellte sie auf die Tische. Der aufsteigende Duft des Essens war köstlich und Reena lief das Wasser im Mund zusammen. So viel Essen auf einem Haufen ...

„Haut rein!", rief Leo und spießte mit seiner Gabel gleich vier Pfannkuchen auf.

„Guten Appetit." Mary tat sich deutlich beherrschter vom Rührei auf. Auch Samara und Nickels bedienten sich. Reena zögerte. Doch schließlich legte sie ebenfalls zwei Pfannkuchen auf ihren Teller und begann sie langsam und genüsslich zu essen. Die zuckrige Süße war wunderbar und der Teig schmolz fast auf ihrer Zunge. Die Pfannkuchen, die sie von zu Hause kannte, waren grob, in dem Getreide fanden sich oft noch winzige Stücke von den Ähren. Und Sirup hatte sie noch nie probiert, den hatten nur die reicheren Familien gehabt. Und auch in der Quarantäne war das Essen nicht so gut gewesen. Es hatte Haferflocken gegeben und Reis und andere Dinge, aber nichts mit so viel Zucker, wie diese Pfannkuchen.

„Na, ist das was?"

Reena blickte auf und sah in Leos Gesicht, das sie freudig anstrahlte.

„Ja, die sind ... verflucht gut."

„Du kannst dir nehmen, so viele du willst." Augenblicklich tat Leo sich noch weitere von den kleinen runden Pfannkuchen auf.

„Nur, weil ich von draußen komme, bin ich noch lange nicht gierig." Plötzlich fühlte sich der Sirup in ihrem Mund klebrig an.

„Das habe ich doch gar nicht gemeint." Leo schüttelte den Kopf. Sein Grinsen war verschwunden. „Guck dir mich an. Wenn ich könnte, würde ich die ganze Platte leerfuttern. Und ich komme nicht von draußen."

„Oh, gut, dann nehme ich noch zwei. Tut mir leid, ich bin ein wenig empfindlich. Zu sehr offenbar." Reenas Schultern entspannten sich ein wenig.

„Ist doch verständlich." Mary deutete mit der Gabel in Richtung des ersten Tisches. „Es gibt ja auch Idioten hier."

„Aber wir sind keine, das kann ich dir versichern." Leo lächelte ihr zu. „Dass du von draußen kommst, finde ich höchst interessant. Ich habe kein Problem mit dir, ihr doch auch nicht, oder?"

Samara schüttelte den Kopf, ohne von ihrem Buch aufzublicken. „Mir völlig egal."

„Ich habe damit kein Problem. Solange du dich benimmst, kommen wir gut miteinander klar." Nickels warf sich ein Stück Käse in den Mund. „Und das gilt nicht nur für Outlander. Ich mag keine Leute, die Ärger machen."

„Wer mag die schon?" Leo rollte mit den Augen.

„Frag doch mal Kendrick und Rune? Die schleichen Dusk die ganze Zeit hinterher. Und wenn irgendwer Ärger macht, dann er."

„Da hast du recht. Aber Leute, die etwas in der Birne haben, mögen üblicherweise niemanden, der Ärger macht."

„Schon gut, ihr beiden." Lachend hob Reena die Hände. „Ich habe verstanden. Und ich werde ganz sicher keinen Ärger machen. Ich möchte nur so lange hierbleiben, wie es geht."

„So wie wir alle", bemerkte Samara, ohne aufzublicken.

„Was sind das gleich eigentlich für Prüfungen? Und was sind diese körperlichen Tests?"

„Da wären Mathematik, Physik, Chemie und Biologie." Mary zählte die Fächer an einer Hand ab.

„Rhetorik und Wirtschaft", ergänzte Leo.

„Informatik." Nickels Augen glänzten.

„Sozialkunde und Medizin." Samara hob ihr Buch. Allgemeinmedizin stand darauf.

„Und diese körperlichen Sachen?" Reena verbarg ihre Hände unter dem Tisch. Sie hatten bei der Aufzählung all dieser Fächer, die sie nicht beherrschte, ja über die sie nicht einmal im Ansatz etwas wusste, angefangen zu zittern.

„Nahkampf und Fernkampf."

„Wir kämpfen?"

„Es ist wichtig, sich verteidigen zu können und die grundlegenden Strategien eines Kampfes zu kennen." Mary klang, als hätte sie eine Broschüre zu dem Thema auswendig gelernt.

Nun, Kämpfen war zumindest etwas, das Reena schon mal gemacht hatte. Aber ganz sicher gab es hier an der Akademie Regeln. Die gab es draußen nicht.

# KAPITEL 5

„In einer Reihe aufstellen", ordnete die junge Frau mit dem Klemmbrett an, die wie ein Wachhund vor Raum Nummer 1 stand und aufpasste, dass ja der richtige Kandidat den Raum betrat.

Nach und nach verkürzte sich die Schlange. Als nur noch fünf Kandidaten vor Reena in der Schlange standen, wurde sie immer nervöser. Was wartete in diesem Raum auf sie? Sie war bisher noch nie fotografiert worden, waren ihre Haare nicht zu unordentlich für ein solches Portrait? Musste sie dafür lange stillhalten? Würde man ihr sagen, was sie tun musste? Sie wünschte sich, sie hätte Mary oder Leo danach gefragt. Aber alle, die den Raum wieder verlassen hatten, wirkten ganz normal, also war es nichts Aufregendes oder Schwieriges, richtig?

„Vermillion." Sie war dran. Mit zitternden Knien ging sie durch die Tür. Dahinter wartete eine hell ausgeleuchtete blaue Leinwand. Im Halbdunkel davor standen eine Kamera und eine Frau, die sie bediente. Als Reena ein paar Schritte in den Raum gemacht hatte, kam ein Mann zu ihr geeilt, der begann, an ihrer Kleidung herumzuzupfen.

„Das wird schon gehen", murmelte er vor sich hin. „Stell dich dort hin." Er deutete auf die ausgeleuchtete Fläche.

„Tut mir leid, aber was genau muss ich eigentlich tun?"

„Oh nein, jetzt sag nicht, du bist die Outlanderin, die dieses Mal dabei ist?"

Fragend sah Reena ihn an. „Doch, das ..."

„Hast du das gehört?" Der Mann wich vor ihr zurück und sah die Frau hinter der Kamera an. „Und ich hab sie angefasst!" Er schüttelte seine Hände, als klebte etwas Ekelhaftes daran. „Ich muss mir die Hände waschen." Mit drei großen Schritten war er an der Tür und verschwand.

„Es tut mir leid." Die Frau stieg von ihrem Stuhl und kam auf Reena zu. „Er ist ein wenig ..." Sie gestikulierte mit ihren Händen. „Na ja, ängstlich, werde ich das jetzt mal nennen."

„Können Sie mir dann vielleicht sagen, wie das hier funktioniert? Was ich tun muss?" Mit all den Menschen auf der Aspiration, die sie offenbar anwiderte, begann Reena sich schlecht zu fühlen. Minderwertig. Als wäre sie tatsächlich schlechter als die anderen Kandidaten. Aber so wollte sie sich nicht fühlen. Sie reckte das Kinn vor und sah die Frau herausfordernd an.

„Süße, wir machen hier deine Karte fertig. Die wird zur Vorstellung eingeblendet und dann immer, wenn es in den Berichten um dich geht."

„Meine Karte?" Wovon redete die Frau bloß?

„Also, du stehst hier und dann zeigst du das von dir, was die Zuschauer sehen sollen. Du kannst winken und lächeln, oder aber du zeigst grimmig die Zähne oder was auch immer du für das Richtige hältst. Zeig das, was dich ausmacht. Das, was du später für die Gemeinschaft sein wirst."

„Aber ich weiß doch nicht ..."

„Du kriegst das sicher hin." Die Frau tätschelte ihr wohlwollend wie einem Hund den Kopf und setzte sich dann wieder hinter die Kamera. „Wir brauchen nur fünf Sekunden. In denen zeigst du dich von deiner besten Seite."

Beste Seite? Hatte sie denn überhaupt eine gute Seite? Bevor Reena weiter darüber grübeln konnte, hob die Frau auch schon drei Finger, von denen sie nach und nach einen einzog. Das rote Licht an der Kamera begann zu leuchten. Wie versteinert stand Reena in dem hellen Licht und starrte in die Kamera. Sie musste etwas machen, sie musste sich präsentieren, sie musste ...

„Das war es dann auch schon. Das hast du ... gut gemacht." Die Frau drückte ihr die Schulter und schob sie in Richtung Ausgang. „Ich wünsche dir viel Glück."

„Einen Moment, bitte." Reena drehte sich um. „Kann ich es nochmal versuchen? Ich habe es nicht richtig hinbekommen, es ist nicht gut geworden."

„Tut mir leid", erwiderte die Frau und hob die Schultern. „Aber deine Zeit ist um. Jeder hat nur einen Versuch."

„Wie lief es bei dir?" Mary hatte am Ende des Flurs auf Reena gewartet und blickte sie erwartungsvoll an.

„Mies." Reena rollte mit den Augen. „Ich hab es versaut."

„Glaube ich nicht. Es ist immer weniger schlecht, als man denkt."

„Du wirst ja sehen." Es war grottig gewesen, daran hatte sie keinerlei Zweifel. Zusammen gingen sie weiter den nächsten Flur hinab. Nun standen die schriftlichen Tests an. Und auch wenn Reena sich immer wieder sagte, dass jede Woche, die sie hierblieb, gut für sie und ihre Familie war, konnte sie das leise Gefühl von Panik nicht unterdrücken, das sie beim Gedanken an die Tests befiel. Sie würde versagen. Und sie hasste nichts mehr, als etwas nicht zu können.

„In welcher Reihenfolge schreiben wir die Tests?" Sie bogen in den Raum ein, in dem die meisten Kandidaten bereits an Schreibpulten saßen.

„Ich glaube, Mathematik zuerst, aber so genau weiß ich das auch nicht."

„Hey, ihr beiden." Aus der hinteren Reihe winkte Leo ihnen wild zu. „Hier ist noch Platz."

„Dann gehen wir lieber zu ihm, nicht, dass er sich noch was zerrt", flüsterte Reena Mary zu. Lachend setzten die beiden sich in die letzte Reihe, wo auch schon Samara und Nickels saßen.

„Alles gut gelaufen bei den Aufnahmen?" Leo setzte sich umgekehrt auf seinen Stuhl und legte das Kinn auf die Rückenlehne. „Was habt ihr gemacht?"

„Ich habe es mit umdrehen und lächeln versucht", erwiderte Mary.

„Und du, Reena?"

„Wirst du dann schon sehen", murmelte sie. Es fehlte noch, dass sie über diesen Fehlschlag mit Leo dem Scherzkeks reden musste. Er würde sie noch früh genug damit aufziehen.

„So schlimm, ja?" Leo zog eine Augenbraue in die Höhe. „Keine Sorge, du warst sicher klasse. Die Leute werden dich mögen." Doch das Lächeln, mit dem er das sagte, war nur halbherzig.

„Wird man bei euch in der Schule auf die Akademie vorbereitet?"

„Wir lernen das, was wir vermutlich brauchen werden", antwortete Nickels. „Aber vorbereitet? Eher nicht."

„Das ist immer noch mehr als das, was ich habe", murmelte Reena und sah sich verstohlen im Raum um. Die meisten Kandidaten wirkten angespannt.

„Ich durfte nur drei Jahre in die Schule gehen", sagte Samara plötzlich. „Dann musste ich arbeiten. Ich musste meinen Eltern helfen. Es kam ziemlich überraschend, dass ich für die Akademie zugelassen wurde. Meine Eltern haben auch nur wegen der Credits zugestimmt. Sonst hätten sie mich nicht gehen lassen." Samara zuckte die Achseln und senkte dann gleich wieder ihren Blick auf die blank polierte Holzplatte ihres Pults.

„Sie kommt von Ebene 3." Leo sagte es so bedeutungsvoll, als würde er ihnen eine Art Staatsgeheimnis anvertrauen.

„Tratsch das nicht so rum", herrschte Samara ihn an. „Das muss ja nicht jeder wissen."

„Es wird im Fernsehen gesagt werden. Da kann ich es ja wohl vorher Reena erzählen, oder nicht?"

Samara winkte ab und blickte nach vorn.

„Was ist denn mit Ebene 3?" Ebene 3 war fast ganz unten im Schiff, aber war das nun gut oder schlecht?

„Ebene 3 ist direkt über der Viehhaltung. Es sind die billigsten Wohnungen."

Das bedeutete dann wohl, dass Samaras Eltern arm waren. „Na ja, Ebene 3 liegt immerhin noch auf dem Schiff, nicht wahr?" Reena bemühte sich, Samara aufmunternd anzulächeln. „Es könnte schlimmer sein, du bist immerhin keine Outlanderin, so wie ich."

„Da hast du recht." Samara nickte, ohne sie anzublicken. „Aber ich weiß nicht, ob mir das helfen wird."

Bevor Reena weiter nachbohren konnte, was sie damit meinte, betrat eine Frau den Raum. Sie hatte schulterlange blonde Haare und war etwa im Alter von Reenas Mutter. „Ich grüße euch."

„Grüße." Ein Chor aus Stimmen antwortete ihr, nur Reena verpasste auch dieses Mal ihren Einsatz.

„Ich bin Miss Johnson und werde eure Lehrerin für Physik und Mathematik sein." Sie deutete auf eine Kiste, in der kleine flache Computer standen. Sie bestanden aus einer schwarzen Fläche und einem weißen Gehäuse und waren so groß wie eine Buchseite. „Jeder von euch nimmt sich für die heutigen Prüfungen bitte einen Com. Eure eigenen dürft ihr im Unterricht benutzen, aber nicht für die Tests." Ein Murren ging durch den Klassenraum, trotzdem standen alle Kandidaten auf und drängten nach vorn.

„Ein Computer?", flüsterte Reena Mary aufgeregt zu. „Aber ich kann damit nicht umgehen." Sie hatte sich gestern von Mary lediglich zeigen lassen, wie man den an ihrem Handgelenk, den jeder Bewohner der Aspiration zu jeder Zeit tragen musste, anschaltete. Es war ein kleines schwarzes Kästchen, das mit einem Armband befestigt war. Sobald man es mit einem Knopfdruck einschaltete und der Bildschirm hell wurde, konnte man es entweder sofort bedienen oder ausklappen, um einen größeren Bildschirm zu erhalten und zum Beispiel darauf zu lesen oder Nachrichten zu versenden. Reena hatte lediglich ein paar Minuten geübt, ihn zu bedienen. Aber das reichte doch nicht, nicht für eine Prüfung!

„Es ist ganz einfach", gab Mary ebenso flüsternd zurück. „Du machst ihn an, dann bist du schon in der Prüfung. Viel mehr musst du gar nicht machen."

Das überzeugt Reena kaum. Unbeholfen hielt sie ihren Com, als würde er gleich explodieren und setzte sich

mit dem Gefühl, dass sie sich mit Sicherheit blamieren würde.

Als alle Kandidaten wieder an ihrem Platz waren, blickte Miss Johnson auf die Uhr. „Ihr habt eine halbe Stunde Zeit für eure erste Prüfung. Mathematik. Ihr könnt beginnen."

Auf das Signal hin schalteten alle Kandidaten ihre Coms ein und begannen, darauf herumzutippen. Reena brauchte drei Anläufe, um ihren überhaupt einzuschalten. Danach war sie direkt in der Prüfung, wie Mary gesagt hatte. Es gab Fragen, für deren Antwort sie nur ein Kästchen ankreuzen musste und solche, bei denen die Eingabe einer Antwort erwartet wurde. Herauszufinden, wie sie ein Kästchen ankreuzte, war nicht schwer, sie musste es nur antippen. Doch wie schrieb man eine Antwort? Nachdem sie ein paar Augenblicke wie erstarrt auf ihren Com geblickt hatte, bemerkte sie aus dem Augenwinkel, dass Mary ihr etwas gestikulierte. Sie deutete auf die Unterseite ihres Coms. Reena drehte ihren um und fand dort eine Art Stift vor. Einen Stift ohne richtige Mine. Sie drückte die Spitze auf die Oberfläche des Coms und tatsächlich: Schrift erschien auf dem Bildschirm. Erleichtert atmete Reena aus. Jetzt konnte sie den Test endlich ausfüllen.

Das war jedoch alles andere als einfach. Die meisten Fragen waren für sie ein Buch mit sieben Siegeln. Es ging um Pyramiden, um Wahrscheinlichkeiten, um Wachstumskurven, um irgendwelche Logarithmen ... Sie konnte nur drei Fragen mit Sicherheit beantworten. Die

Fragen, bei denen sie ankreuzen musste, riet sie einfach, die, bei denen eine geschriebene Antwort erwartet wurde, ließ sie frei.

Nach dreißig Minuten hob Miss Johnson die Hände. „Stopp. Bitte aufstehen, die Coms ausschalten."

Dem Alphabet nach wurden sie alle aufgerufen und nach vorne gebeten. Dort schaltete Miss Johnson die Coms wieder ein, tippte ein paar Mal.

„Eure Prüfungsantworten wurden direkt verschickt und werden nun bereits ausgewertet. Ich starte nun die Chmemieprüfung auf euren Coms. Es gibt also keine Möglichkeit mehr für euch, die Antworten für Mathematik zu ändern." Einige Kandidaten murrten, aber Reena war es egal. Ob sie die Fragen hätte später ändern können oder nicht: Sie kannte die Antworten nicht, sie waren ihr nicht nur entfallen, sie hatte sie nie gewusst. Daran würde auch die Zeit nichts ändern. „Wir beginnen nun mit der nächsten Prüfung. Und los."

Auch Chemie war nicht anders als Mathematik. Reena versuchte sich an ein paar Antworten, setzte ihre Kreuze irgendwohin und dann war die Zeit auch schon vorbei. Es folgte Physik, dann Biologie. Reena fühlte sich bereits wie die größte Versagerin, doch als sie die Fragen in Biologie sah, straffte sich ihr Körper wieder. Das wusste sie. Und diese Frage konnte sie auch beantworten. Nur bei drei Fragen war sie sich nicht ganz sicher und von dem abgefragten Thema Biophysik und dem Krebs-Zyklus hatte sie noch nie etwas gehört. Dieses Mal gab sie ihre Prüfung mit einem Lächeln bei Miss Johnson ab.

Allerdings verblasste das Lächeln rasch wieder, als sie die nächste Prüfung sah. Rhetorik. Schon aus den Fragen konnte sie herauslesen, dass sie dieses Fach nicht mögen würde. Es klang langweilig, unnötig kompliziert und gestelzt.

Es folgten Sozialkunde, Wirtschaft und Informatik und unter all den Fragen, die sie nicht beantworten konnte, hatte Reena das Gefühl, immer kleiner zu werden. Sie beobachtete die anderen, die wie wild auf ihren Coms herumtippten und Antworten mit dem Stift eintrugen. Keiner von ihnen schien solche Schwierigkeiten zu haben wie sie. Sie blickte zu Leo, der über die Schulter aufsah und ihr zuzwinkerte. Dann wandte er sich wieder seinem Com zu. In Informatik wusste Reena gar nichts, sie hatte nicht den Hauch einer Ahnung, wovon in den Fragen die Rede war. Blind kreuzte sie ein paar Antworten an und lehnte sich dann zurück. Es war eine Katastrophe. Die Auswertung, die für den Abend angesagt war und die natürlich auch im Fernsehen übertragen wurde, würde einer der peinlichsten Augenblicke ihres Lebens werden. Und am schlimmsten war: Ihre Familie und die Leute aus dem Dorf würden alles sehen.

Die letzte schriftliche Prüfung war Medizin. Reena beugte sich dichter über ihren Com. Die erste Frage nach dem wissenschaftlichen Namen des Oberschenkelknochens konnte sie beantworten. Ebenso wie die zwei Fragen danach. Hier ging es nicht um tiefes medizinisches Wissen, sondern nur um grobes Wissen über den menschlichen Körper. Hastig füllte Reena den Test aus und hatte am Ende das Gefühl, zumindest einige Fragen korrekt beantwortet zu haben.

„War doch gar nicht so schwierig." Auf dem Weg aus dem Prüfungsraum sprang Leo an ihre Seite. „Ich glaube, es lief ganz gut."

Reena nickte nur.

„Und bei dir?"

Glücklicherweise liefen ihnen Mary und Samara nach, die Leo sofort mit Fragen bombardierten, welche Antwort wohl in Rhetorik richtig gewesen war.

„Ich bin mir sicher, es ist c", sagte Samara bestimmt.

„Und ich glaube, es ist b." Mary stieß Leo an. „Was meinst du?"

„Also, ich habe d angekreuzte", ertönte Nickels Stimme hinter ihnen.

„Und ... was hast du angekreuzt?", fragte Mary Reena zögerlich, die bisher still gewesen war.

Reena grinste schief. „Nach der dritten Frage habe ich mir die Fragen nicht mal mehr durchgelesen und einfach immer b angekreuzt. Wenn ich Glück habe, ist wenigstens eine der Antworten richtig."

Leo schlug ihr auf die Schulter. „Mal nicht so pessimistisch, vielleicht sind es auch zwei."

„So oder so, es wird nicht reichen." Reena zuckte mit den Achseln und bemühte sich, zu überspielen, wie enttäuscht sie war. Die Leute würden sie gleich rauswählen, wieso auch nicht? Bei den Ergebnissen, die sie zu erwarten hatte, konnte die Aspiration sie nicht gebrauchen. Warum sollten sie sie also länger hierbehalten als nötig?

„Warte doch erstmal ab."

„Mary, da gibt es nichts abzuwarten." Sie hatte schlecht abgeschnitten, dafür brauchte sie die Ergebnisse nicht. „Wo gehen wir überhaupt hin?" Sie betraten den Aufzug und fuhren eine Ebene tiefer.

„Die körperlichen Prüfungen fehlen noch, erinnerst du dich?" Nickels hob den Arm und zeigte seinen alles andere als beeindruckenden Bizeps. „Ich hoffe, ich habe in den anderen Prüfungen gut genug abgeschnitten, dann fällt es vielleicht nicht auf, wenn ich hier richtig fertig gemacht werde."

Der Flur der Universitätsebene sah fast genau so aus wie die Ebene, auf der sie selbst wohnten. „Wo wollen wir hin?", fragte Reena noch einmal. Es war ihr unangenehm, nie zu wissen, wo irgendetwas war. Die anderen Kandidaten hatten ihr auch das voraus.

„Trainingsraum", gab Leo zurück und öffnete mit ausladender Geste eine Doppeltür am Ende des Gangs.

„Herzlichen Dank." Mary schritt an ihm vorbei und zog Reena mit sich.

„Oh, wow." Reena war überwältigt. Der Raum wirkte, als wären sie nicht mehr auf der Aspiration. Überall wuchsen Bäume bis an die Decke, von der helle Lichter strahlten. Der Boden war mit Erde, Gras und Moos bedeckt und es roch frisch und feucht.

Die meisten anderen Kandidaten hatten sich bereits unter die Bäume gesetzt und warteten.

„Kommt." Leo winkte ihnen und zusammen setzten sie sich ebenfalls an den Fuß eines Baumes.

„Wofür ist das hier?", fragte Reena und deutete hoch in die Baumkronen. „Wofür all die Bäume?"

„Es geht um eine möglichst realistische Nachbildung der Außenwelt", spulte Nickels ab.

„Der Außenwelt?"

„Ja, da wir uns auch auf den Außeneinsatz vorbereiten, bekommen wir dafür die passende Umgebung vorgesetzt."

Viel hatte dieser Raum nicht mit der Außenwelt gemein. Es fehlte der allgegenwärtige Müll. Alles war zu frisch, zu grün, zu ... lebendig. „Wie können die Pflanzen hier wachsen? Wir sind doch drinnen, aber Pflanzen brauchen Licht."

„Sie kriegen Licht." Nickels deutete auf die hellen Lampen an der Decke. „Diese Lampen senden neben dem sichtbaren Licht auch UV-Strahlen aus, die die Pflanzen zum Wachsen benötigen. Ihr Bedarf wird über den Computer gesteuert. Es wird gemessen, wie viel sie aufnehmen können, wie viel sie gewachsen sind, was ..."

„Jaja, schon verstanden, der Computer ist toll", ging Leo dazwischen und winkte ab. „Reena, pass bloß auf, wenn du ihn lässt, erzählt er dir stundenlang, was Computer so alles können."

„Da, wo ich gearbeitet habe, hatten sie keine Computer." Samara schüttelte den Kopf. „Ich musste die Scheiße aus den Kuhställen kratzen. Das, was die Maschinen nicht geschafft haben."

„Na, frag mich mal", entgegnete Reena. „Da, wo ich herkomme, hat niemand einen Computer. Oder einen Kuhstall."

Die anderen lachten, doch Samara zog die Stirn in Falten. „Und wo leben eure Kühe dann?"

„Viele laufen frei herum. Manche halten sie auch auf eingezäunten Wiesen."

„Also kann man überall, wo man hingeht, vielleicht einer Kuh begegnen?" Samaras Stimme hatte einen ungläubigen Klang angenommen. „Egal wo? Auf einmal steht eine vor dir? Sie sind nicht eingesperrt?"

„Könnte man so sagen, ja."

„Verrückt."

„Aufstellung!" Eine strenge Stimme riss sie aus ihrem Gespräch und alle sprangen auf die Füße. Ein dunkelhäutiger Mann mit kerzengerader Haltung und sehr kurz geschnittenen Haaren stand auf der kleinen Lichtung und verschränkte die Arme hinter dem Rücken. „Ich bin Leutnant Terry. Ich war fünfzehn Jahre lang der Leiter der Außeneinsätze. Und jetzt werde ich euch beibringen, wie ihr dort draußen überlebt."

Reena konnte das Kichern nicht unterdrücken, das bei den Worten in ihr aufstieg.

„Was gibt es denn da zu lachen?" Der Mann machte einige steife Schritte, bis er nur wenige Zentimeter von ihr entfernt stehenblieb. Streng blickte er sie an und Reena zwang sich, ebenfalls ernst zu werden.

„Tut mir leid, es ist nur ..." Sie schluckte und blickte sich zu Mary um. „So wie Sie es schildern, klingt das Outland quasi tödlich. Es ist nur die Außenwelt, dort überleben tausende von Menschen – sogar Kinder – ganz ohne Training."

„Ich habe mich schon gefragt, wann sich wohl die Externe zu Wort melden wird", sagte Leutnant Terry langsam und sein Blick glitt an ihr hinab. „Ich habe damit gerechnet, dass du das hier für unter deiner Würde halten wirst. Schließlich hast du dort draußen gelebt. Und du stehst jetzt atmend vor uns. Aber eins hast du vielleicht nicht bedacht ..." Er beugte sich zu ihr hinunter und flüsterte, als ob er ihr ein Geheimnis verraten würde. „Damals warst du eine von denen. Heute halten sie dich für eine von uns. Besser du kriegst deinen Hintern hoch und trainierst. Oder du machst es nicht lange."

„Tut mir leid", zwang sich Reena erneut zu sagen und hielt ihren Blick fest auf das Gesicht des Leutnants gerichtet. „Ich verstehe, was Sie sagen." Sie glaubte nach wie vor, dass die Worte des Leutnants übertrieben waren. Er versuchte nur, die Kandidaten zu motivieren und seinem Arbeitsbereich mehr Bedeutung zu verleihen. Nun gut, dann würde sie das eben akzeptieren.

„Schön." Mit einem Knurren wandte der Leutnant sich von ihr ab. „Hat sonst noch jemand etwas zu sagen, bevor wir beginnen?"

Allgemeines Kopfschütteln. „Gut, dann fangen wir jetzt an, falls das unserer Outlanderin recht ist." Mit hochgezogenen Augenbrauen sah er Reena an. Sie nickte ihm mit ihrem süßesten Lächeln zu. „Natürlich. Ich entschuldige mich für die Unterbrechung." Sobald er sich wieder von ihr abwandte, verschwand das Lächeln.

„Wir beginnen mit der Schießprüfung. Folgt mir." Der Leutnant marschierte in den falschen Wald hinein.

„Ich wusste ja gar nicht, dass du so lieb und nett sein kannst", flüsterte Leo Reena ins Ohr.

„Du kennst mich eben nicht", gab sie zurück. „Und bis ich so nett zu dir bin, kann es auch noch dauern."

„Meinst du, es würde helfen, wenn ich mit einer Waffe herumspiele?" Leo deutete auf den Leutnant, der in der linken Hand ein Gewehr und in der rechten eine Pistole hielt. Auch wenn die Waffen draußen anders aussahen – ihre Funktion war unverkennbar. Draußen waren alle Waffen braun oder dunkelsilbern und abgenutzt. Oft waren sie aus alten Teilen, die einfach neu zusammengesetzt worden waren. Die Waffen hier auf der Aspiration waren elegant. Sie waren aus einem weißen Material mit bläulichen Linien darauf, die zu pulsieren schienen.

„Nein, das würde auf keinen Fall helfen", entgegnete Reena nach ein paar Sekunden. „Das beeindruckt mich nicht gerade."

„In der ersten Runde geht es um das Gewehr, in der zweiten um die Pistole. Ihr schießt auf verschieden weit entfernte Ziele. Wir machen das hier in alphabetischer Reihenfolge. Noch Fragen?"

Zum Glück war Reenas Nachname fast ganz hinten im Alphabet, so konnte sie den anderen zusehen und herausfinden, was verlangt wurde.

Den ersten beiden Kandidaten erklärte der Leutnant noch recht ausführlich, was sie tun mussten, bei denen danach hielt er sich immer mehr zurück. Es gab zwei nahe Ziele, zwei in mittlerer Entfernung und zwei weit entfernte. Es galt, nacheinander auf alle zu schießen.

Dabei wurde die Zeit gestoppt und die Genauigkeit der Schüsse gemessen.

Nach und nach standen alle Kandidaten für ihre Runde auf. Während Mary recht gut abschnitt, schien Nickels, Leo und Samara das Gewehr nicht zu liegen. Sie verfehlten mehrere Zielscheiben und stellten sich allgemein nicht sehr geschickt an. Ganz im Gegensatz zu Dusk, der mit dem Gewehr hantierte, als hätte er nie etwas anderes getan. Als der Leutnant es ihm reichte, klappte er es zunächst auf, überprüfte die Patronen und ließ es wieder zuschnappen. Mit einem Grinsen drehte er sich zu seinen beiden Freunden um, die ihm die emporgestreckten Daumen entgegenhielten. Lässig hob er das Gewehr und schoss in beeindruckendem Tempo auf alle Zielscheiben. Bei jedem Schuss hoffte Reena, er würde vorbeischießen oder am besten gleich die Waffe fallen lassen. Doch unglücklicherweise verfehlte er keine einzige Zielscheibe und hielt das Gewehr, als wäre es die Verlängerung seines Arms. Auch mit der Pistole ging er hervorragend um. Sogar der Leutnant nickte ihm wohlwollend zu und schien beeindruckt von Dusks Leistung zu sein. Na toll, offenbar hat ihr Lehrer seinen Lieblingsschüler bereits gefunden.

„Vermillion."

Beim Klang ihres Namens zuckte Reena zusammen.

Auf dem Weg zum Leutnant kam sie an Dusk vorbei, der sich zusammen mit Rune und Kendrick an einen Baum gelehnt hatte. Als sie an ihm vorbeiging, sprang er auf die Füße und packte sie fest am Arm. Seine Finger gruben sich in ihre Haut. „Hast du gesehen, wie gut ich schieße? Nicht mehr lange und ich kann das draußen machen und euch Kakerlaken abknallen."

„Hey, Trewitt, was soll das?" Der Leutnant sah zwischen Dusk und Reena hin und her.

„Gar nichts, ich habe ihr nur viel Glück gewünscht." Mit einem Stoß ließ Dusk Reena frei und sie taumelte die letzten Schritte in Richtung des Leutnants. Ihr Herz schlug heftig, doch es hatte nicht nur etwas mit der bevorstehenden Prüfung zu tun. Das, was Dusk gesagt hatte, war eine Drohung gewesen, richtig? Rasch blickte sie sich im Wald um. Etwa drei Meter von ihr entfernt hing eine Kamera an einem der Bäume. Das rote Licht an ihr leuchtete, doch hatte sie aufgezeichnet, was Dusk gesagt hatte? Und wenn ja ... würden die Menschen an den Fernsehern Dusk zustimmen?

„Bereit?" Der Leutnant hielt ihr das Gewehr hin.

Ohne zu zögern, griff Reena danach. Obwohl das Äußere der Waffe so anders war als zu Hause, schmiegte sie sich vertraut in ihre Hände.

„Und ... los."

Ein Auge geschlossen, fixierte Reena die erste Zielscheibe und betätigte den Abzug. Die blauen Streifen auf der Waffe leuchteten auf und obwohl Reena sich gegen den Rückstoß gewappnet hatte, kam keiner. Die Waffe musste so konstruiert sein, dass sie die Energie des Schusses abfing. Sie atmete ein und zielte. Die nächste Zielscheibe. Die nächste. Und schließlich die letzte. Sie hatte bei allen ins Schwarze getroffen. Als der Leutnant ihr die

Pistole reichte, sah sie ihn gar nicht an, sie war vollkommen auf die Ziele fixiert. Noch sechsmal betätigte sie den Abzug, ehe sie dem Leutnant die Waffe zurückgab. Erst jetzt drangen die Geräusche rund um sie wieder zu ihr durch. Leo und Mary, die klatschten und ihr etwas zuriefen. Dusk, der verächtlich schnaubte. Einige andere Kandidaten, die überraschte Laute ausstießen.

„Das war gut." Der Leutnant sah sie streng an, als versuchte er herauszufinden, wie sie geschummelt hatte. Doch sie hatte nicht das erste Mal geschossen. Ihr Vater hatte ihr gezeigt, wie man mit einer Pistole umging, da war sie gerade vier gewesen. Mathematik und Physik und all die anderen Fächer mochte sie ja nicht beherrschen, aber Schusswaffen waren etwas Anderes. „Du kannst dich wieder setzen."

Mit zittrigen Knien ging Reena zu dem Baum zurück, unter dem Nickels, Mary und Samara saßen. Leo kam ihr entgegen und klopfte ihr mit einem breiten Grinsen auf den Rücken. „Das war der Hammer!"

Reena ließ sich am Baumstamm herunterrutschen. Es schien, als wäre ihr die ganze Energie entzogen worden.

„Ich hätte nicht gedacht, dass du so gut bist. Ich glaube, du warst sogar besser als Dusk und dessen Vater stellt die Dinger her." Er deutete auf die Schusswaffen.

„Na ja, nur weil Daddy sie herstellt, muss er ja nicht damit umgehen können, nicht wahr?" Reena lehnte den Kopf gegen die raue Rinde des Baumstamms und atmete tief durch. Vielleicht hatte sie ja doch eine Chance. Biologie und Medizin waren nicht schlecht gelaufen. Dann

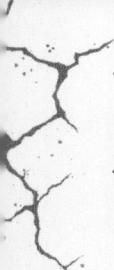

noch die Schießprüfung ... War es möglich, dass doch jemand schlechter gewesen war als sie? Oder dass es den Zuschauern vielleicht egal war, wie schlecht sie bei den Prüfungen abgeschnitten hatte?

„Recht hast du." Leo ließ sich neben ihr auf den Boden fallen. „Meinst du, im Nahkampf bist du auch so gut? Das kommt nämlich als Nächstes."

„Ich wurde früher in der Schule oft verprügelt. Meinst du sowas?"

„Ist sicher ein Anfang."

„Keine Sorge, mein Vater hat mir auch gezeigt, wie man sich verteidigt. Er meinte, ich brauche das, wenn ich allein losziehe." Und sie hatte oft allein das Haus und das Dorf verlassen müssen. Mehr als einmal war sie dabei überfallen worden. Von hungernden Kindern. Von Drogensüchtigen, die ihr ihr letztes Geld stehlen wollten. Von Banden, die an manchen Wegstrecken lauerten.

„Hast du ein Glück. Meine Mutter meint immer, Frauen sollten sich nicht schlagen."

Reena sah Mary an. „Und wieso?"

„Sie meinte, kein Mann möchte eine Ehefrau, die weiß, wie man sich schlägt."

Reena rollte mit den Augen. „Na, mit der Einstellung wäre sie draußen aber ganz allein."

Noch mehr Schüsse wurden abgefeuert, kurz danach ging es weiter. „Die erste Prüfung hätten wir, jetzt folgt die zweite." Der Leutnant stellte sich in die Mitte der kleinen Waldlichtung. „Zwei Runden. Zufällige Kandidaten kämpfen gegeneinander im Nahkampf. Ich möchte sehen, was ihr an Techniken und Kraft zu bieten habt."

Reena trat von einem Bein aufs andere. Sie musste gegen andere Kandidaten kämpfen? Wie stellte der Leutnant sich das vor? Sie konnte doch unmöglich einen der anderen verletzen.

„Die ersten Kandidaten sind ..." Der Leutnant zog seinen Com hervor und tippte darauf herum. „Jace und Leonidas."

Ein untersetzter Junge erhob sich und trat auf die Lichtung. Leo stand auf und stieß sich vom Baumstamm ab. „Jace." Er nickte in die Richtung des Jungen, der seine Geste erwiderte.

„Hier die Grundregeln." Der Leutnant beugte sich ein Stück vor. „Ich möchte sehen, was ihr könnt. Schont euren Gegner nicht, das merke ich. Aber ich möchte nicht, dass ihr den anderen ernsthaft verletzt. Der Kampf ist beendet, wenn einer der Kandidaten aufgibt oder die Zeit abgelaufen ist. Sämtliche Schläge und Tritte sind erlaubt. Gebissen wird nicht. Und nichts unter der Gürtellinie. Klar?" Beide Jungen nickten. Leos Gesicht war angespannt, all der Schalk war daraus verschwunden. „Ihr kämpft für maximal drei Minuten. Währenddessen notiere ich mir Punkte für Manöver und alles, was mir auffällt. Fragen?"

Den Mund zu einem schmalen Strich zusammengepresst, schüttelte Leo den Kopf.

„Gut, stellt euch auf." Beide Jungen standen sich nun etwas zwei Meter entfernt gegenüber. „Und ... los." Leo begann mit einem schnellen Ausfallschritt und erwischte Jace an seinem Bein. Er riss daran und der andere Junge fiel auf den Rücken. Mit einem Sprung war Leo über ihm und drückte ihn an den Schultern zu Boden. Jace trat mit den Beinen aus, doch er konnte Leo nicht erreichen. Nach ein paar weiteren Sekunden erlahmte seine Gegenwehr.

„Das war es dann wohl schon." Der Leutnant ging auf die beiden Jungen zu und zog Leo von Jace herunter. „Ein klarer Sieger." Mit ausgestrecktem Daumen verwies er die beiden wieder auf die Zuschauerplätze.

„Habt ihr das gesehen?" Atemlos ließ Leo sich wieder neben Reena fallen.

„Nicht schlecht ... Leonidas."

„Ich weiß, ich weiß." Leo hob die Hände. „Meine Eltern haben sich diesen bescheuerten Namen ausgesucht. Ich weiß selbst, dass ich nicht gerade aussehe wie der Anführer der Spartaner. Mir fehlt einfach der rote Umhang." Grinsend wandte er sich der Lichtung zu, auf der nun der zweite Kampf startete.

Bei jeder Ziehung der Namen zog sich Reenas Magen heftig zusammen, sie könnte jeden Moment die Nächste sein. Sie wollte nicht kämpfen. Sie wollte weder versagen noch jemandem wehtun.

„Reena gegen Mary." Überrascht sah Reena hoch und begegnete Marys weit aufgerissenen Augen. Nach einem kurzen Moment stand sie auf und zog auch Mary an ihrer Hand auf die Füße.

„Wir zwei", flüsterte sie ihrer Zimmergenossin zu. „Das wird interessant."

„Wir wissen doch beide, wie das ausgeht", gab Mary niedergeschlagen zurück.

„Aufstellung!", bellte der Leutnant und deutete auf das Moos der Lichtung. „Los!"

Reena begann damit, Mary zu umkreisen. Sie blieb in der leicht gebückten Haltung, die ihr Vater ihr gezeigt hatte. In dieser konnte man besser ausweichen und angreifen. Marys angstgeweitete Augen verfolgten sie die ganze Zeit.

Sollte sie angreifen? Mary erschien ihr so schutzlos, sie wollte sie auf keinen Fall verletzen. Vor allem, da sie so etwas wie Freunde zu werden schienen. Wollte sie das gleich am ersten Tag aufs Spiel setzen?

„Zeigt mir was!" In der Stimme des Leutnants schwang Ungeduld mit.

Reena schluckte. Ihr Blick blieb an Marys geballten Fäusten hängen. Vielleicht musste sie Mary ja gar nicht verletzen. Sie machte einen raschen Ausfallschritt und berührte mit der flachen Hand Marys Bauch, ungefähr dort, wo die Leber saß und wo man laut ihrem Vater mit einem Messer am besten hinzielen sollte.

Mary schrie auf, vermutlich eher vor Überraschung als vor Schmerz, denn Reena hatte sie mit ihrer Hand mehr gestreift als wirklich getroffen.

In einer fließenden Bewegung zog Reena sich wieder zurück und fuhr damit dort, Mary zu umkreisen. Einige weitere Male sprang sie vor und platzierte Treffer, beim letzten gelang es Mary, ihn mit dem Unterarm abzufangen.

Reena zwinkerte ihr zu. Sehr gut, endlich begann Mary, sich zu wehren. Als Nächstes drehte sie sich zur Seite und platzierte drei Tritte: Einen an Marys Kopf, einen in ihre Seite und einen gegen ihre Beine. Die Tritte waren so schnell und federleicht, dass Mary erst reagierte, als Reena schon wieder sicher auf beiden Füßen stand.

Kaum stand sie wieder, stürzte Mary vor, das Gesicht vor Entschlossenheit verzerrt. Ihr Fäuste zielten auf Reena Brustkorb, doch es gelang Reena mühelos, sie abzublocken und zur Seite zu lenken.

„Stopp." Der Leutnant trat zwischen sie. „Die Zeit ist um." Seinem Gesicht war nicht zu entnehmen, ob er mit dem Kampf einverstanden war, oder ob Reena ihn mit ihrer Lösung verärgert hatte. „Setzt euch wieder."

„Ich danke dir", flüsterte Mary, während sie wieder zu den anderen gingen. „Ich hatte wirklich Angst, dass wir richtig kämpfen müssen. Aber so sehe ich vielleicht gar nicht so schlecht aus in der Punktevergabe. Zumindest nicht so schlecht, wie es hätte sein können."

„Kein Problem."

„Das war ja mal ein interessanter Kampf." Leo grinste sie an, als sie sich neben ihn auf den Boden fallen ließ. „Vielleicht ein wenig zu blutleer für unsere Zuschauer."

„Ja, vielleicht", gab Reena zurück. „Aber ich sollte niemanden in einem Testkampf verletzen müssen, das ist doch Schwachsinn."

„Sehe ich auch so." Nickels beugte sich vor. „Wir sollten nicht gegeneinander kämpfen, vielleicht gegen den Leutnant, aber nicht gegeneinander. Das ist barbarisch. Und wofür sollen wir das überhaupt lernen?" Er verschränkte die Arme vor der Brust. „Es ist ja nicht so, als würden wir diese tollen Fähigkeiten auf der Aspiration jemals brauchen."

„Weißt du es wirklich nicht? Das ist, falls wir nach draußen geschickt werden", erklärte Samara sachlich. „Manche von uns werden vielleicht Vermittler zwischen dem Outland und der Aspiration. Oder gehören zu den Soldaten, die rausgeschickt werden, um für Frieden zu sorgen."

Frieden? Reena glaubte, sich verhört zu haben. Die wenigen Male, die sie Soldaten von der Aspiration gesehen hatte, hatten diese auf alles geschossen, was sich bewegt hatte. Nicht mit der Absicht, jemanden zu töten, sondern damit ihnen die Bewohner des Dorfes nicht zu nahekamen. Sie waren gekommen, hatten geschossen, und dann hatten sie das gesagt, weswegen sie gekommen waren. Irgendwelche Verkündungen, die dann im Fernsehen ausgestrahlt wurden. Irgendwelche Dinge, bei denen die Aspiration gut aussah und die Dorfbewohner undankbar. Wenn die Soldaten dann gegangen waren, fehlte meist irgendetwas. Oder sie hatten Dinge zerstört. Wie die Blumen in dem kleinen Vorgarten ihrer Mutter.

„Die Kandidaten müssen normalerweise eine einzige externe Mission ausführen, nichts Großes und dabei ist noch nie etwas passiert", sagte jetzt Nickels. „Und dafür sollen wir so viel Zeit opfern? Um zu lernen, wie man schießt und kämpft? Wir könnten die Zeit viel besser nutzen."

„Mit dem Computer zum Beispiel?" Leo zog eine Augenbraue in die Höhe.

„Ganz genau."

„Ihr seid offensichtlich noch nie auf den unteren Ebenen gewesen", sagte Samara leise. „Dort wird oft gekämpft. Auf dem Weg vom Laden bis zur Haustür musst du aufpassen, dass dich niemand überfällt. Alle Läden werden von Soldaten bewacht, damit die Ladenbesitzer sicher sind und wir was zu essen bekommen."

Leo und Nickels schwiegen, Samaras Worte hatten ihre Wirkung nicht verfehlt.

„Lernen wir einfach, so viel wir können. Man kann nie wissen, wann man eine Fähigkeit noch brauchen kann." Samara lehnte sich zurück an den Baum und hob das Buch, das auf ihrem Schoß lag, vor ihr Gesicht.

„Ich werde sowieso lernen, was ich kann", sagte Reena leise. „Ich muss alles daransetzen, so lange wie möglich hierzubleiben."

Schweigend sahen sie den nächsten Paaren beim Kämpfen zu.

„Die erste Runde ist vorbei", verkündete der Leutnant nach einiger Zeit und hob seinen Com hoch. „Macht euch bereit, ein weiteres Mal zu kämpfen."

Reena blickte in die Runde. Einige der Kandidaten hatten blutige Platzwunden im Gesicht, ein paar sahen aus, als wäre der eine Kampf schon zu viel für sie gewesen. Diejenigen, die gewonnen hatten, blickten entschlossen zum Leutnant und warteten darauf, dass er ihre Namen aufrief.

Der Leutnant drückte ein paar Mal auf den Bildschirm seines Coms. „Reena ..."

Reenas Herz machte einen Satz, als sie aufstand, um auf den Kampfplatz zu treten.

„... gegen Dusk."

Nein. Reena blieb wie erstarrt stehen. Gegen jeden, nur nicht gegen ihn. Panisch sah sie zu Mary.

„Es ist nur ein Übungskampf", flüsterte Mary, doch sie sah ebenso besorgt aus, wie Reena es war.

Als sie wieder nach vorne blickte, hatte sich Dusk ebenfalls erhoben. Mit einem Grinsen drehte er sich zu Kendrick und Rune um, die ihn klatschend anfeuerten, während er auf die Lichtung zusteuerte.

„Stellt euch auf." Der Leutnant trat an den Rand der Lichtung und bedeutete Reena, auf Dusk zuzugehen.

Reenas Beine reagierten unwillig, nur mit steifen Schritten schaffte sie es, sich zu bewegen. Sie wollte nicht gegen diesen Jungen kämpfen. Es würde nicht so werden wie gegen Mary. Dusk würde den Kampf ernstnehmen.

Sie nahm einen tiefen Atemzug. Mit gespreizten Beinen stellte sie sich ihm gegenüber auf und hob die Fäuste auf Augenhöhe. Dusk schlenderte auf sie zu, als beunruhigte der Kampf ihn nicht im Geringsten. Nur wenige Zentimeter vor ihr blieb er stehen und beugte sich vor. „Du bist erledigt, du Ratte." Mit einem fiesen Grinsen trat er zurück und nahm nun ebenfalls seine Kampfhaltung ein. Reena schluckte. Er hasste Outlander. Und sie hatte ihn noch zusätzlich durch ihre Sprüche und ihre Leistung bei der Schießprüfung provoziert. Sie holte erneut tief

Luft. Sie konnte kämpfen. Und der Leutnant war ja auch noch da. Er würde doch nicht zulassen, dass Dusk ihr tatsächlich etwas antat, richtig?

„Und los." Der Leutnant zog sich zurück.

Noch bevor Reena reagieren konnte, war Dusk vorgesprungen und hatte zu einem geraden Schlag angesetzt, der direkt auf ihr Gesicht zielte. Reena duckte sich, aber der Schlag streifte ihre Schläfe. Sie trat einen Schritt zurück, um ihr Gleichgewicht zu halten, doch Dusk setzte gleich nach. Er schlug mit der anderen Hand nach ihrem Gesicht. Reena gelang es, dies mit den Unterarmen abzublocken, sah dadurch aber einen Schwinger in ihren Unterleib nicht kommen. Schmerz explodierte in Reenas Bauch und sie konnte ein Keuchen nicht unterdrücken.

Grinsend sprang Dusk zurück und tänzelte mit erhobenen Fäusten auf der Stelle. Reena bekam keine Luft. Dank des Schmerzes, den er ihr zugefügt hatte, konnte sie momentan nicht einmal aufrecht stehen. Sie atmete ein paar Mal tief durch, dann zwang sie ihren Körper wieder in eine gerade Haltung. Sie machte einen Schritt vor, drehte ihre Hüfte leicht ein und trat dann seitlich nach Dusk, doch der hatte ihre Attacke offenbar vorausgesehen. Er ergriff ihren Fuß und riss daran, sodass sie hart auf dem Rücken aufschlug. Sofort rollte Reena zur Seite, gerade noch rechtzeitig, denn so traf Dusks Tritt ins Leere. Sie sprang auf die Füße, hob die Fäuste und machte mehrere federnde Schritte auf ihren Gegner zu, der seinerseits die Hände hob und sie grinsend ansah. Wie gerne wollte sie ihm dieses Grinsen aus dem Gesicht wischen ... Reena machte einen Schritt nach vorn und deckte Dusk mit einer Kombination aus vier gerade Schlägen ein. Leider traf sie erst nur seine Unterarme, doch der letzte Schlag rutschte durch und traf direkt unter dem Auge. Dusks Kopf ruckte zurück und ein wütender Schrei entfuhr ihm. Auf der Lichtung wurde es still. Als er Reena wieder ansah, lief ein winziger Blutstopfen von dem Cut auf der Wange über sein Gesicht.

„Das wirst du büßen!" Seine Stimme war nur noch ein Knurren. Bevor Reena sich wappnen konnte, warf er sich nach vorn und schlug nach ihr. Sie wich aus, indem sie einen Schritt nach hinten machte. Dem ersten Schlag folgten viele weitere. Plötzlich stieß Reena mit dem Rücken gegen ein Hindernis. Ein Baum. Dusks nächster Schlag fand sein Ziel. Seine Faust krachte gegen Reenas Kiefer und ihr Kopf flog zur Seite. In ihrem Nacken knackte etwas und sie fiel seitlich in das Moos, das zwischen den Bäumen wuchs. Nur einen Moment, dann war Dusk über ihr. Er kniete sich auf ihren Brustkorb und schlug auf sie ein. Nur Reenas erhobene Arme schützten sie vor den Schlägen. Doch es würde nicht lange dauern, bis Dusk diese letzte Barriere durchdrang. Das musste sie verhindern, wenn sie nicht in der Krankenstation – oder noch schlimmer, im Sarg – landen wollte. Zwischen ihren erhobenen Armen hindurch konnte sie ihn sehen. Sein Gesicht war rot vor Wut, die Mundwinkel waren verzerrt, seine Zähne gefletscht wie bei einem tollwütigen Hund. Er brüllte zwischen den einzelnen Schlägen immer wieder auf und besprenkelte sie mit Speichel.

Die Schläge setzten aus. Reenas Unterarme brannten heiß und sie wartete auf den nächsten Schlag. Doch der kam nicht. Stattdessen beugte Dusk sich zu ihr hinab. „Kakerlaken wie dich muss man zerquetschen, bevor sie sich vermehren", flüsterte er ihr ins Ohr und kam ihr dabei so nah, dass sie die Mischung aus frischem Schweiß und einem vermutlich teuren, würzigen Parfum riechen konnte, die von ihm ausging. „Du hast es nicht verdient, hier zu sein. Und ich werde dafür sorgen, dass du hier bald wieder verschwindest." Er richtete sich auf und blickte voller Abscheu auf sie hinab. Dann hob er den Arm, doch dieses Mal hatte Reena Zeit und sie wusste, was er vorhatte. Als er den Ellenbogen nach unten sausen ließ, um die Barriere ihrer Arme doch noch zu durchbrechen, schlug sie ihm mit aller Kraft in die Nierengegend, dorthin, wo ihr Vater es ihr gezeigt hatte. Wie erhofft sackte Dusk in sich zusammen. Sofort bäumte Reena sich auf und warf Dusk zu Boden, wo er versuchte, sich wieder auf alle Viere zu drehen. Doch Reena war bereits auf den Beinen und trat ihm in die Seite. Keuchend lag Dusk nun vor ihr, das Gesicht mit Blut beschmiert. Schwer atmend setzte Reena einen Fuß auf seine Kehle. Ihr Stiefel bohrte sich in seinen Hals. Nach Luft schnappend trat er nach ihr, sein Gesicht wurde feuerrot. Sie beugte sich zu ihm hinunter, gerade so weit, dass seine nach ihr greifenden Hände ins Leere fassten. „Ich habe es vielleicht nicht verdient, hier zu sein, aber ich werde es mir verdienen."

„Stopp!" Der Leutnant kam auf sie zu gerannt. „Das reicht." Er packte Reena an der Schulter und zog sie von

Dusk herunter. Nur ungern löste sie ihren Stiefel von seinem Hals, doch sie ließ zu, dass der Leutnant sie wieder auf die Lichtung zu den anderen Kandidaten führte. Dann ging er zurück, um sich um Dusk zu kümmern.

Auf der Lichtung herrschte tiefe Stille. Alle Kandidaten starrten sie an. Reena konnte nicht erkennen, ob ihre Mienen vorwurfsvoll, schockiert oder einfach gelangweilt waren. Nur bei Leo konnte sie es ganz genau sagen: Er strahlte wie ein Honigkuchenpferd, als er auf sie zugelaufen kam. „Der Wahnsinn!" Er schüttelte den Kopf. „Ich dachte erst, dass er dich jetzt hat, und dann dieser Schlag ..." Er pfiff durch die Zähne. „Wirklich der Wahnsinn." Er ignorierte die anderen Kandidaten, deren Augen Reena bis zu ihrem Platz folgten. „Vor dir muss man ja richtig Angst haben."

„Muss man nicht", nuschelte Reena. Ihr Kiefer tat beim Sprechen weh. Das würde ein übles Hämatom geben. „Nur wenn man mich umbringen will. Und das wollte er." In Wahrheit war sie sich nicht sicher, was Dusk gewollt hatte. Hatte er sie wirklich töten wollen? Oder nur einschüchtern? Dachte er vielleicht, sie würde die Akademie verlassen, wenn er ihr nur genügend Angst einjagte? Oder hatte er gehofft, ihre Abstimmungsergebnisse würden unter einer schlechten Leistung in ihrer Prüfung leiden? „Verdammte Scheiße, tut das weh." Reena betastete ihren Kiefer und zuckte zusammen.

„Das war aber auch ein heftiger Schlag", sagte Mary, in deren großen Augen Mitleid stand. „Ich dachte schon, du wirst ohnmächtig."

„Ich doch nicht", murmelte Reena und strich vorsichtig über ihr Gesicht. Bereits jetzt spürte sie dort eine leichte Schwellung.

„Vielleicht solltest du zur Krankenstation gehen", meinte Mary und musterte Reena besorgt. „Du könntest eine Gehirnerschütterung haben."

„Ich glaube nicht." Reena bewegte vorsichtig ihren Kopf von der einen auf die andere Seite. „Ich werde nur die nächsten Tage nicht mehr ganz so wunderschön sein wie sonst." Sie verzog ihr Gesicht zu einem gequälten Grinsen, doch der Schmerz im Kiefer ließ sie zusammenzucken.

Ihr Blick wanderte zu Dusk, der gerade vom Leutnant wieder auf die Lichtung geführt wurde. Aus dem Cut auf seiner Wange quoll noch immer Blut und auf seinem Hals war ein roter Abdruck zu sehen, dort, wo Reena ihren Stiefel in seine Haut gepresst hatte. Der Blick, den er ihr zuwarf, konnte man nur als mörderisch bezeichnen.

„Du, ich glaube, wir weichen dir besser nicht mehr von der Seite", flüsterte Leo. „Und meiden dunkle Ecken."

Reena erwiderte Dusks Blick. Er würde sie nie in Ruhe lassen, so viel stand fest. Wenn sie auf der Akademie blieb, dann würde sie sich jeden einzelnen Tag mit ihm herumschlagen müssen. „Das kriegen wir schon hin", sagte sie zu Leo, während sie Dusk nicht aus den Augen ließ.

Nach den Prüfungen wurden ihnen ihre Betreuer zugewiesen. Während Leo und Mary beide die freundliche Miss Johnson bekommen hatte, blinkte Reena der Name „Leutnant Terry" auf ihrem Com entgegen. Sie würde sich jeden Monat bei ihm melden müssen, um mit ihm ihre Fortschritte und ihre Strategie zu besprechen. Und sie war nun sein Mündel. Er konnte über wichtige Fragen entscheiden, zum Beispiel im Krankheitsfall. Reena lief ein kalter Schauer über den Rücken, als sie an seinen Blick nach dem Kampf dachte. Sie musste ihn von sich überzeugen. Ohne seine Unterstützung hatte sie keine Chance, an der Akademie weit zu kommen.

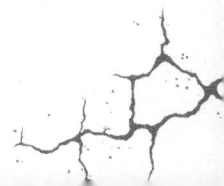

# KAPITEL 6

„Und was wollen wir jetzt hier?" Im Flüsterton wandte Reena sich an Mary. Alle Kandidaten der Akademie saßen am Abend zusammen im Aufenthaltsraum und starrten zur Leinwand. Der Raum wirkte zu klein für so viele Menschen und Sitzgelegenheiten gab es auch nicht genügend, sodass der Großteil der Kandidaten auf dem Boden saß.

„Wir schauen uns die Verkündung der Ergebnisse an", gab Mary genau so leise zurück.

„Und die Zusammenfassung von heute", ergänzte Leo. „Ich hoffe, sie haben mich von meiner besten Seite gefilmt." Er warf sich in Pose und streckte das Kinn raus.

„Du meinst also gar nicht?", stichelte Nickels.

„Ha ha." Leo ließ sich wieder zurück auf seinen Platz sinken.

„Es werden also wirklich alle Ergebnisse veröffentlicht? Alle Details?"

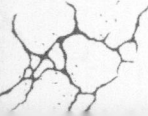

„Natürlich, was hast du denn gedacht?" Samara sah von ihrem Buch auf. „Alles, was wir auf der Akademie tun, ist öffentlich. Du wirst dich also jeden Abend im Fernsehen bewundern können."

„Wundervoll." In ihrem Kopf liefen all die Ereignisse des heutigen Tages noch einmal ab. Die Tests. Der Wald. Der Kampf mit Dusk.

„Seid still, es geht los." Mary klatschte aufgeregt in die Hände.

Reenas Herz schlug ihr bis zum Hals, als sie ihren Blick auf die Leinwand richtete, wo jetzt das Symbol der Aspiration sichtbar wurde. Gleichzeitig erklang eine Melodie, sie klang wie mehrere Geigen, die zusammen spielten und deren Musik sich miteinander verband. Neben Reena summte Mary die Melodie mit.

Dann verschwand das Emblem und eine Frau wurde sichtbar. Reena schätzte sie auf Anfang dreißig, und sie trug einen grauen Hosenanzug mit einer scharfen Bügelfalte. Ihr Gesichtsausdruck war zunächst ernst, doch sobald sie zu sprechen begann, lächelte sie. „Guten Abend. Mein Name ist Save Saunders und ich begrüße die Bevölkerung der Aspiration, ganz besonders natürlich unsere Kandidaten, aber auch die Menschen außerhalb, die mit Sicherheit wieder das diesjährige Akademiejahr verfolgen." Sie machte eine kurze Pause. „Wir alle feiern zusammen den Beginn eines neuen Jahrs an der Akademie. Es wird uns mit neuen klugen Köpfen versorgen, die unser Zuhause beschützen und vorwärtsbringen werden. Ich möchte daher diese Gelegenheit nutzen, um den Kandidaten danken, dass sie all die Strapazen auf sich nehmen, um uns eine sichere Zukunft zu schenken." Ernsthaft nickte die Frau in die Kamera.

„Oh man", flüsterte Leo. „Eine sichere Zukunft schenken ... Die ist neu. Der alte Moderator war viel besser."

„Wir alle werden gemeinsam ihren Weg verfolgen und auch gemeinsam entscheiden, welche Kandidaten für uns die vielversprechendsten sind. Wir, die Bevölkerung der Aspiration, entscheiden über unsere Zukunft. Und wir sollten diese Entscheidung ernst nehmen."

Reena hatte sich nie viele Gedanken darüber gemacht, was die Akademie für die Aspiration bedeutete. Aber so, wie diese Saunders davon sprach, klang es, als hing das Wohlergehen aller von ihnen ab. Übertrieb sie, um das Akademiejahr spannender zu machen, als es war? Um die Bevölkerung an die Fernseher zu fesseln oder um sich ihren Job zu sichern?

„Der erste Tag an der Akademie ist immer besonders spannend", fuhr die Moderatorin fort. „Heute konnten die Kandidaten in ihren Eingangsprüfungen zeigen, was bereits in ihnen steckt. Diese Prüfungen dienen nicht dazu, diejenigen herauszufiltern, die bisher zu wenig wissen. Es geht darum, einen Ausgangspunkt festzustellen. Wir wollen Kandidaten, die hart an sich arbeiten. Die sich verbessern wollen und alles dafür geben. Wir brauchen Kandidaten mit großem Potenzial. Sie sollten die Verbesserungen, die die Kandidaten zeigen, in Ihre Abstimmungen einfließen lassen, nicht den Punkt, an dem sie starten." Saunders legte eine kurze Pause ein und blickte ernst in die Kamera, wie um die Bevölkerung zu ermahnen. „Aber ich will gar nicht länger reden, sondern Ihnen die Ergebnisse präsentieren. Halten Sie Ihre Wettzettel bereit." Sie lächelte in die Kamera.

Das Bild der Moderatorin verschwand und die Leinwand wurde dunkel. Dramatische Musik erklang, eine Art Trommelwirbel. Dann erschien ein Name an der oberen Kante der Leinwand. Clara Askender. Kurz darauf wurde ein Mädchen sichtbar. Es hob die Hand und winkte. Das Bild wurde eingefroren und die Namen ihrer Prüfungsfächer wurden darübergelegt. Eine Stimme verkündete in monotoner Weise die Ergebnisse ihrer Prüfungen. Reenas Blick glitt hinüber zu dem Mädchen, dessen Porträt gerade im Fernsehen zu sehen war. Sie hatte die Fäuste geballt und starrte mit versteinerter Miene auf die Leinwand. Als das letzte Ergebnis verkündet wurde, sprang sie auf und klatschte ihre Freunde ab. So wie es aussah, war sie zufrieden mit ihrer Leistung.

Nach und nach wurden die Ergebnisse aller Kandidaten auf diese Weise verkündet. Leos kurzer Einspieler zeigte ihn dabei, wie er selbstbewusst auf die Kamera zeigte und zwinkerte, Mary hingegen drehte sich um, lächelte nur und legte den Kopf leicht schief. Sie wirkte nett, sympathisch, das hatte sie gut hinbekommen. Reena dachte mit Grauen an ihr eigenes Portrait. War es wirklich so schrecklich geworden, wie sie vermutete?

Nachdem fast alle Kandidaten ihre Ergebnisse erhalten hatten, erschien Reenas Name auf der Leinwand. Ihr Puls schoss in die Höhe und ihre Fingernägel gruben

sich in ihre Handflächen. Der kleine Einspieler begann und zeigte Reena vor dem hellen Licht in dem Raum, in dem er aufgenommen worden war. Im Gegensatz zu den meisten Kandidaten lächelte sie nicht. Sie zeigte auch keine entschlossene Miene oder gar eine kämpferische Pose wie zum Beispiel Dusk. Sie stand einfach da, starrte in die Kamera und regte sich nicht. Sie sah grimmig aus, unfreundlich. Dann endlich erschienen die Namen ihrer Prüfungsfächer und verdeckten glücklicherweise einen Teil dieses Gesichtsausdrucks.

| | |
|---|---|
| MATHEMATIK | 23 % |
| PHYSIK | 18 % |
| CHEMIE | 26 % |
| BIOLOGIE | 98 % |
| MEDIZIN | 91 % |
| INFORMATIK | 2 % |
| SOZIALKUNDE | 19 % |
| RHETORIK | 22 % |
| WIRTSCHAFT | 13 % |
| NAHKAMPF | 74 % |
| FERNKAMPF | 100 % |

Für einen Moment saß Reena einfach nur da und starrte die Zahlen an. Dann sah sie zu Mary. „Das ist gar nicht so mies, wie ich erwartet hatte. Überall zumindest ein paar Prozentpunkte." Gut, die anderen Kandidaten hatten allesamt in jedem Fach mindestens über 55 Prozent erreicht, aber für sie waren die Ergebnisse völlig in Ordnung. Außer Informatik, das war wirklich schlecht, aber daran würde sie arbeiten.

Mary lächelte ihr aufmunternd zu und Leo klopfte ihr auf die Schulter. „Mit ein wenig Lernen wird das richtig was." Seine Worte klangen zwar nett, doch Reena hörte heraus, dass auch er davon überrascht war, wie niedrig ihre Ergebnisse tatsächlich waren. Zumindest hatte sie das Potenzial, sich zu verbessern, und das war laut den Worten der Moderatorin doch das, was die Kandidaten tun sollten, oder?

„Oh, jetzt kommt die Zusammenfassung." Samara rutschte unruhig auf ihrem Platz hin und her. „Ich hoffe nur, dass ich auch darin vorkomme, wenigstens kurz, damit meine Eltern sehen, dass es mir gut geht und ich auch wirklich auf der Akademie bin." Sie zog eine Grimasse.

„Warum solltest du nicht hier sein?"

„Sie dachten zuerst, die Ankunft der Männer, die mich abgeholt haben, wäre eine schlaue List von mir, um mich zu verstecken und nicht mehr arbeiten zu müssen. Ich habe immer nur gelesen, in jeder freien Minute. Ich wollte etwas anderes als Ebene zwei und sie wussten es." Samara zog die Schultern hoch und blickte nach wie vor gebannt zur Leinwand. „Aber ich würde meine Eltern niemals im Stich lassen. Und das werden sie hoffentlich auch gleich sehen."

„Sie sehen es spätestens, wenn du ihnen ein paar deiner Credits schickst", warf Leo ein.

„Ich möchte, dass sie sehen, wie gut ich mich mache", sagte Samara leise.

„Das werden sie." Samaras Ergebnisse waren hervorragend gewesen. Abgesehen von den beiden körperlichen Prüfungen hatte sie fast überall hundert Prozent erreicht. „Meinen Eltern ist es vermutlich egal, wie ich abschneide. Meine Mutter möchte nur, dass ich möglichst lange hierbleibe, damit ich ihnen Medikamente schicken kann und mein Vater ..." Reena dachte daran, wie er sich bei ihrer Abreise verhalten hatte. „Mein Vater wollte nicht, dass ich herkomme."

„Wie kann er das nicht wollen?", flüsterte Leo, doch auf der Leinwand erschienen nun noch einmal die Einspieler aller Kandidaten und er schwieg. Beschämt versuchte Reena ihren Einspieler zu ignorieren, der ganz oben rechts im Bild zu sehen war. Das war wirklich nicht ihr hellster Moment gewesen und nun würde sie den Rest des Jahres – oder zumindest für die Zeit, die sie noch hier war – damit leben müssen, dass sie darin wie eine unsympathische Serienmörderin rüberkam.

Als nächstes wurde der Speisesaal eingeblendet. Eine Stimme begleitete die Filmaufnahmen und kündigte die Rede des Dekans Recovery Tailor an. Die Rede vom Morgen folgte, danach einige Aufnahmen der Kandidaten beim Essen. Reena fiel auf, dass nur die vordersten Tische und der Tisch der Lehrer gefilmt worden waren, sodass sie und die anderen an ihrem hinteren Tisch nicht zu sehen waren. Es folgten Bilder der Schlange vor dem Raum, in dem die Einspieler gefilmt worden waren, dann die Kandidaten bei ihren Prüfungen. Zum ersten Mal erschien nun auch Reena auf der Leinwand. Die Reena auf der Leinwand war damit beschäftigt, wahllos irgendwelche Kreuzchen auf ihre Prüfung zu setzen und sie wirkte dabei unkonzentriert und fahrig. Ganz so, als hätte sie keine Ahnung, was sie da tat. Was ja auch der Wahrheit entsprach. Vermutlich war das die Informatikprüfung gewesen. Hätte sie nicht eine Szene aus Biologie oder Medizin nehmen können?

Bei dieser Szene drehten sich mehrere Kandidaten zu ihr um und warfen ihr abschätzige, manche sogar höhnische Blicke zu. Reena sank in sich zusammen. Wollte sie den Rest dieser Sendung überhaupt noch sehen? Was wäre, wenn sie einfach die Augen schließen würde, bis der Film vorbei war? Doch das konnte sie nicht, zu stark war die Anziehungskraft, die die Bilder auf der Leinwand auf sie ausübten. Sie wollte sehen, was auch die Menschen außerhalb der Akademie zu sehen bekamen.

Der Wald erschien auf der Leinwand und gleich darauf einige der Kandidaten bei ihrer Fernkampfprüfung. Dieses Mal ärgerte sich Reena, dass sie nicht zu sehen war. Denn mit ihren hundert Prozent in dieser Prüfung hätte sie die Zuschauer vielleicht beeindrucken können. Neben den Prüfungen wurden vereinzelt auch Gespräche gezeigt. Kandidaten, die mit anderen darüber plauderten, wo sie herkamen. Eine Kandidatin, die ganz klar mit einem anderen flirtete, sich dabei aber recht ungeschickt anstellte. Reena hob die Hand zum Mund, um ein lautes Lachen zu unterdrücken. Langsam begann die Zusammenfassung, ihr Spaß zu machen. Es war nicht so schlimm, wie sie gedacht hätte, eigentlich war es sogar ganz lustig, zu sehen, was die anderen so gemacht und gesagt hatten.

Doch das Lachen blieb ihr kurz darauf im Hals stecken. Ein Raunen lief durch die Menge der Kandidaten. Gezeigt wurde nun Dusk zusammen mit Reena, wie sie auf dem Rücken lag und ihrem Gegner gerade einen so heftigen Schlag in die Bauchgegend verpasst hat, dass dieser sich zusammenkrümmte. Mit weit aufgerissenen Augen verfolgte Reena, was auf der Leinwand geschah. Sie wünschte, es würde aufhören, doch die Kamera zeigte unerbittlich das Ende des Kampfes zwischen ihr und Dusk.

„Scheiße", hörte sie Leo leise murmeln.

Ihr Gesichtsausdruck auf der Leinwand glich einem Zähnefletschen. Sie wirkte mehr wie ein tollwütiges Tier als wie ein Mensch, vor allem als sie ihren Fuß auf Dusks Hals setzte. Diese Szene wurde zu allem Übel in Zeitlupe abgespielt. Nun wirkte es, als hätte sie tatsächlich versucht, ihn zu ersticken. Für einen Moment erwog Reena, aufzuspringen und zu rufen: „So war das gar nicht." Der Kampf hatte anders begonnen und er hatte auch nicht auf exakt die Weise geendet. Aber was hätte es genutzt? Die anderen Kandidaten waren dabei gewesen, sie wussten, was tatsächlich geschehen war. Und die Zuschauer konnten sie nicht hören.

Nun drehten sich immer wieder Kandidaten zu ihr um und flüsterten untereinander. Auch Dusk, Rune und Kendrick drehten sich um. Auf Dusks Gesicht zeigte sich ein fieses Grinsen, während die anderen sie grimmig ansahen.

„So ist das nicht gewesen", murmelte Reena fassungslos.

„Wissen wir." Mary legte ihr den Arm um die Schultern.

„Es bringt nur leider nichts, dass wir das wissen", sagte Nickels. „Wir dürfen nicht wählen. Das dürfen nur die Zuschauer auf der Aspiration."

„Und bei denen habe ich es mir nun ganz sicher versaut." Reena starrte auf ihre Füße, um Dusks Gesicht nicht mehr sehen zu müssen. Ihr Plan war es gewesen, so lange wie nur möglich auf der Aspiration zu bleiben. Nun sah es für sie ganz so aus, als müsste sie sich schon sehr bald wieder verabschieden. Vielleicht bereits zur nächsten Abstimmung. Die war in zwei Wochen.

„Es kann noch alles passieren." Samara deutete auf die Leinwand. „So etwas gibt es jeden Abend. Du musst nur das, was die Leute heute von dir gesehen haben, wettmachen. Streng dich richtig an."

Reena nickte mit zusammengekniffenen Lippen. Leider waren die Prüfungsergebnisse bereits das Maximum an Anstrengung gewesen, was in ihr steckte, doch sie konnte nicht einfach aufgeben. Sie würde in den nächsten beiden Wochen lernen, was das Zeug hielt, und vor allem würde sie Dusk um jeden Preis meiden. Wenn die Zuschauer sie nicht mehr zusammen sahen, hätten sie bis zur Abstimmung womöglich vergessen, was heute geschehen war.

„Kopf hoch." Leo zog sie auf die Füße. Die Sendung war beendet und die anderen Kandidaten verließen bereits den Aufenthaltsraum. Doch nicht, ohne Reena böse Blicke zuzuwerfen. Von einem Moment auf den anderen waren offenbar alle gegen sie. Außer Leo, Mary, Nickels und Samara. Sie konnte froh sein, dass sie sie hatte. „Verrate mir lieber, was im Baum sitzt und weint?"

„Was?"

„Was sitzt im Baum und weint?", wiederholte Leo mit einem breiten Grinsen.

„Habe ich dir doch gesagt." Nickels rollte mit den Augen. „Mit den Fragen hört er jetzt nicht mehr auf."

Also wieder eine dieser Scherzfragen. Vielleicht konnte sie doch nicht ganz so froh sein, Leo zu haben.

„Keine Ahnung", antwortete sie matt. Ihr war jetzt nicht nach Scherzfragen zumute. Sie wollte nur noch ins Bett und schlafen, um wenigstens ein paar Stunden diese Bilder zu vergessen. Ihre Faust in Dusks Bauch, ihr Stiefel auf seinem Hals.

„Hey, du musst es wenigstens versuchen." Lässig schlenderte Leo neben ihr her.

„Na schön." Doch so sehr sie auch über Leos Worte nachdachte, sie fand keine Lösung. „Verrate es mir bitte, ich komme nicht drauf."

„Eine Heule." Triumphierend grinste Leo. Die anderen drei stöhnten genervt, Nickels versetzte Leo einen Stoß in den Rücken.

„Nicht lustig, du Möchtegern-Scherzkeks."

„Eine Heule?" Reena schnaubte. Das war ja nicht mal mehr clever. Weder ein tolles Wortspiel noch sonst etwas. Einfach nur bescheuert. Trotzdem bemerkte sie, wie ihre Mundwinkel sich nach oben verzogen und plötzlich brach sie in ein albernes Kichern aus. „Eine Heule. Du hast einen Knall."

„Vielleicht habe ich das. Aber es funktioniert. Du lachst wieder."

„Ja, weil du so doof bist." Reena rempelte ihn spielerisch an. Dann standen sie schon vor der Tür zu Marys und ihrem Zimmer. „Danke für die Aufmunterung. Wir sehen uns dann morgen."

# KAPITEL 7

Der nächste Tag begann mit einem ungemütlichen Frühstück, bei dem Reena die Blicke der anderen regelrecht auf ihrem Rücken spüren konnte.

„Sie hassen mich", murmelte sie in ihren Apfelsaft.

„Ja", bestätigte Nickels ungerührt. „Aber du bist nicht hier, damit dich die anderen mögen."

„Ich weiß." Reena seufzte. „Aber es ist nicht gerade angenehm."

„Es hassen dich ja auch nicht alle." Leo zog eine Augenbraue hoch und deutete in die Runde. „Wir hassen dich nicht, keine Sorge."

„Weiß ich doch." Reena richtete sich auf. „Aber ..."

„Vergiss die anderen mal", sagte Samara energisch. „Du brauchst die nicht. Konzentrier dich auf die Fächer, versuch da dein Bestes zu geben. Wenn du möchtest, leihe ich dir ein paar Bücher, dann kannst du dich besser vorbereiten."

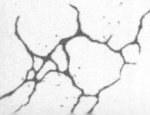

Reena nickte stumm. Sie war Samara dankbar für ihre Bemühungen, doch sie hatte nicht das Gefühl, dass Lernen reichen würde, um an der Akademie zu bleiben. Abgesehen davon, dass ihr wahrscheinlich jeder in den meisten Fächern überlegen war, hielten sie sie wohl für so etwas wie ein tollwütiges Tier. Und sie bräuchte mehr als zwei Wochen, um das geradezubiegen.

„Ah, die Stundenpläne." Nickels deutete nach vorn, wo einer der Lehrer, ein älterer Mann mit beachtlichem Bauchumfang und Stirnglatze, gerade einen Aushang an die Wand pinnte.

„Dann lass uns mal nachsehen." Leo lief bereits voraus, während Reena sich noch rasch den Rest ihres Toastbrots in den Mund schob, bevor sie ihm nacheilte. Auf dem Aushang, vor dem sich bereits eine Traube aus Menschen versammelt hatte, war die Aufteilung der Kandidaten in zwei Gruppen beschrieben. Indem sie sich auf die Zehenspitzen stellte, erfuhr Reena, dass sie nicht nur mit Leo, Mary, Nickels und Samara in einer Gruppe war, sondern auch mit Dusk und Kendrick. Rune hatte es in die andere Gruppe verschlagen.

„Fünfzehn Leute sind in einer Gruppe und Dusk muss ausgerechnet bei uns sein", flüsterte Reena Mary aufgeregt zu. „Das ist so unfair."

„Es ist nicht ideal", gab Mary zurück. „Aber immerhin sind wir alle zusammen in einer Gruppe, das ist doch fantastisch."

Reena nickte, doch sie konnte die schlechte Stimmung, die sich beim Anblick von Dusks Namen über sie gelegt hatte, nicht so einfach abschütteln. Solange dieser Kerl in ihrer Nähe war, hatte sie keine Chance, die Zuschauer von sich zu überzeugen.

„Wir haben heute als Erstes ..." Leo machte einen kleinen Hopser, um die untere Hälfte des Aushangs sehen zu können. „Rhetorik."

Reena stöhnte. Rhetorik. Schon die Prüfungsfragen waren langatmig und ermüdend gewesen, wie mochte dann erst der Unterricht zu diesem Fach aussehen?

„Hattet ihr Rhetorik auch vorher in der Schule?", fragte sie die anderen, während sie zu dem Raum gingen, in dem sie ihre erste Stunde haben würden.

„Man konnte es freiwillig wählen", antwortete Mary eifrig. „Und das habe ich natürlich auch getan. Ich wusste ja, dass ich mich an der Akademie bewerben wollte."

„Und dass du auch genommen wirst", ergänzte Nickels mit einem scharfen Seitenblick.

„Das ist nicht wahr." Mary lief rot an.

„Doch, ist es." Samara hielt ein Buch vor ihr Gesicht und machte sich nicht einmal die Mühe, es herunterzunehmen. „Deine Mutter ist die Präsidentin. Glaubst du, da lehnt das Komitee deine Bewerbung ab?"

„Vom Komitee werden die besten Bewerber ausgesucht", beharrte Mary mit roten Flecken im Gesicht. „Es geht um die Zukunft der Aspiration. Da ist es egal, ob die Präsidentin meine Mutter ist oder irgendein Arbeiter in einem Kuhstall." Sie deutete auf Samara.

„Ist es nicht", sagte Nickels ruhig. „Und das weißt du auch. Die Präsidentin kann dem Komitee Druck machen. Sie entscheidet über alles Mögliche: Arbeitsstellen, Bewilligungen für Gelder, Wohnraum ... Sie kann jedem das Leben schwermachen, wenn sie es will. Und deswegen nimmt das Komitee dich natürlich an der Akademie auf."

Mary schüttelte den Kopf und kniff die Lippen zusammen. „Ich bin hier, weil ich gute Leistungen erbracht habe. Ich kann eine wichtige Stütze für die Zukunft der Aspiration sein."

„Das bezweifle ich auch nicht." Nickels packte Mary an der Schulter und drehte sie zu sich herum. „Hey, ich sage ja nur, dass du vielleicht einen Vorteil hattest. Das bedeutete noch lange nicht, dass du nicht gut genug bist."

„Leute." Reena hob die Hände. „Wo geht es denn jetzt zu Rhetorik? Wenn ich am ersten Tag direkt zu spät komme, kann ich die Aspiration auch direkt verlassen."

„Raum vier."

„Gut, dann lasst uns gehen, damit ich mich weiter blamieren kann. Und hört bitte auf, zu streiten."

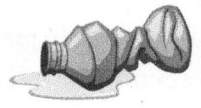

„Nunc hoc propono, quod mihi persuasi, quamvis ars non sit, tamen nihil esse perfecto oratore praeclarius."

Blinzelnd musterte Reena ihren Lehrer in Rhetorik. Er war groß und muskulös, mit dunklen Haaren und ebenso dunklen Augen. Er wirkte nicht unbedingt wie jemand, der Rhetorik unterrichtete. Und er hatte sich nicht vorgestellt, sondern gleich angefangen, in dieser seltsamen Sprache zu reden. Wussten die anderen, welche es war? Sprachen sie sie womöglich? Möglichst unauffällig blickte Reena sich erst zu Leo und Mary, dann zu Samara und Nickels um, doch keiner der vier schien mehr zu wissen als sie selbst. Die verwirrten Mienen auf ihren Gesichtern sprachen Bände.

„Wer weiß, was das war?" Breitbeinig baute der Lehrer sich vor dem Kurs auf und verschränkte die Arme.

Samaras hob zögerlich ihre Hand. „Ich vermute Latein, Sir."

„Und wieso vermutest du das?" An der Miene des Lehrers ließ sich nicht ablesen, ob Samara mit ihrer Vermutung recht hatte.

„Die Worte ars und perfecto kamen mir bekannt vor. Und unsere Sprache geht auf das Lateinische zurück. Also dachte ich, dass Ihr Satz vermutlich Latein war."

„Das ist korrekt." Ein scheues Lächeln glitt über Samaras Gesicht. „Und von wem stammen diese Worte?"

Ein kollektives Kopfschütteln ging im Raum um. Reena hatte in ihrem Leben nicht einen lateinischen Satz gelesen und ganz sicher wusste sie nicht, wer die unverständlichen Worte gesagt hatte.

„Es war Marcus Tullius Cicero. Ein römischer Politiker und einer der berühmtesten Redner, die Rom hervorgebracht hat. In vielen seiner Werke beschreibt er, was einen guten Redner ausmacht. Seine Worte von vorhin bedeuten: Nun trage ich euch vor, was meine Überzeugung ist, es gibt nichts Herrlicheres als einen vollkommenen Redner." Der Lehrer hob seinen strengen Blick. „Die Vollkommenheit der Redekunst war ihm wichtig, denn er sah die Rhetorik als Gipfel der kulturellen Leistung des Menschen. Er benutzte sie, um Menschen für sich zu gewinnen und um vor dem Gericht als Anwalt seine Mandanten zu verteidigen." Der Blick des Lehrers wanderte über die Kandidaten und unwillkürlich machte Reena sich ein paar Zentimeter kleiner. Trotzdem verharrte sein Blick für einige Sekunden auf ihr, bevor er weiterwanderte. „Mein Name ist Antoneus Keep. Ich werde euch in Rhetorik unterrichten. Wir werden uns die antiken Redner anschauen und sehen, was wir von ihnen lernen können. Ihr werdet eigene Reden zu verschiedenen Themen erarbeiten und halten. Ihr werdet lernen, wie ihr eine Rede schreibt, mit der ihr fast jeden überzeugen könnt."

Könnte eine solche Rede vielleicht auch die Zuschauer davon überzeugen, dass sie kein Monster und keine Gefahr war? Reenas Blick wanderte zu Dusks Rücken hinüber. Wenn sie sich nur zurückgehalten hätte ... Doch sie hatte geglaubt, die Ergebnisse in den Prüfungen wären wichtig. Nur war es offenbar ganz anders: Viel wichtiger als jedes Ergebnis war die Meinung der Zuschauer.

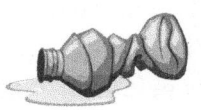

Nach dem Mittagessen hatten sie Biologie. Wie auch die anderen naturwissenschaftlichen Fächer wurde es nicht auf der Ebene der Akademie gelehrt, sondern eine Ebene darunter, wo die Studenten ihren Unterricht hatten.

„Rhetorik war gar nicht so furchtbar, wie ich es mir vorgestellt habe", sagte Reena, während sie mit dem Aufzug eine Ebene tiefer fuhren. „Ich dachte, es wird trocken, aber wie Keep vom alten Rom und Cicero erzählt hat, das war schon fast spannend."

„Aber auch nur fast." Leo schüttelte den Kopf. „Nein, Rhetorik ist nichts für mich. Auch wenn Keep, glaube ich, ein guter Lehrer ist."

„Und was ist dein Ding? Welches Fach gefällt dir?"

Leo kratzte sich am Kopf. „Chemie finde ich gut. Da kann man Sachen in die Luft sprengen."

Alle lachten.

„Ich bin gespannt auf Biologie." Nervös trat Reena von einem Fuß auf den anderen. „Das hat mir immer schon Spaß gemacht. Ich hoffe nur, der Unterricht wird nicht zu schwierig."

„Wie weit seid ihr denn in der Schule gekommen?", fragte Mary.

„Schule?" Mit einem bitteren Lächeln schüttelte Reena den Kopf. „In der Schule habe ich Lesen, Schreiben und Rechnen gelernt. Alles andere habe ich aus Büchern, die ich gefunden habe."

„Du hast Bücher gefunden?" Marys Augen wurden groß. „Richtige?"

„Ja, klar", gab Reena irritiert zurück. „Man muss zwar Glück haben, aber manchmal findet man welche, die noch nicht verschimmelt oder zerfallen sind. Das, was ich weiß, weiß ich aus diesen Büchern."

„Dann sind deine Ergebnisse in den Tests noch bewundernswerter, als ich dachte." Leo nickte ihr anerkennend zu und Reena zog die Augenbrauen zusammen.

„Noch bewundernswerter? Weil du dachtest, ich wäre dumm, nur weil ich eine Outlanderin bin?"

„Quatsch." Leo rieb sich den Nacken. „Ich meinte doch nur ..."

„Schon gut. Auch egal." Reena winkte ab. Er hatte im Grunde nur das gedacht, was alle über sie dachten.

„Und das waren richtige, alte Bücher?", hakte Mary nochmal nach.

„Ja, richtige alte Bücher, mit Seiten aus Papier. Wieso fragst du das ständig?"

„Wir haben hier nur wenige von den alten. Und die wenigen, die es gibt, sind hinter Schloss und Riegel. Die darf niemand anfassen. Wir haben nur diese neuen aus wiederverwertetem Papier." Die Aufzugtür öffnete sich und alle traten hinaus auf den Flur der Universitätsebene. „Ich habe mir immer vorgestellt, wie ich eines der alten in den Händen halte und darin lese. Mit den Fingern über die Wörter fahre, die Geschichte dahinter spüren ..." Mary blickte verträumt. „Riechen sie so gut, wie ich es mir vorstelle?"

„Ähm, ich weiß nicht, was du dir so vorstellst, aber ich würde sagen, nein." Reena schüttelte den Kopf. „Es sei denn, du stehst auf Staub und Moder." Alle außer Mary lachten. „Und die Geschichte dahinter ... die Bücher stammten alle aus Druckereien, sie wurden massenhaft gedruckt, tausende, wenn nicht sogar hunderttausende von einem."

„Oh." Mary sah enttäuscht aus. „Also keine dieser Bücher, die mühevoll mit der Hand geschrieben wurden?"

„Dir ist klar, dass die Zeit, in der Bücher so hergestellt wurden, bestimmt schon achthundert Jahre zurückliegt, oder?"

Mary lief rot an und zuckte mit den Schultern. „Ich dachte, draußen gibt es solche Dinge noch", nuschelte sie schließlich.

„Da muss ich dich enttäuschen", sagte Reena ernst. „Alles, was es draußen gibt, ist mehr oder weniger Schrott. Wir leben von den Dingen, die uns die Menschen, die vor der Katastrophe lebten, hinterlassen haben. Aus der Zeit, bevor Schutzzonen wie die Aspiration in Betrieb genommen wurden. Alles, was uns dagelassen wurde, ist ein Haufen Müll."

Sie waren im Unterrichtsraum angekommen, in dem bereits eine junge blonde Lehrerin auf sie wartete.

„Hallo", begrüßte sie sie und deutete auf die noch freien Stühle im Raum. „Setzt euch bitte."

Während Reena sich setzte, musterte sie die Lehrerin. Sie hatte sie bereits beim Essen am Lehrertisch gesehen, aber aus der Nähe wirkte sie noch jünger, vielleicht wie Mitte zwanzig. Als sie Reenas Blick bemerkte, lächelte sie.

Wenig später betraten die letzten Kandidaten den Raum und die Lehrerin schloss die Tür hinter ihnen.

„Guten Tag." Mit ausgebreiteten Armen trat sie vor die Kandidaten. „Mein Name ist Evangelina Riston, ich bin eure Lehrerin für Biologie und Chemie. Das heißt, wir werden uns ab jetzt wohl öfter sehen." Sie hob ihren Com. „Laut Lehrplan werden wir uns zunächst mit der Genetik beschäftigen, ein weites und sehr bedeutendes Feld der Biologie. Es ist die Grundlage allen Lebens und daher auch unseres Unterrichts." Sie hob ihren Blick und fixierte einzelne Kandidaten fest. „Ich hoffe, Sie alle sind bereit, zu lernen. Ich dulde es in meinem Unterricht nicht, dass jemand nicht mitarbeitet." Ihr strenger Blick wich wieder einem Lächeln. „Aber ich denke, wir werden viel zusammen lernen."

Wie hypnotisiert sah Reena nach vorn. Ja, sie wollte viel lernen. Über Genetik, über Vererbung. Darüber, warum ihre Mutter nicht ihre biologische Mutter war.

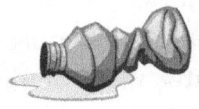

Nach dem Unterricht schickte Reena die anderen schon mal vor auf die Ebene der Kandidaten, bevor sie nach vorn zum Tisch von Lehrerin Riston trat. Hoffentlich gab es für die Zuschauer Interessanteres, als hier jetzt zuzuschauen.

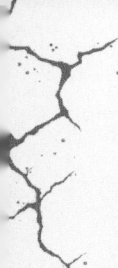

„Entschuldigen Sie bitte?"

Riston hob den Kopf. „Ja? Gibt es etwas, das du nicht verstanden hast, Reena?"

„Nicht direkt." Sie hatten heute den Aufbau der Chromosomen durchgenommen. Das kannte sie schon, der Stoff war also kein Problem.

„Wie kann ich dir dann helfen?"

„Wie kann man erkennen, ob jemand tatsächlich mit seiner Mutter verwandt ist? Gibt es irgendwelche äußerlichen Merkmale, auf die man da achten sollte?" Aufgeregt wartete Reena auf die Antwort der Lehrerin.

Diese legte den Kopf schief. „Du willst erkennen können, ob Kinder die leiblichen Kinder einer Mutter sind?"

Reena nickte.

„Es gibt verschiedene äußere Merkmale, die eine Wahrscheinlichkeit steigern, dass zwei Personen verwandt sind, aber selbst, wenn sich zwei Menschen nicht ähnlich sehen, können sie doch Mutter und Tochter sein." Aufmerksam musterte die Lehrerin Reena. „Es ist im Prinzip ein Glücksspiel, wie viele Gene eines Elternteils letztlich zur Ausprägung kommen. Nur, weil jemand seiner Mutter nicht ähnlich sieht, heißt das nicht, dass sie nicht die biologische Mutter ist."

„Und wie kann man dann sicher sein?" Sie hatte sich Antworten von diesem Gespräch erhofft, nicht die Möglichkeit, dass ihre Mutter vielleicht doch ihre Mutter war.

„Nun, die meisten Kinder vertrauen ihren Eltern in dieser Hinsicht einfach." Riston lachte auf. „Aber für alle anderen gibt es ja DNS-Tests."

„Eine Überprüfung des Erbguts beider Personen?" Reena hatte in alten Büchern davon gelesen. „Und das wird auf der Aspiration gemacht?"

„Wir haben hier eine Maschine, die vergleicht zwei Proben innerhalb von Sekunden." Die Lehrerin lehnte sich vor und senkte die Stimme. „Aber falls es um dich geht, Reena, solltest du dich fragen, was das Ergebnis dir bringen würde. Wenn du die Wahrheit kennst, was würde das ändern?" Eindringlich sah sie Reena an.

Reena ignorierte ihre Frage. „Und diese Maschine, die darf jeder benutzen?"

„Jeder darf Proben dafür abgeben, ja. Sie gehört zum Labor der medizinischen Abteilung und wird normalerweise für die Bestimmung von Krankheitswahrscheinlichkeiten bei Elternteilen genutzt, aber man kann mit ihr auch vergleichende DNS-Tests durchführen. Du musst nur bezahlen. Einen Credit pro Durchlauf."

Einen Credit, das war ja kaum etwas. „Und ich brauche eine Probe von den zu vergleichenden Personen?"

„Ganz genau. Haare, Speichel, etwas, in dem DNS enthalten ist."

Woher sollte sie eine solche Probe von ihrer Mutter bekommen? Für die nächsten paar Wochen war ihr Zuhause die Aspiration und sie würde sie vorerst nicht sehen.

„Vielen Dank für die Informationen und Ihre Geduld", bedankte Reena sich nach einigen Sekunden steif und ging Richtung Tür.

„Reena?"

„Ja?"

„Denk nochmal über das nach, was ich dir gesagt habe. Ist die Wahrheit es wert? Was gewinnst du mit einem Ergebnis? Positiv oder negativ?"

# KAPITEL 8

Die erste Woche verging wie im Flug. Unterricht von Montag bis Freitag, dazu das Wochenende, an dem Reena versuchte, den riesigen Berg an Hausaufgaben abzuarbeiten, den jeder Lehrer ihnen aufgebrummt hatte. Da gab es verschiedene Erbgänge für Biologie zu skizzieren, die Analyse einer Rede von Cicero für Rhetorik, mehrere komplizierte Textaufgaben für Physik, die Planung eines Experiments für Chemie ... Es gab keinen Lehrer, der ihnen nichts für sein Fach aufgegeben hatte. Jeder Tag war lang und anstrengend, voller neuer Dinge, die Reena sich merken musste. Sie war an den Abenden so erledigt, dass sie die Aufgaben allesamt aufs Wochenende geschoben hatte, was sich nun als Fehler erwies.

„Ich kriege das nicht hin." Stöhnend ließ Reena die Stirn auf ihren Com sinken. Sie war gerade dabei, die Aufgaben für Physik zu berechnen, und verstand nur Bahnhof.

„Doch, kriegst du", antwortete Leo ungerührt von der anderen Seite des Tisches aus, den sie im Aufenthaltsraum für sich beansprucht hatten.

„Ich habe noch so viel zu tun, keine Ahnung, wie ich jemals damit fertig werden soll. Die erste Woche und ich versage komplett. So, wie alle es von der Externen erwartet haben." Reena hob den Kopf und wischte sich unwirsch die Haare aus dem Gesicht.

„Na, jetzt spricht aber das Selbstmitleid aus dir." Samara hob ihren Blick. „Aber gut, ich helfe dir."

„Ich darf bei dir abschreiben?" Reena stieß einen erleichterten Seufzer aus. „Vielen Dank."

„Nein, nicht abschreiben. Ich gehe die Aufgaben mit dir durch. Wenn du nur abschreibst, lernst du es nicht."

Reena seufzte und fing Leos feixenden Blick auf. „Danke, Samara. Ich muss diese Woche besser werden, wenn ich bei der Abstimmung nächsten Sonntag eine Chance haben will." Obwohl sie sich keine großen Hoffnungen mehr machte, denn die ganze Woche über war sie in der Berichterstattung kaum aufgetaucht und bei Ausflügen in den Gängen der Aspiration hatten fremde Menschen sie mit Abscheu und Angst auf ihren Gesichtern angesehen.

„Die läuft sicher gut", murmelte Nickels, der auf seine eigenen Aufgaben konzentriert war.

„Für dich vielleicht." Reena rückte näher zu Samara, um sich von ihr die Physikaufgaben erklären zu lassen. „Für mich läuft es echt mies, nur für den Fall, dass dir das noch nicht aufgefallen ist."

„Doch, ich muss sagen, das ist mir aufgefallen."

In diesem Moment schritt Dusk durch die Tür des Aufenthaltsraums. Er war allein, ohne seine beiden Anhängsel Rune und Kendrick.

„Warte kurz", wandte sie sich an Samara. „Ich bin gleich zurück." Mit vor Nervosität butterweichen Knien stand sie auf und ging zur Sitzgruppe hinüber, in der sich Dusk gerade lässig auf einen der Sessel hatte fallen lassen. Eins seiner Beine hatte er über die Lehne gelegt, während er auf seinem Com herumtippte.

„Dusk?" Reena blieb etwa einen Meter entfernt von ihm stehen.

Sein Blick wanderte langsam von den Füßen an zu ihrem Gesicht hinauf. „Wusste ich doch, dass ich so einen modrigen Geruch in der Nase hatte", sagte er langsam und verzog angeekelt das Gesicht. „Konnte ja nur die Kakerlake sein."

Reena gab sich Mühe, seine Worte einfach an sich abprallen zu lassen, auch wenn es ihr äußerst schwerfiel und sie nur zu gern etwas gekontert hätte. Mit einem Blick hoch zu den beiden Kameras in zwei Ecken des Raumes stellte sie sicher, dass diese Dusk und sie gut im Blick hatten und dass an ihnen das rote Lämpchen zur Aufnahme leuchtete. „Dusk, ich möchte mich hiermit bei dir entschuldigen. Ich glaube, wir haben auf dem falschen Fuß angefangen." Sie schluckte, während er sie durchdringend anstarrte. „Bei der Nahkampfprüfung wollte ich dich nicht verletzen. Mir wäre es auch recht gewesen, wenn wir nicht richtig miteinander ge-

kämpft hätten. Aber als du Ernst gemacht hast, musste ich mich verteidigen. Ich hoffe, du weißt, dass es nicht meine Absicht war, dich zu verletzen. Ich wollte mich nur selbst vor Schaden bewahren. Ich hoffe, du nimmst meine Entschuldigung an und wir beide können nochmal von vorne anfangen." Aus dem Augenwinkel sah sie, wie Kendrick und Rune den Raum betraten und Dusk einen fragenden Blick zuwarfen.

Dusk erhob sich vom Sessel. „Hör mir mal zu, du Ratte." Er beugte sich unangenehm weit zu ihr vor. „Ich will dich und deinesgleichen hier nicht. Ihr seid schädlich für unsere Gemeinschaft. Parasiten. Außerdem hast du deine Aggressionen nicht unter Kontrolle. Ihr Externen wollt die Aspiration doch am liebsten zerstört sehen. Warum sollten wir das Risiko eingehen, einige von euch an Bord zu holen? Damit ihr unserer Stadt von innen heraus schaden könnt?" Er schüttelte den Kopf und spuckte vor Reenas Füßen auf den Boden. „Ich will dich hier nicht. Es ist völlig egal, was du tust und wie oft du dich entschuldigst, ich will nur, dass du dahin verschwindest, wo du hergekommen bist."

Reena wollte ihm antworten, ihm erklären, dass sie es verdiente, hier zu sein, doch in ihrem Kopf herrschte gähnende Leere. Dort, wo kluge Worte sein sollten, war gar nichts. Kein Argument, womit sie es verdiente. Denn sie verdiente es nicht. Keiner von draußen verdiente einen Platz an der Akademie. Es war eine Lotterie und die basierte auf Glück. Und niemand verdiente Glück mit irgendwelchen Taten oder Charaktereigenschaften.

Dusk stand auf und trat einen Schritt näher. Er war nur noch wenige Zentimeter entfernt und viel zu nah. Reena wollte nach hinten ausweichen, doch dort standen nun bereits Rune und Kendrick. „Wenn du klug bist, huschst du wieder zurück in den Abwasserkanal, aus dem du gekrochen bist. Die Outlander werden nur zur Akademie zugelassen, damit die Zuschauer was zu lachen haben. Noch nie hat einer von euch es weiter gebracht als bis zur vierten Woche. Deine Tage hier sind gezählt." Dusk stieß ihr bei den letzten Worten seinen Zeigefinger mehrmals gegen die Brust, direkt unter ihrem Schlüsselbein. Beim letzten Stoß drücke er ihn fest in ihr Fleisch und drehte ihn um. Der Schmerz war plötzlich und heftig und Reena biss die Zähne aufeinander, um ihm nicht die Genugtuung zu geben, zu zeigen, wie sehr er ihr wehtat. „Und jetzt hau ab!" Er trat zur Seite und gab so den Weg frei. Mit wackeligen Schritten ging Reena zurück zu ihren Freunden. Alle sahen in ihre Richtung.

„Was sollte das denn?", flüsterte Leo, kaum dass sie sich wieder gesetzt hatte. „Was wolltest du denn damit erreichen?"

„Ich will nicht rausfliegen nächste Woche." Mit steifen Gliedern wandte Reena sich wieder ihren Physikaufgaben zu. „Und das werde ich, weil das Einzige, was die Zuschauer von mir gesehen haben, dieser Kampf mit Dusk war und dazu noch die miesen Prüfungsergebnisse." Ganz zu schweigen von ihrem wirklich furchtbaren Kurzfilm.

„Was hast du dir denn davon erhofft?", fragte jetzt auch Mary.

„Ich dachte, wenn ich mich entschuldige, sehen die Zuschauer, dass ich kein böser Mensch bin. Dass niemand Angst vor mir zu haben braucht." Reena schnaubte. „Aber es liegt gar nicht an mir. Es liegt daran, dass ich von draußen bin. Sie haben Angst vor Externen. Vielleicht hat Dusk recht und ich sollte einfach verschwinden. Dann bräuchte ich mich auch nicht mehr mit diesen Aufgaben herumzuschlagen." Reena versetzte dem Com mit den Physikaufgaben einen Stoß.

„Dusk und rechthaben?" Leo schüttelte vehement den Kopf. „Oh nein, unmöglich."

Gegen ihren Willen musste Reena grinsen.

„Streng dich einfach im Unterricht an", riet ihr Samara. „Wenn die Zuschauer sehen, wie wichtig es dir ist, zu lernen, werden sie erkennen, dass du an die Akademie gehörst."

Reena blickte hinab auf die Aufgaben, die auch in Hieroglyphen dort hätten stehen können, so wenig verstand sie davon. „Wenn das die Anforderung ist, dann sehe ich schwarz", nuschelte sie.

Die zweite Woche verging rasend schnell, sogar noch schneller als die erste. Reena gab im Unterricht alles, so wie Samara es ihr geraten hatte. Ihre Hausaufgaben machte sie nun abends nach dem Unterricht und es war nicht selten, dass sie bis ein Uhr wach blieb, um alles zu schaffen. Ehe sie sich versah, war es Sonntagnachmittag. Und damit war der Moment der ersten Wahl plötzlich sehr nah.

Reena verbrachte eine halbe Stunde damit, die wenigen Kleidungsstücke in ihrem Schrank zu begutachten und zu überlegen, welches davon die Zuschauer wohl eher dazu bringen würde, sie zu wählen, bis sie sich schließlich schnaubend für eine beige Hose und ein dunkelblaues T-Shirt entschied. Es würde vermutlich keinen Unterschied machen, selbst wenn sie in einem Ballkleid erscheinen würde.

„Ich bin so aufgeregt", flüsterte Reena den anderen kurz darauf zu, mit denen sie am Tisch im Aufenthaltsraum saß. Nur noch eine halbe Stunde, dann war die Wahl beendet und die Ergebnisse würden ausgestrahlt werden. „Ich glaube, mir wird schlecht." Sie musterte die anderen, die mit Ausnahme von Samara eher gelassen aussahen. „Macht euch die Wahl überhaupt nicht nervös? Was, wenn ihr rausfliegt?"

„Ich glaube, das passiert heute nicht." Leo zuckte selbstbewusst mit den Achseln. „Wir sind einfach zu gut." Er grinste und Nickels und er klatschten sich ab.

„Ich glaube, es gibt Kandidaten, die deutlich schlechtere Chancen haben als ich", sagte Mary kleinlaut. „Vielleicht werde muss ich in ein paar Wochen gehen, aber vermutlich nicht heute."

„Ist doch klar, dass die sich sicher sind", sagte Samara mit energischer Stimme zu Reena. „Wieso sollten sie etwas befürchten? Das mussten die in ihrem ganzen Leben doch nicht. Wir beide wissen, wie es ist, auch mal zu verlieren. Wir wissen, dass man nicht alles bekommt, was man gerne möchte. Ich mache mir auch Sorgen, dass es mich treffen könnte. Weil ich dann wieder zurück zu meinen Eltern muss. Und meine einzige Chance, aus diesem Elend da unten zu entkommen, hätte sich in Luft aufgelöst." Mit hartem Blick schüttelte sie den Kopf.

„Ich habe auch nicht immer alles bekommen, was ich wollte", ereiferte sich Leo.

„Ach, nein, und was hast du nicht bekommen?"

„Na ja, ich wollte immer schon mal nach draußen. In ein Dorf der Externen oder einfach so durch die Landschaft laufen." Leos Stimme wurde immer kleinlauter, während er sprach.

„Du sprichst da von Dingen, die niemand darf, weil sie verboten sind", gab Samara scharf zurück. „Niemand verlässt die Aspiration, nur Soldaten mit wichtigem Auftrag. Ganz sicher kein kleiner Junge, der sich gerne mal draußen umschauen möchte." Sie schnaubte. „Ich aber rede von Dingen, die für euch ganz selbstverständlich sind, für mich und Reena aber nicht. Genug zu essen, Sicherheit, Medikamente ... Habt ihr eines dieser Dinge schon mal nicht bekommen?" Samara blickte in die Runde und Nickels, Mary und Leo senkten betreten ihre Köpfe.

„Nein", erwiderte Leo schließlich. „Es tut mir leid, das haben wir nicht. Ich verstehe, was du sagen willst. Und es ist ... blöd, dass unsere Startpunkte so unterschiedlich sind. Natürlich wäre es besser, wenn wir alle die gleichen Voraussetzungen hätten. Dann wäre es fair."

Nickels ergänzte: „Aber das ist nicht unsere Schuld."

„Ich weiß." Samara seufzte und richtete ihren Blick dann wieder auf die Seiten ihres Buchs.

„Wieso liest du eigentlich nicht auf deinem Com?" Man konnte die billig gedruckten Bücher in der Bibliothek der Universität ausleihen. Doch es gab auch alle Ausgaben digital. Reena las lieber auf ihrem Com, so sparte sie sich das Schleppen und hatte die Bücher trotzdem immer bei sich.

„Ich kann mir Dinge besser merken, wenn ich sie so vor mir sehe." Samara fuhr mit dem Finger zu der Zeile, an der sie gerade angelangt war. „Auf dem Com lese ich zu schnell."

„Freunde, es geht los." Mary stieß Reena aufgeregt in die Seite. Tatsächlich wurde die Beleuchtung im Aufenthaltsraum gedimmt, doch statt der Sendung war nur ein Satz auf der Leinwand zu lesen: Die Kandidaten bitte ins Forum der Universität.

„Wieso sollen wir denn jetzt in die Universität?", flüsterte Mary, nun doch aufgeregt. „Wo bleiben unsere Ergebnisse? Was hat das zu bedeuten?"

„Krieg dich ein." Leo legte ihr eine Hand auf die Schulter. „Das werden wir schon noch erfahren."

„Vielleicht wollen sie uns gleich alle zulassen", scherzte Nickels, doch auf seiner Stirn zeichnete sich eine Sorgenfalte ab.

„Egal, worum es geht, wir erfahren es nie, wenn wir hier sitzen bleiben." Reena stand auf. Im ganzen Aufenthaltsraum herrschte nun eine nervöse Atmosphäre. Alle tuschelten und warfen den Worten auf der Leinwand besorgte Blicke zu.

„Wisst ihr, worum es da geht?" Cory, ein Mädchen aus ihrer Klasse, blieb neben ihnen stehen.

„Nein, keine Ahnung." Reena trat vor und winkte ihren Freunden, ihr zu folgen. „Aber es wird schon nichts Schlimmes sein, oder?"

Cory zuckte mit den Achseln. „Tja, wer weiß das schon? Aber wir haben ja wohl kaum eine Wahl, als dahinzugehen, nicht wahr?" Schon verschwand sie zwischen den anderen Kandidaten, die nun alle zum Aufzug drängten, um eine Ebene tiefer zur Universität zu fahren.

„Sie hat recht, also los." Reena zog Mary auf die Füße und gemeinsam steuerten sie ebenfalls den Aufzug an.

„Sieht doch gar nicht so übel aus", kommentierte Reena, als sie das Forum betraten. Der große Saal mit seinen Stuhlreihen war dezent geschmückt, an der Wand auf der Bühne hingen die Portraits aller Kandidaten, Standbilder aus ihrem kurzen Einspieler. Auf der Bühne wartete bereits die Moderatorin aus dem Fernsehen auf sie und winkte ihnen. „Kommt hier hoch. Zu mir, bitte."

Erst, als sie alle auf der Bühne standen, fuhr sie fort. „Wir werden die Verkündung der Ergebnisse hier filmen." Sie deutete mit einem breiten Lächeln auf den Boden der Bühne. „So können die Zuschauer noch näher dabei sein und sehen, wie die Kandidaten die Entscheidung aufnehmen." Ihr Lächeln verschwand bei diesen Worten und sie versuchte sich an etwas, das wohl eine mitfühlende Miene sein sollte. „Das ist eine ganz neue Idee, die ich gehabt habe." Beifall heischend sah sie sich unter den Kandidaten um.

„Wirklich gut." Ein stark geschminktes blondes Mädchen nickte zustimmend. Reena glaubte, sich daran zu erinnern, dass sie Rose hieß. Sie gehörte zur anderen Gruppe. Weitere Kandidaten schlossen sich ihrem Urteil murmelnd an.

„Ich habe keine Lust, auf dieser verdammten Bühne präsentiert zu werden", flüsterte Reena Mary zu. „Ich dachte, ich kann still und heimlich verschwinden. Und jetzt soll der Kandidat, der gehen muss, bestimmt am Ende noch ein Interview geben, wetten wir?"

„Ach nein, das glaube ich nicht", entgegnete Mary. „Sie wollen uns nur bestmöglich präsentieren. Die Menschen auf der Aspiration sollen sehen, wen sie wählen. Am Verhalten der Kandidaten auf der Bühne kann man ja auch viel ablesen. Das wird uns bei den zukünftigen Wahlen sicher helfen."

Reena verdrehte die Augen angesichts so viel Gutglauben. Misstrauisch beäugte sie die Moderatorin, die an ihrem Rock herumzupfte. Vor der Bühne wurden nun mehrere Kameras aufbaut und auf die Kandidaten ausgerichtet. Anscheinend war die ganze Aktion tatsächlich spontan ins Leben gerufen worden. Nach und nach tröpfelten Menschen in das Forum, die die aufgestellten Stuhlreihen besetzten. Sie hatten offenbar Publikum.

„Stellt euch bitte in einer ordentlichen Reihe auf." Der Moderatorin war die Aufregung deutlich anzuhören, denn ihre Stimme wurde immer höher.

Zwischen Leo und Mary gedrängt stellte Reena sich auf. Sie verschränkte die Arme hinter dem Rücken. Wann ging es denn nun endlich los?

Nach ein paar Minuten angespannter Stille trat die Moderatorin vor und erhielt von einem Mann hinter der Kamera ein Zeichen. Die Kameras bewegten sich und sie begann mit ihrer Ansprache. „Guten Abend, Aspiration und auch unseren Zuschauern im Outland. Mein Name ist Save Saunders und ich freue mich, heute gemeinsam mit Ihnen die Entscheidung an der Akademie verfolgen zu können. Dieser Abend entscheidet, welcher der Kandidaten uns verlassen muss und damit die Chance auf einen der renommiertesten Posten hier bei uns verliert. Haben Sie Ihre Wetten bereits platziert?"

Die Moderatorin zwinkerte keck in die Kamera. Reena musste sich anstrengen, nicht genervt aufzustöhnen. Diese Frau biederte sich auf wirklich plumpe Weise beim Publikum an. „Es gibt eine Neuerung in diesem Jahr der Akademie. Neben mir sehen Sie alle dreißig Kandidaten. Ich werde live neben ihnen stehen und ihre Reaktion miterleben, wenn die Ergebnisse der Umfragen bekannt gegeben werden. Sie und ich, wir werden hautnah dabei sein, wenn der heutige Letztplatzierte uns verlassen muss." Mit gewichtiger Miene nickte die Moderatorin. „Aber bevor es mit der Wahl losgeht, wollen wir uns gemeinsam eine Zusammenfassung der ersten beiden Akademiewochen ansehen. Unsere Kandidaten haben geschwitzt, gekämpft und gelernt, um das Bestmögliche aus sich zu machen. Wer von ihnen ist die Zukunft der Aspiration? Wen wollen Sie als Kommunikationsoffizier sehen? Als Leiter der medizinischen Station? Als Kommandant unserer Armee?" Die Moderatorin ließ ihren Blick über die Kandidaten wandern. „Oder gar als Präsidenten?" Rufe wurden im Publikum laut. Reena hörte die Namen verschiedener Kandidaten aus den Mündern der Zuschauer. Ihr Herz wurde schwer. Die anderen hatten Anhänger. Menschen, die sie unterstützten, vielleicht weil sie sie schon kannten, seit sie auf der Welt waren. Vielleicht, weil sie von ihren Leistungen beeindruckt waren. Aber ganz sicher, weil sie von der Aspiration waren und nicht aus dem Outland.

„Nun, dann sehen wir uns doch mal an, wie sich unsere Kandidaten geschlagen habe. Diese Zusammenfassung zeigt Ihnen noch einmal die Highlights der letzten beiden Wochen. Die Dinge, die sie auf jeden Fall gesehen haben sollten." Die Moderatorin blickte ernst in die Kamera. „Dinge, die Sie wissen sollten, bevor Sie Ihre Wahl treffen."

Sprach Saunders etwa von ihr? Reena sah zur Seite und fing Leos Blick auf, der rasch wieder seinen Kopf nach vorn wandte.

„Nun will ich Sie aber nicht weiter auf die Folter spannen. Machen Sie sich selbst ein Bild von den Kandidaten. Im Anschluss können Sie für bis zu drei Kandidaten Ihre Stimme abgeben. Der Kandidat mit den wenigsten Stimmen muss am Ende dieses Abends die Akademie verlassen."

Hinter den Kandidaten wurde eine Leinwand ausgerollt, sodass sie und die Zuschauer im Forum ebenfalls verfolgen konnten, was alle anderen vor den heimischen Bildschirmen zu sehen bekamen. Das Licht im Saal wurde gedämpft und die übliche Melodie erklang. Danach kommentierte eine Stimme den Tag der Prüfungen. Natürlich durfte dabei auch der Kampf zwischen Reena und Dusk nicht fehlen. Reena biss die Zähne fest aufeinander, um nicht damit herauszuplatzen, dass es nicht so gewesen war, wie es den Anschein machte. Nun hatte sie zum ersten Mal ein richtiges Publikum, doch sie wollte keinen Aufruhr verursachen. Das durfte sie nicht, wenn sie überhaupt noch eine Chance haben wollte.

Als nächstes wurden die Highlights der Unterrichtstage gezeigt. Die Kandidaten beim Lernen, die schlauen

Antworten auf die Fragen der Lehrer. Und dann tauchte wieder Reena auf der Leinwand auf. Und mit ihr zusammen auch Dusk. Im Aufenthaltsraum. Es war ihr Zusammentreffen von vorhin, das, was gerade gezeigt wurde, war kaum eine Stunde her.

Reena sah ihrem vergangenen Selbst dabei zu, wie sie sich bei Dusk entschuldigte. Sie konnte sehen, wie aufrichtig sie wirkte, wie ehrlich besorgt, während Dusk seine Augen zu schmalen Schlitzen verengt hatte und außerordentlich ungehalten wirkte.

„Die Kandidatin Reena Vermillion hat sich bei Dusk Underwood entschuldigt. Was glauben Sie: War ihre Entschuldigung ernst gemeint? Oder nur ein taktischer Schachzug?" Die Stimme des Kommentators klang, als hätte er sich seine Meinung bereits gebildet. „Hören wir uns doch erst einmal an, was Dusk zu dieser Entschuldigung zu sagen hat."

Nun war Dusk in Großaufnahme zu sehen, wie er sich vorbeugte und Reena hasserfüllt anstarrte. „Wenn du klug bist, huschst du wieder zurück in den Abwasserkanal, aus dem du gekrochen bist, du Ratte. Die Externen werden nur zur Akademie zugelassen, damit die Zuschauer was zu lachen haben."

Gemurmel erklang bei seinen Worten im Publikum und auch unter den Kandidaten. Reenas Herz schlug viel zu schnell. War dieses Gemurmel nun ein gutes oder ein schlechtes Zeichen? Glaubten die Menschen ihr, dass es nicht ihre Absicht gewesen war, Dusk zu verletzen? Oder sahen sie es wie Dusk? Reena ballte die Hände krampfhaft zu Fäusten. Dieser Filmausschnitt war ihre letzte Chance, das Publikum und damit diejenigen, die über ihre Zukunft entschieden, von sich zu überzeugen. Wenn es ihr jetzt nicht gelang, dann wäre sie morgen wieder im Outland bei ihren Eltern. Und dann würde sie ihre Zeit nicht mehr damit verbringen, zu lernen, sondern damit, genügend Plastik für die Medikamente ihres Bruders zu sammeln.

„Was werden unsere Zuschauer wohl dazu sagen?" Der Film auf der Leinwand war beendet worden und die Moderatorin ergriff wieder das Wort. „Es gibt viele Dinge, die Sie, liebe Zuschauer bei Ihrer Wahl bedenken sollten. Es geht um persönliche Vorstellungen von unserer Zukunft. Darum, in welchem Kandidaten Sie das größte Potenzial sehen. Und darum, wer Durchhaltevermögen besitzt." Gewichtig nickte Saunders in die Kamera. „Eine weitreichende Entscheidung. Von nun an werden Sie sie alle zwei Wochen treffen, bis nur noch zehn Kandidaten übrig sind. Diese zehn Kandidaten werden mit ihrer dreijährigen Ausbildung an der Universität beginnen und im Anschluss wichtige Schlüsselpositionen in unserer Gemeinschaft besetzen, um uns weiter voranzubringen und der Aspiration zu dienen." Applaus brandete im Publikum auf.

Reena versuchte, nicht auf ihre zitternden Knie zu achten. Konnte die Abstimmung denn nicht endlich beginnen? Wie lange sollten sie denn hier noch wie Lämmer warten, die zur Schlachtbank geführt wurden?

„Jetzt ist der Augenblick gekommen." Die Moderatorin reckte ihre Arme in die Luft. „Bitte nehmen Sie Ihren Com zur Hand. Jeder von Ihnen sollte darauf die Liste der Kandidaten sehen können. Geben Sie drei Kandidaten Ihre Stimme und bestätigen Sie Ihre Wahl. Sie haben ab jetzt zehn Minuten Zeit." Im Forum wurde das Licht gedämpft. Die Moderatorin löste das Mikrophon von ihrer Bluse und verließ die Bühne, während im Hintergrund noch einmal die Zusammenfassung der letzten zwei Wochen ohne Ton lief. Vom Publikum sah Reena lediglich Lichtpunkte, Menschen hinter ihren Coms, die die Namen irgendwelcher Kandidaten ankreuzten. Hoffentlich auch ihren, zumindest ein paar von ihnen. Sie brauchte doch nur ein paar ...

„Das ist Folter", flüsterte Leo ihr zu. „Hier zu stehen und zu warten."

„Allerdings. Und den Leuten auch noch dabei zuzusehen, wie sie mich nicht wählen ..." Reena wandte sich an Mary.

„Ich vermute, sie wollen das Ganze spannender gestalten." Nickels beugte sich vor. „Etwas mehr Dramatik."

Reena zuckte mit den Achseln. „Mir hätte auch etwas weniger Dramatik gereicht."

Endlich – endlich! – betrat Save Saunders wieder die Bühne und heftete sich ihr Mikrophon an die Bluse. „Seid ihr bereit?" Die Abstimmung war beendet.

Alle Kandidaten nickten und ein bleiernes Schweigen legte sich über die Bühne. Jetzt war es also so weit. Der alles entscheidende Augenblick.

Das Licht im Forum leuchtete die Bühne bis auf den letzten Millimeter aus und die Kameras begannen zu filmen.

„Genau jetzt ist die Abstimmung beendet, meine Damen und Herren." Saunders hob eine Hand. „Die Wahlbögen auf Ihren Coms sind nun gesperrt." Sie blickte über die Schulter zu den Kandidaten, dann zurück in die Kamera. „Wen haben Sie gewählt? Welcher unserer Kandidaten muss uns bereits nach zwei Wochen verlassen? Nur noch wenige Minuten, dann haben wir eine Entscheidung." Ein leiser, aber beständiger Trommelwirbel erklang. Wenige Augenblicke später betrat ein wichtig aussehender Mann im Anzug das Forum und gab der Moderatorin ein Zeichen. Diese hob einen Com. „Die Ergebnisse liegen nun vor", verkündete sie und bewegte ihren Finger über die Oberfläche des Geräts. „Ich werde nun die Namen der Kandidaten vorlesen, die es geschafft haben. Dabei werde ich beim höchsten Ergebnis beginnen."

Alle Kandidaten standen nun stocksteif da. Reena bekam Schwierigkeiten, zu atmen. Das war es jetzt gewesen. Nur noch wenige Minuten und man würde sie der Akademie verweisen. Sie würde Leo, Mary, Nickels und Samara nie wieder sehen.

„Mary Blakely." Neben Reena keuchte Mary heftig auf. Hinter ihr auf der Leinwand lief erst ihr Video, dann wurden verschiedene Szenen von Mary aus den vergangenen zwei Wochen gezeigt. Nach einem kurzen Stupser von Leo machte Mary zwei Schritte nach vorn und winkte mit einem strahlenden Lächeln in die Kamera. Mit ihren hellblonden, heute leicht gelockten Haaren und dem winzigen Grübchen, das sich auf ihrer rechten Wange zeigt, wirkte sie sympathisch, ganz genau wie jemand, den Reena selbst gewählt hätte. Sie wirkte wie jemand, den man gern als Anführer hätte. Oder als Freundin.

Als Mary zurück in die Reihe der Kandidaten getreten war, fuhr Save Saunders mit der Verkündung fort. „Asklepios Newille." Ein stämmiger Junge mit Brille trat vor und winkte scheu in die Kamera. Er war in der anderen Klasse und Reena hatte bisher kein Wort mit ihm gewechselt. Doch er wirkte nett und intelligent, zwei Eigenschaften, auf die die Zuschauer vermutlich großen Wert legten. Und mit denen Reena bisher nicht glänzen konnte.

„Leonidas Winter."

Mit einem breiten Grinsen trat Leo vor und winkte den Menschen lässig zu, dann reckte er den Daumen hoch und ein paar Lacher waren aus dem Publikum zu hören.

Samara folgte auf Platz acht, Nickels auf elf. All ihre Freunde hatten es geschafft und waren weiter. Nur sie konnte noch auf dem letzten Platz landen. Reena hatte kein Ohr mehr dafür, wer weiter war, sie registrierte nur noch, dass es nicht ihr Name war, der genannt wurde. Immer war es jemand anderes. Ein anderes Mädchen, ein anderer Junge.

„Rose Aspen." Platz sechsundzwanzig.

„Ford McCormack." Platz siebenundzwanzig.

„Cory Willms." Platz achtundzwanzig.

Reenas Herz pochte so heftig, dass sie glaubte, sie müsste jede Sekunde einen Herzinfarkt erleiden. Wenn jetzt nicht ihr Name fiel, war sie raus, dann war alles vorbei. Ihre Hände begannen zu zittern, dann ihre Arme und schließlich hatte das Zittern ihren ganzen Körper erfasst.

„Nun kommt der letzte Kandidat, der es geschafft hat. Er oder sie darf weiterhin an der Akademie bleiben. Der letzte verbliebene Platz geht an ...“

Sag es endlich, sag schon, flehte Reena innerlich, sie hielt die Spannung einfach nicht mehr aus. Doch die Moderatorin kannte kein Erbarmen und zog das gespannte Schweigen noch in die Länge.

„Reena Vermillion.“ Im ersten Moment glaubte Reena, sich verhört zu haben. Hatte Saunders gerade wirklich ihren Namen genannt? War sie weiter? Erst, als Leo sie sanft nach vorn schob, bewegten sich ihre Füße. Für einen kurzen Moment stand sie wie gelähmt vor den Kameras, dann lächelte sie und formte mit dem Mund ein „Vielen Dank“, um damit all diejenigen zu erreichen, die für sie gestimmt hatten und offenbar an sie glaubten.

Der Kandidat, der gehen musste, war ein unscheinbarer Junge, der Reena bisher nicht aufgefallen war. War er in ihrer Klasse gewesen? Oder in der anderen?

„Du hast es geschafft.“ Mary fiel Reena um den Hals, als die Lichter der Kameras erloschen und die Kandidaten einer nach dem anderen die Bühne verließen.

„Keine Ahnung, wie, aber ja.“ Reena drückte Mary fest an sich. „Hätte ich nicht gedacht.“

„Also ich habe immer an dich geglaubt.“ Leo schob Mary zur Seite und umarmte Reena ebenfalls. „Platz neunundzwanzig ... Noch spannender hättest du es nicht machen können, oder?"

„Glaub mir, ich hatte fast einen Herzinfarkt." Reena schüttelte den Kopf. „Das muss nächstes Mal anders laufen." Sie würde sich weiterhin im Unterricht anstrengen und den Zuschauern zeigen, dass sie es wert war, auf der Aspiration zu bleiben. Zum ersten Mal wagte Reena es, daran zu denken, was sie wohl dank der Akademie werden und erreichen könnte. Welcher Posten wäre der richtige für sie als Absolventin der Akademie? Am naheliegendsten war der der Verbindungsperson zwischen Outland und Aspiration. Doch der Gedanke bereitete ihr Unbehagen. Sie müsste Regeln für die Menschen im Outland erlassen und sie auch durchsetzen. Das würde sie nicht können, nicht, wenn es auch ihre Familie und Bekannte betraf. Aber Leiterin der medizinischen Abteilung ... Der Posten klang aufregend und noch dazu bedeutungsvoll.

„Jetzt gehen wir feiern!" Leo legte einen Arm um Reenas Schultern und zog sie mit sich in Richtung Aufzug.

„Feiern?"

„Klar." Mary sprang neben ihnen her. „Die Vergnügungsebene. Etwas Spaß steht uns doch wohl zu."

„Es wird dir dort gefallen." Nickels folgte ihnen mit Samara.

„Ich war erst einmal dort", sagte Samara, als sich die Aufzugtüren schlossen. „Nur, um sie mir anzusehen. Credits hatte ich keine."

„Aber jetzt hast du die Credits von der Akademie." Nickels deutete auf Samaras Com. „Genug, damit wir uns heute Abend mal etwas gönnen können."

„Aber ich sollte die Credits an meine Eltern schicken." Zweifelnd beäugte Samara den kleinen Computer an ihrem Gürtel.

„Das sollte ich auch. Mein Bruder braucht dringend seine Medikamente." Bisher hatte Reena das noch nicht in Angriff genommen, aber sie nahm sich vor, gleich morgen hinunter zur Sammelstelle zu gehen und dort mit dem Verantwortlichen zu sprechen.

„Und das kannst du", beruhigte Leo sie. „Wir geben doch nicht alles aus. Aber meinst du nicht, wir haben uns eine kleine Belohnung verdient?"

Reena wechselte einen Blick mit Samara. „Na schön", sagte sie schließlich langsam. „So einen neunundzwanzigsten Platz belegt man ja schließlich nicht jeden Tag." Ein Grinsen breitete sich auf ihrem Gesicht aus. „Dann wollen wir doch mal sehen, was die Aspiration zu bieten hat."

„Oh, wow." Hinter den Aufzugtüren der Vergnügungsebene öffnete sich ein zweistöckiger Rundgang, an dessen Rändern alle möglichen Geschäfte mit bunten Schildern lockten. Die Beleuchtung war angenehm schummerig und an allen Geländern und Geschäftseingängen leuchteten ihnen Lichterketten in bunten Farben entgegen. Es gab kleine offene Stände, an denen Essen verkauft wurde, Restaurants mit hübsch gedeckten Tischen und kleinen Gärten, ein Kasino, ein Kino ... Diese Ebene hatte nichts mehr mit dem Outland und ihrem Heimatdorf Hope gemeinsam. Viel weiter konnte sie sich gar nicht davon entfernen. Alles hier glänzte, war sauber, überall spielte Musik und blitzten Tafeln auf, die Werbespots zeigten. Die Namen von Bars und Restaurants leuchten in grellen Neonfarben und es roch wunderbar nach allen möglichen Speisen.

„Na, das ist doch was, oder?" Mary hakte sich bei Reena ein und zog sie hinein in die Menschenmasse. Hinter ihnen öffnete sich bereits der nächste Aufzug und eine lärmende Gruppe Männer ging an ihnen vorbei.

Mit ihnen verließ ein Mann mit einer Kamera den Aufzug, der sich sogleich an ihre Fersen heftete und ihnen mit etwas Abstand folgte.

„Wer ist das?" Reena deutete über ihre Schulter.

„Die sind vom Fernsehen", sagte Leo lässig. „Wir werden natürlich auch hier gefilmt."

„Es gibt jedes Mal Kandidaten, die hier über die Stränge schlagen", ergänzte Samara in mahnendem Tonfall. „Sich Alkohol beschaffen und sich ungebührlich benehmen, zum Beispiel."

„Aber wir sind ja nur hier, um ein wenig Spaß zu haben", wechselte Leo das Thema und wandte sich an Reena. „So, was möchtest du zuerst tun?"

Völlig überfordert ließ Reena ihren Blick über die vielen Möglichkeiten wandern, die diese Ebene zu bieten hatte. Womit sollten sie anfangen? Als Mädchen hatte sie immer davon geträumt, auf der Aspiration zu sein und all das hier zu erleben. Aber jetzt, wo sie hier war, konnte sie sich nicht entscheiden. „Samara, was meinst du? Du bist doch auch quasi zum ersten Mal hier."

„Also ich habe Hunger." Samara rieb sich ihren flachen Bauch. „Ich habe heute vor Aufregung kaum etwas runtergebracht."

„Dann gehen wir zuerst etwas essen. Haben die Damen einen besonderen Wunsch?" Leo verneigte sich leicht vor ihnen.

Reena lachte. „Das, was auch immer du empfehlen würdest, bitte."

„Natürlich." Leo bot Reena seinen einen Arm an und hielt dann Samara den anderen hin. „Ich geleite die Damen zum besten Essen, das die Vergnügungsebene zu bieten hat."

Leo führte sie nur wenige Meter weit zu einem Stand, auf dessen Neonreklame etwas angepriesen wurde, das „Tacos" hieß. „Fünf Mal mit Rindfleisch bitte." Die Frau hinter dem Stand nickte und Leo drückte seinen Com gegen eine blinkende Fläche an der Verkaufstheke.

„Hey", protestierte Mary. „Du brauchst das nicht für uns bezahlen."

„Die erste Runde geht auf mich", entgegnete Leo ungerührt. „Ich werde meinen Freunden doch wohl etwas zu essen ausgeben dürfen."

„Vielen Dank." Reena nahm eine der goldgelben Schalen entgegen, die Leo ihr reichte. Es war ein harter Maisfladen, der mit Rindfleisch und allerlei Gemüse und Salat gefüllt war. Ganz oben war die Mischung mit einer dunkelroten Soße bedeckt. „Dann guten Appetit." Sie biss in den Taco und Soße lief ihr übers Kinn. „Das ist wirklich lecker, du hast nicht zu viel versprochen." Reena biss ein weiteres Mal ab und versuchte dann, sich die Soße vom Gesicht zu wischen.

„Ja, die sind gut." Samara nickte begeistert. „Besser als das, was man in den unteren Ebenen bekommt. Dabei kommen die Kühe für das hier von dort." Sie hob den Taco.

„Lasst uns weitergehen." Leo deutete den mit Leuchtreklamen übersäten Rundgang entlang. „Es gibt schließlich noch viel mehr zu entdecken."

„Wir sollten ins Kino", schlug Mary vor, doch Leo schüttelte den Kopf.

„Nein, das Kino ist doch lahm, das ist nicht das richtige, um diesen Abend zu feiern."

„Dann vielleicht in die Hall of Games?" Nickels deutete auf einen Laden, über dessen Tür verschiedene Neonreklamen wild blinkten. „Ein paar Runden spielen?"

„Klingt gut", sagte Leo und die anderen nickten. Reena hatte keine Ahnung, was sie erwartete, aber von ihr aus hätten sie sich auch nur auf eine der Bänke setzen können, um sich das bunte Treiben anzusehen. Allein hier zu sein, auf der Vergnügungsebene der Aspiration, war schon mehr, als sie sich je erträumt hatte. Wieso war sie hier und nicht Joe? Schuldgefühle durchfuhren sie wie ein Stich. Es war sein Platz. Eigentlich hätte er hier sein müssen. Er sollte mit Leo, Mary, Samara und Nickels befreundet sein. Er sollte im Unterricht lernen. Und er sollte all das sehen, was die Aspiration zu bieten hatte.

„Kommst du?" Leo drehte sich zu Reena um. Er und die anderen waren bereits ein paar Schritte entfernt und blickten sie nun fragend an.

Augenblicklich straffte sie sich. Joe würde nicht wollen, dass sie ihre Zeit hier mit Grübeln vergeudete. Er konnte zwar nicht hier sein, sie aber schon. Und wenn sie erst zurück war, würde sie ihm haarklein berichten, wie es auf der Aspiration aussah und zuging. Und wie es roch, nämlich einfach fantastisch. „Ja, ich komme." Sie lief auf die anderen zu und legte Mary einen Arm um die Schultern. „Was ist das denn für ein Laden?"

„Videospiele." Nickels Augen glänzten bei dem Wort. „Man kann verschiedene Szenarien spielen. In einem Schloss, einem Urwald, einer Wüste ..." Die Tür zur Hall of Games glitt zur Seite und sie traten ein. Im Inneren herrschte ein Zwielicht, das nur von Neonleuchtstreifen auf dem Boden unterbrochen wurde. Sie standen im Eingangsbereich, zu ihrer Rechten befand sich eine Theke, hinter der eine junge Frau auf einem Stuhl lümmelte und etwas auf ihrem Com ansah. Ihr Gesicht wirkte gespenstisch bleich, was daran zu liegen schien, dass es nur von dem elektronischen Licht ihres Coms beleuchtet wurde.

„Hallo?" Als die junge Frau nicht reagierte, beugte Leo sich über die Theke und schwenkte seine Hand vor ihren Augen hin und her. „Hallo?!"

Erst jetzt sah die Frau zu ihm auf. Eindeutig genervt verzog sie die Mundwinkel. „Ja?"

„Wir würden gerne spielen. Ein Raum für fünf."

„Ihr wisst, wie es geht?"

„Ja."

„Ich entriegele die Tür." Sie drückte auf etwas hinter der Theke. „Raum zwei. Ich vermute, ihr zahlt getrennt?" Mit hochgezogenen Augenbrauen musterte sie sie alle.

„Ja, bitte." Mary hielt ihren Com gegen das leuchtende Feld an der Theke, dann Nickels, dann Samara. Als Leo an der Reihe war, hielt er seinen Com rasch zweimal hintereinander gegen das Feld, während die anderen sich bereits auf den Weg in den Flur und zu den einzelnen Räumen machten.

„Viel Spaß." Die junge Frau widmete sich wieder ihrem Com.

„Hey, was sollte das?" Reena packte Leo, der den anderen folgen wollte, an der Schulter und drehte ihn zu sich herum. „Du musst nicht für mich bezahlen, das kann ich schon selbst."

„Behalt deine Credits für deine Familie", gab Leo ebenso leise zurück. Er warf einen Blick auf den Kameramann, der den Laden mit ihnen zusammen betreten hatte, sich aber so ruhig im Hintergrund hielt, dass Reena ihn vollkommen vergessen hatte. „Meine Eltern schicken mir mehr als genug." Er sprach jetzt so leise, dass

Reena ihn kaum verstehen konnte. „Alleine kann ich es sowieso nicht ausgeben. Warum darf ich dich dann nicht mal einladen?" Er legte den Kopf schief. „Ich habe keine Hintergedanken, Reena, ich dachte nur, wenn du deine Credits sparst, nützt es dir und deiner Familie. Es ist verboten, dass Kandidaten ihre Kredits an andere übertragen. Und es würde auch auffallen, wenn ich deinen Eltern von meinen Credits etwas zurechtlegen lasse. Das hier ist meine Möglichkeit, dir zu helfen." Ein vorsichtiges Grinsen erschien auf seinem Gesicht. „Und willst du mir wirklich meine Chance nehmen, ein Held zu sein?"

„Ein Held?" Reena konnte nicht anders, als sein Grinsen zu erwidern. „Na ja, für einen Held reicht das noch nicht ganz. Aber ..." Sie schluckte. „Vielen Dank. Es ist verdammt nett von dir. Ganz ehrlich. Aber ich sollte es allein schaffen. Wenn wir etwas unternehmen, dann sollte jeder selbst bezahlen." Sie dachte an Samara, die ebenfalls kein Geld hatte. „Sonst müsstest du auch für Samara bezahlen, ihre Eltern kommen doch auch kaum über die Runden."

Leo nickte langsam und das Grinsen auf seinem Gesicht verblasste. „In Ordnung. Ich werde mich in Zukunft zügeln, zu viel zu helfen." Er sagte es leichthin, doch Reena hatte das Gefühl, ihn gekränkt zu haben.

„Ich meine das nicht böse", versuchte sie erneut zu erklären, doch Leo hob die Hand.

„Ich habe es verstanden. Aber jetzt sollten wir langsam in unseren Raum. Die anderen fragen sich sicherlich schon, wo wir bleiben."

Reena spürte, wie ihre Wangen heiß wurden. „Dann mal los." Sie gab Leo einen spielerischen Schubs und er taumelte betont tapsig den Gang entlang. Reena folgte ihm lachend. Dieses Mal war sie sich des Kameramanns, der ihnen folgte, sehr bewusst. Würde es nun immer so sein? Immer jemand, der sie beobachtete? Der ihr folgte, wohin sie auch ging und was auch immer sie tat? Nicht zum ersten Mal wurde ihr bewusst, dass das Leben auf der Aspiration nicht nur Vorteile hatte.

Reena war zuerst irritiert gewesen, dass der Raum bis auf acht Stühle und von der Decke hängende Kabel leer war. Doch Nickels hatte eines der Kabel genommen, das sich am Ende in vier kleinere Kabel aufteilte, von denen jedes eine Art Saugnapf am Ende besaß, und die Saugnäpfe an ihrer Stirn befestigt. Als alle auf diese Weise verkabelt waren, hatte Nickels sich ebenfalls gesetzt und „Spiel starten" gerufen. Augenblicklich hatte sich Reenas Sicht verändert. Zu sehen war nicht mehr der kahle Raum, sondern ein grüner Wald mit riesenhaften Bäumen, so hoch, dass Reena den Kopf weit in den Nacken legen musste, um ihre Wipfel sehen zu können. Für einen kurzen Moment erfasste sie Panik. Was geschah mit ihr? Wieso konnte sie nicht mehr richtig sehen? Sie

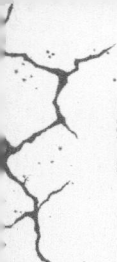

spürte den bequemen Lederstuhl unter sich, doch sie sah und roch den Wald.

„Ist das nicht cool?"

Reena drehte den Kopf und sah die anderen neben sich. „Wie funktioniert das?" Sie hob ihre Hände und betrachtete sie. Das waren ihre Hände. Und gleichzeitig waren sie nicht, es war eine unechte Version von ihnen. Genau wie die Ausgaben von Leo, Mary, Samara und Nickels, die neben ihr standen.

„Nickels?" Samara beugte sich herab, um das Moos zu ihren Füßen zu betasten. „Es wirkt so echt."

„Weil dein Gehirn denkt, dass es echt ist." Nickels trat vor und beschrieb mit den Armen einen Halbkreis. „Das alles hier wird deinem Gehirn mittels elektrischer Impulse vermittelt. Deine Gehirnwellen werden quasi so umprogrammiert, dass sie dir jedes beliebige Szenario zeigen können."

„Und wie weit können wir hier gehen?" Reena kniff die Augen zusammen, um das Dämmerlicht, das zwischen den riesigen Bäumen herrschte, zu durchdringen. Doch ein Ende war nicht zu sehen.

„Keine Ahnung." Nickels zuckte mit den Schultern. „Ich war schon so oft hier drin, aber ich habe es nie geschafft, an die Grenzen der Simulation zu stoßen. Und ich habe es wirklich versucht."

„Wie funktioniert das denn? Wer hat gemacht, dass wir das hier sehen können?" Reena kam sich vor wie in einem Traum. Wie nur hatten die Menschen auf der Aspiration es geschafft, Träume zu erschaffen?

„Na ja, ein Programmierer hat das Programm erstellt. Er hat geplant, was wir wo sehen werden, was wir riechen sollen und wie es sich anfühlen soll. Dann hat er die dazugehörigen elektrischen Impulse einprogrammiert und hier sind wir."

Reena verstand kein Wort. Was sie jedoch verstand, war, dass sie mitten in einer Art Wunder stand. Und dass sie noch sehr viel davon sehen wollte.

„Wollen wir nicht mal weitergehen?" Voller Begeisterung wandte sie sich um und lief in der Simulation los, obwohl sie nach wie vor auf ihrem Stuhl saß.

„Warte doch mal!" Leos Ruf hallte im Wald wider, doch Reena wurde nicht langsamer, stattdessen beschleunigte sie ihre Schritte noch. Sie lief im Zickzack um die Bäume, wich niedrig hängenden Ästen aus – konnte man Schmerz in dieser Simulation auch spüren? – und hielt schließlich keuchend an, um auf ihre Freunde zu warten. Irgendwo in den Baumkronen zwitscherte ein Vogel und rechts knackte ein Zweig, als schliche dort ein größeres Tier umher.

Dieser Wald war so völlig anders als die, die sie aus dem Outland kannte. Die Bäume draußen wurden nicht so groß wie diese hier und ihre Blätter leuchteten nicht in einem so satten Grün. Waren dies die Wälder, die es früher einmal gegeben hatte?

„Du legst ja ein ganz schönes Tempo vor." Leo stützte sich keuchend auf seine Knie. „Dabei wurden wir doch noch gar nicht von einem Bären verfolgt."

„Bären gibt es hier auch?" Einem Bären war sie draußen erst einmal begegnet, zusammen mit ihrem Vater.

Sie waren davongerannt, bevor das Tier sie bemerkte. Im Dorf gab es Männer, die dafür sorgten, dass solche gefährlichen Raubtiere dem Dorf und seinen Bewohnern nicht zu nahekamen.

„Kann man sich noch andere Simulationen ansehen?" Nun, da sie diese Spielerei einmal ausprobiert hatte, konnte Reena gar nicht genug davon bekommen.

„Klar." Nickels holte tief Luft. „Hast du etwa schon genug von diesem Wald?"

„Ich möchte einfach sehen, was es noch so gibt."

„Na schön, wonach steht dir der Sinn?"

„Wie wäre es, wenn jeder sich eine Umgebung wünscht und wir sie uns der Reihe nach ansehen?", schlug Reena vor. Es erschien ihr ungerecht, dass sie alles aussuchen sollte, vor allem, da Samara bei Nickels Worten betreten zu Boden geschaut hatte.

„Klingt gut." Mary klatschte in die Hände. „Ich will die Wüste."

„U-Boot", kommentierte Nickels rasch.

„Gibt es eine Stadt?", fragte Samara schüchtern. „Also eine von früher?"

„Ich glaube schon, warte kurz." Nickels trat einen Schritt zurück. „Liste aufrufen!", rief er dann laut und augenblicklich erschien mitten in der Luft vor ihnen eine Auflistung mit möglichen Szenarien. „Ah, hier. Rom, das können wir uns anschauen."

„Dann ist das meine Wahl." Samara nickte zufrieden.

Reena ließ ihren Blick über die Orte auf der Liste gleiten. Was wollte sie sich anschauen? „Ich nehme ..."

Sie zögerte. Es fiel ihr schwer, sich zu entscheiden, am liebsten hätte sie sich auf der Stelle jedes Szenario angesehen. „Den Vulkan."

„Mutig", kommentierte Leo.

„Was nimmst du denn?"

„Das Outland", kam es wie aus der Pistole geschossen von Leo.

„Oh." Es war das letzte Szenario, das Reena gewählt hätte. Schließlich hatte sie es ihr ganzes Leben lang gesehen, gerochen und gefühlt.

„Fangen wir an. Rom!", rief Nickels und augenblicklich veränderte sich die sie umgebende Welt. Der Wald verschwand und Häuser erschienen. Eine gepflasterte Straße. Menschen, die umherliefen, Geschäfte besuchten und sich unterhielten.

Ein paar Minuten lang erkundeten sie die Straßen Roms, staunten über das riesige Kolosseum und bewunderten die alten Gebäude. Reena wusste nicht, in welchem Jahr sie sich befanden, doch es musste einige Jahre, wenn nicht Jahrhunderte vor der Katastrophe gewesen sein. Es war nur wenig Müll zu sehen, meist an überfüllten Mülleimern neben Verkäufern, die an der Straße ihr Essen anboten.

„Können wir auch was essen?", fragte Reena, während sie einen rot-blauen Wagen mit Eis, der mindestens zwanzig verschiedene Geschmackrichtungen anbot, betrachtete.

„Probier es aus", sagte Nickels. „Dort, wo ich normalerweise hingehe, gibt es nichts zu essen." Er lachte.

Sofort lief Reena zu dem Eiswagen. Der Verkäufer wandte sich ihr mit einem freundlichen Lächeln zu und Reena deutete auf zwei der Eissorten, da sie die Sprache, die hier gesprochen wurde, nicht verstand. Der Mann formte zwei Kugeln und presste sie auf ein Hörnchen, das er ihr reichte. Nickend nahm Reena es an. Eine Bezahlung schien nicht nötig zu sein, denn der Verkäufer wandte sich gleich dem nächsten Kunden zu.

Zögerlich streckte Reena die Zunge aus und berührte das Eis. Eis hatte sie erst auf der Aspiration kennengelernt, vor drei Tagen hatte es diese kalte Süßigkeit gegeben und Reena war begeistert davon gewesen. Kälte breitete sich auf ihrer Zunge aus, dann der Geschmack von Erdbeeren.

„Es funktioniert!", rief Reena triumphierend und schwenkte das Eis.

Die anderen jubelten und lachten. Kurz danach wechselten sie das Szenario und eine endlos erscheinende Wüstenlandschaft breitete sich vor ihnen aus.

„Oh man, Mary, was willst du denn hier?" Reena hielt sich eine Hand vor die Augen und wünschte, es gäbe hier irgendwo noch ein Eis. Oder Schatten. Irgendetwas, damit ihr nicht mehr so heiß wäre. Dies war definitiv kein Szenario, das sie öfter besuchen würde.

„Es ist doch herrlich hier." Mary lief eine Düne hinauf und ließ sich in den Sand fallen, um wieder herabzurollen.

„Ja ... herrlich." Fragend sah Reena Samara an, die den Kopf schüttelte.

„Da war mir Rom irgendwie lieber", flüsterte sie und Reena nickte zustimmend.

„Ach, wenn wir schon mal hier sind ..." Auch Leo lief die Düne hinauf, um gemeinsam mit Mary hinabzurollen.

„Los, kommt mit", rief Leo, als er ein weiteres Mal die Düne hinauflief.

„Lass mal lieber", antwortete Nickels und setzt sich hin. „Ich warte hier, bis ihr fertig seid."

„Ich auch." Als Samara sich ebenfalls setzte, sah Reena zu Leo und Mary hoch, die lachend auf der Düne standen. Warum sollte sie eigentlich keinen Spaß haben? Ihr konnte in der Simulation doch nichts passieren.

„Wartet auf mich." Sie lief so schnell sie konnte, doch das Vorankommen im Wüstensand war gar nicht so leicht. Immer wieder versank sie mit den Füßen und es gelang ihr nur unter großer Kraftanstrengung, sie wieder herauszuziehen. Als sie schließlich auf der Düne ankam, war sie außer Atem und ihre Kleidung klebte ihr auf der Haut. „Und jetzt?"

„Jetzt machen wir das." Leo griff nach ihrer Hand und ließ sich fallen. Gemeinsam rollten sie den sanften Hügel hinab. Sand spritzte überallhin, verirrte sich unter ihre Hose und ihr T-Shirt und blieb auf ihrer verschwitzten Haut kleben. Doch das Gefühl war unbeschreiblich. Grinsend stand sie auf, wurde jedoch von Mary wieder umgeworfen, die gleich nach ihnen den Hügel hinabgerollt kam.

So ging es noch mehrere Male, bis Reena der Schweiß von der Stirn tropfte und ihre Muskeln so überanstrengt waren, dass sie es kein weiteres Mal schaffen würde, die Düne zu erklimmen.

„Wollen wir weiter?"

Die anderen stimmten zu und Nickels wechselte das Szenario. Nun war sein U-Boot an der Reihe. Bisher hatte Reena von U-Booten nur in alten Büchern gelesen. Doch in einem zu sein, hatte sie sich nie vorstellen können. Hauptsächlich war es eng, fast schon klaustrophobisch. Sie standen hintereinander in einem schmalen Gang. Überall glänzte es metallisch und unentwegt blinkten Lichter in orange und rot. Verschwunden waren der Sand und die brennende Sonne.

„Ähm ... Nickels?" Reena wandte den Kopf und versuchte über Samara hinweg zu Nickels zu spähen. „Was sollen wir hier?"

„Wartet doch erstmal ab. Und geht vor allem weiter", erwiderte er ungeduldig. „Einfach noch ein Stück weiter."

„Na gut", murmelte Reena und folgte dem schnurgeraden Gang. Noch mehr Metall, noch mehr blinkende Lichter. Dann öffnete der Gang sich jedoch um gut einen halben Meter und sie stand auf einmal vor einem Fenster.

„Oh." Mit offenem Mund rückte Reena näher an die Scheibe heran.

„Nicht wahr?" Nickels und die anderen drängten sich um sie, um einen guten Blick auf das zu haben, was hinter der Scheibe lag. Außerhalb des U-Boots tummelten sich bunte Fische in allen Farben des Regenbogens in einem Korallenriff. Hier und da durchbrach ein kleinerer Hai mit schwarzer Schwanzspitze die farbenprächtigen Schwärme.

„Man landet immer hier an diesem Riff", erklärte Nickels. „Aber man kann auch woanders hin. Ich war sogar schon am tiefsten Punkt der Tiefsee. Da war ich aber allein. Ich kann euch sagen: Auch wenn das hier eine Simulation ist, ich hatte verdammt Angst dort unten in der Dunkelheit." Er lachte verlegen.

Fasziniert blickte Reena hinaus auf die vielen Tiere, die im Wasser umherschwammen. Gab es sie heute noch? Sie war viele Male im Meer vor der Küste geschwommen, doch dort war der Müllteppich an der Oberfläche so dicht, dass kein Licht auf den Meeresboden drang. Und sie war nie getaucht, weil ihr Vater sie davor gewarnt hatte. Sie könnte sich unter Wasser in einer Angelschnur aus Nylon verfangen, vielleicht auch in einem alten Schleppnetz, und bis jemand bemerken würde, was ihr zugestoßen war, wäre sie längst ertrunken. Sie hatte sich immer an den Rat ihres Vaters gehalten. Allerdings war es schwer vorstellbar, dass es unter all dem Müll dort draußen so wunderbar aussehen könnte. Vermutlich gab es weder die Fische noch die Korallen noch.

„Sagt mal Leute ..." Leo klopfte gegen die Scheibe. „Was ist eigentlich mit meinem Szenario, hm? Bald ist die Zeit um, also ..."

„Na klar, dann mal auf ins Outland." Nickels verdrehte die Augen und rief den Befehl. Sofort wandelte sich die Umgebung und sie standen auf einer Wiese im Outland. Hier und da waren Grashalme und kleinere Büsche zu sehen, dazwischen türmte sich Müll. Der unverkennbare Geruch der Outlands hing über ihnen: In der Sonne schmorendes Plastik, darunter der leichte, doch aufdringliche Geruch nach Metall. Reena war der Geruch sofort vertraut, auch wenn sie ihn draußen nur noch selten wahrgenommen hatte. Doch die Wochen ohne ihn hatten ihre Sinne offenbar wieder dafür geschärft.

„Oh man." Mary drückte sich den Ärmel ihrer Bluse vor Mund und Nase. „Was ist das für ein Geruch?"

In den üblichen Outland-Geruch mischte sich nun ein Hauch von Verwesung. „Vermutlich ein totes Tier, ich schätze, ein Vogel oder eine Katze", erwiderte Reena leichthin. Verwesung war in den Outlands an der Tagesordnung. Ohne die Masse an Menschen wie früher vermehrten sich viele Tierarten schnell, doch viele von ihnen starben, entweder am herumliegenden Müll, an irgendwelchen Krankheiten oder durch die Bewohner des Outlands.

„Den Geruch gab es sonst nicht. Sie müssen die Simulation überarbeitet haben. Kommt mit." Leo winkte ihnen, erklomm einen Müllhügel und gleich darauf war nur noch sein Kopf zu sehen. „Äh, also eine Katze ist das nicht", vernahm Reena seine Stimme. Rasch kletterte sie ihm hinterher. „Verdammt!" Wie angewurzelt blieb sie auf der Kuppe des Hügels stehen. Mary, Nickels und Mary, die ihr gefolgt waren, taten es ihr gleich. „Reena? Was ist denn?" Mary klang ängstlich.

Mit steifen Schritten ging Reena hinüber zu Leo, der sich über einen toten Körper beugte. Den Körper eines Menschen. Er trug einen Schutzanzug und in seiner Brust klaffte eine lange Wunde, wie von einem Hieb mit einem Messer oder einer Axt.

„Was soll denn das?" Reena sah sich hektisch um. Jemand hatte diesen Mann ermordet, wer mochte ... Dann fiel ihr wieder ein, dass sie sich hier nur einer Simulation befanden. Diesen Mann vor ihr gab es gar nicht. Er war das Ergebnis der Programmierung eines Informatikers. „Was ist das denn für ein kranker Scheiß?" Ihre Stimme war lauter geworden. Als sie sich zu ihren Freunden umdrehte, packte Leo sie an der Schulter und zog sie mit sich in die Hocke. „Psst."

„Wieso denn?" Reena wollte wieder aufstehen, doch Leos Griff war unerbittlich.

Als Geschrei und eine Art Geheul erklang, wusste sie, warum er sie aufgehalten hatte. Dutzende Menschen kamen aus einer angrenzenden Ruine gestürmt. Männer, Frauen, sogar Kinder. Die Oberkörper der Männer waren frei und ihre Gesichter waren mit schwarzen und roten Mustern bemalt und hasserfüllt verzerrt.

„Wer sind diese Menschen?" Obwohl dies hier nur eine Simulation war, zitterten Reenas Knie auf einmal unkontrolliert.

„Na, Externe", flüsterte Leo, während er die Anstürmenden musterte.

„Externe?" Reena war fassungslos. „Das sind keine Externen. Das sind nicht wir. Wir sind ..." Ihr fehlten die

Worte. Sie konnte einfach nicht glauben, dass Leo wirklich dachte, dass das ihre Leute waren. Dass die Menschen im Outland *das da* waren. Wilde. Wilde, die ganz offenbar Menschen töteten. „Ich will hier aus."

„Reena ..."

Sie stieß Leo von sich, der rücklings im Müll landete. Dann rannte sie zu Nickels, der einige Schritte entfernt stehengeblieben war. „Bring mich hier raus."

Er reagierte nur langsam, sein Blick war auf die näherkommenden Menschen gerichtet. „Nickels, ich will hier raus!"

Endlich erwachte er aus seiner Lethargie. „Dir kann hier nichts passieren", versicherte er, obwohl er selbst um die Nase herum blass aussah. „In der Simulation können wir nicht verletzt werden, Schmerz ist nicht einprogrammiert."

Reena packte ihn am Kragen seines Hemdes. „Bring mich sofort hier raus."

Als sie ihn losließ, trat er hastig einen Schritt zurück. Marys Augen waren weit aufgerissen, sie blickte zwischen Reena und Nickels hin und her.

„Simulation beenden", rief Nickels nach einigen Sekunden unwillig.

Augenblicklich verschwand das Outland und Reena war zurück in dem kahlen Zimmer in der Hall of Games. Dann riss sie sich die Saugnäpfe von der Stirn, wobei sie sich die Haut zerkratzte, doch der Schmerz war ihr egal. Sie wollte nur weg von diesem Ding, so weit weg, wie nur möglich. Sie schleuderte das Kabel fort, stand auf und stürmte am Kameramann vorbei durch die Tür zurück in die Eingangshalle.

„Ihr habt noch zwanzig ..." Bevor die Frau an der Theke ihren Satz beenden konnte, war Reena bereits an ihr vorbei und stand draußen auf dem Rundgang der Vergnügungsebene. Ihr Atem ging pfeifend. Um sie herum waren Menschen, sie lachten und sie unterhielten sich, einzelne Rufe erklangen. Reena hastete durch die Menge zum Aufzug. Sie wollte nur noch fort von hier, von diesem seltsamen Ort, fort von dem, was sie gesehen hatte. Die Menschen hier glaubten, dass so die Externen waren, dass sie so lebten. Tränen stiegen ihr in die Augen. Wie konnten sie nur so etwas denken? Sie sah ihre Mutter und ihren Vater vor sich, ihr ganzes Dorf, all die liebevollen Menschen. Sie töteten keine Menschen von der Aspiration. Es war genau andersrum.

„Reena!" Es war Leos Stimme. Doch Reena wollte nicht langsamer werden, sie wollte nicht hören, dass es das war, was Leo von den Outlandern kannte und erwartete. Dass es das war, was er auch von ihr dachte.

„Reena, warte doch mal!" Vor den geschlossenen Türen des Aufzugs hatte Mary sie eingeholt. „Was hast du denn auf einmal?" Mary lehnte sich mit einer Hand gegen die Wand, die andere stemmte sie in ihre Hüfte. „Haben wir was Falsches gesagt?"

„Können wir das vielleicht später besprechen?", bat Reena. Sie wollte ihren Freunden erklären, was an der Simulation nicht gestimmt hatte, aber nicht hier. Nicht in der Öffentlichkeit und nicht, wenn ein Kameramann

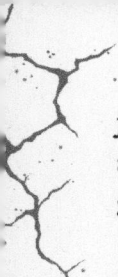

jedes ihrer Worte aufnahm. Die Zuschauer sollten nicht sehen, wie sehr sie das traf, was sie in der Simulation gesehen hatte.

Mary nickte. „Na schön." Doch sie blickte noch immer besorgt drein. Hinter ihr bemerkte Reena auf einmal eine Ansammlung von Menschen, die alle in ihre Richtung starrten.

„Kennt ihr die?" Reena deutete zu den Menschen hinüber.

„Nein." Leo hatte einen kurzen Blick über die Schulter geworfen.

Wie auf einen Befehl hin, den Reena nicht hören konnte, setzten sich die Menschen in Bewegung und kamen auf sie zu.

„Ihr seid doch Kandidaten der Akademie, richtig?" Ein rundlicher Mann hatte gesprochen. Sein Blick glitt über Mary und Leo und blieb an Reena hängen.

„Sind wir, ja." Leo lächelte den Mann freundlich an, doch dessen Miene blieb kalt. „Kann ich Ihnen irgendwie helfen?"

„Dann ist das diese Outlanderin? Reena Vermillion?" Der Mann deutete mit seinem dicklichen Zeigefinger auf Reena.

„Ich verstehe nicht ..."

Doch der Mann ließ Leo gar nicht ausreden. „Es ist eine Schande, dass du an der Akademie teilnimmst", spie der Mann Reena entgegen. „Kakerlaken wie du sind daran schuld, dass guten Menschen schlimme Dinge passieren. Die Outlander haben so viele von uns auf dem Gewissen.

Deine Leute haben meinen Vater getötet." Bevor Reena reagieren konnte, war der Mann schon nähergetreten. Leo wollte zu ihr, doch zwei andere Männer aus der Menge packten ihn an den Schultern. „Diese Attentate, die ihr da verübt, die treffen gute Menschen."

Attentate? Welche Attentate denn? Reenas Gedanken rasten. Dieser Mann musste sich irren, sie hatte nichts mit irgendwelchen Attentaten zu tun, nicht einmal davon gehört!

„Egal, wie oft ihr es versucht, ihr werdet uns niemals etwas anhaben können. Die Aspiration wird nie untergehen." Die Menschen rückten näher und langsam erfasste Reena ein leichter Anflug von Panik. Was wollten all diese Menschen nur von ihr? Aus dem Augenwinkel heraus bemerkte sie die Kamera, die alles filmte.

„Wir wollen dich und deinesgleichen hier nicht. Ihr solltet in dem Dreck bleiben, aus dem ihr hervorgekrochen seid."

Hinter Reenas Rücken bewegte Samara sich, stand gleich darauf aber wieder still.

„Ihr seid uns unterlegen, in jeder Hinsicht. Ihr seid Untermenschen und nicht würdig, die Früchte zu ernten, die wir auf der Aspiration gesät haben. Ihr schmutzigen, krankheitsverseuchten, abartigen Kakerlaken solltet wissen, wo ihr hingehört. Und wenn diese Anschläge nicht aufhören, wissen wir, wo wir euch finden. Und wir wissen ganz genau, wo wir dich finden." Sein Mund verzog sich zu einem gemeinen Grinsen. „Raus mit den Ratten!", brüllte er auf einmal und alle anderen Menschen hinter ihm wiederholten den Satz, immer und immer wieder. Inzwischen waren auch viele andere Menschen auf der Vergnügungsebene auf den Tumult aufmerksam geworden, den die Leute verursachten. Sie blieben stehen und sahen interessiert zu.

Auf einmal ging alles verflucht schnell: Der Mann – der Anführer des seltsamen Aufruhrs – griff in seine Tasche, die er auf der Schulter trug und zog etwas Matschiges heraus. Auch die anderen hielten nun etwas in den Händen. Der Mann schmiss es Reena mitten auf die Brust. Das matschige, stinkende Etwas rutschte an ihr herunter und landete mit einem klatschenden Geräusch auf dem Boden. Es war eine verdorbene Tomate. Nun hielt die anderen Menschen nichts mehr zurück und sie warfen ebenfalls mit verdorbenem Obst und Gemüse auf Reena und ihre Freunde.

„Verdammt, was soll denn das?", kreischte Mary und versuchte, ein paar der Geschosse mit den Händen abzuwehren. Doch etwas traf sie mitten im Gesicht, sie schrie auf und verdeckte ihr Gesicht mit den Händen. Als sie die Hände wieder herunternahm, sah Reena, dass sie blutüberströmt waren.

„Mary!" Sie lief hinüber zu ihrer Freundin und stellte sich schützend vor sie. Noch immer trafen Wurfgeschosse ihren Rücken, doch sie ignorierte den Ekel und den Schmerz, den sie auslösten. „Mary? Sieh mich an. Wo haben sie dich getroffen?"

Mary blickte zu ihr auf und Reena sah sofort, woher das Blut stammte. Direkt oberhalb von Marys Auge, längs der Augenbraue klaffte eine böse aussehende Wunde, aus der ein stetiger Strom Blut quoll.

„Ist nicht so schlimm, vermutlich muss das nur mit ein oder zwei Stichen genäht werden", versuchte Reena Mary zu beruhigen, die ihre Hand auf den Schnitt presste, um die Blutung zu stillen. Wut stieg in Reena auf. Das hier hatte nur mit ihr zu tun, nicht mit ihren Freunden. Was fiel diesen Menschen ein?

„Hört sofort auf damit!", brüllte sie so laut sie konnte. „Wisst ihr nicht, wer das ist?" Sie deutete auf Mary und wich einem Apfel aus, der genau auf ihren Kopf zuflog. „Das ist Mary Blakely." Endlich zögerten ein paar der Menschen. „Ja, richtig gehört. Mary Blakely. Die Tochter der Präsidentin." Gemurmel wurde unter den Angreifern laut. Offenbar hatten sie nicht bemerkt, wer hinter der Externen stand. „Ihr solltet besser damit aufhören." Ein paar letzte Geschosse flogen noch in ihre Richtung.

Ein „Ping" ertönte hinter ihrem Rücken. Der Aufzug war da. Seine Türen öffneten sich und einige Menschen strömten hinaus, die sichtlich irritiert waren, als sie den verschmutzten Boden und die Menschenansammlung direkt vor ihnen bemerkten. Doch keiner von ihnen sagte etwas, geschweige denn half.

„Los, rein in den Aufzug", flüsterte Samara und zog Reena an ihrer Uniform.

Reena packte Mary am Arm.

Nickels stellte sich schützend vor sie, obwohl er gut einen halben Kopf kleiner war als Reena. „Schnell, geht rein."

„Was ist mit Leo?", rief Reena. Doch ihr und ihren Freunden blieb keine Zeit. Die Menschenmenge schloss sich dichter um den Aufzug. Immerhin kamen keine Tomaten mehr geflogen und es machte auch keiner der Menschen machte Anstalten, mit in den Aufzug zu steigen. Offenbar hatten sie vorerst genug. Oder vielleicht hatten sie auch nur Angst, weil sie jetzt wussten, wen sie da getroffen hatten. Womöglich fürchteten sie eine Strafe für ihren Angriff. Nicht wegen Reena, sondern allein wegen Mary. Dass Mary bei ihnen war, war ihr Glück gewesen.

Über Nickels Schulter sah sie, wie Leo die Hände der beiden Männer abschüttelte, die ihn festgehalten hatten, und gerade noch rechtzeitig zu ihnen in den Aufzug schlüpfte. Die Türen schlossen sich und das Letzte, was Reena von der Vergnügungsebene sah, war das grimmige Gesicht des dicken Mannes, der ihr all die furchtbaren Dinge – und Tomaten - an den Kopf geworfen hatte.

„Reena ..." Leo drehte sich zu ihr und in seinem Gesichtsausdruck lag Mitleid.

„Nicht." Reena hob eine Hand und sah geradewegs an Leo vorbei auf die Metallwand hinter ihm. „Nicht hier." Ihr Blick wanderte hoch zu der Kamera in der Ecke des Aufzugs, deren Licht rot leuchtete. Sie wollte nicht, dass jemand mithörte. Die Zuschauer auf der Aspiration sollten nicht sehen, wie sie versuchte, sich einen Reim auf die Worte des Mannes und auf das, was sie in der Simulation gesehen hatte, zu machen.

Als im Aufzug die Ebene 34 aufleuchtete, wartete Reena ungeduldig darauf, dass die Türen zur Seite glitten. Sie hastete zur Tür, hinter der sich Marys und ihr Quartier befand und drückte ihren Com mit zitternden Händen gegen das leuchtende Feld auf der Außenseite.

Als die Tür endlich aufschwang, winkte Reena den anderen zu und schob sie in den Flur ihres Quartiers.

„Wir dürfen hier nicht rein", protestierte Nickels schwach. „Jungen dürfen sich nicht in den Quartieren der Mädchen aufhalten."

„Bleib doch mal ganz ruhig." Leo schob ihn aus dem Weg und ließ sich auf einem der Sessel nieder. „Es wird uns deswegen schon keiner rauswerfen."

Während die anderen sich ebenfalls setzten, blieb Reena stehen. Sie konnte jetzt nicht sitzen, ihre Gedanken waren ein einziges Chaos, und wenn sie sich jetzt setzte, würde sie darin ertrinken.

„Tut mir leid, dass ich euch hergebracht habe", begann sie und trat dabei nervös auf der Stelle. „Mary sagt, in unseren Zimmern sind keine Kameras und ich muss endlich wissen, was hier los ist. Was war das in der Simulation? Und was wollten diese Menschen vorhin von mir? Warum sind sie so wütend auf mich? Ich habe doch nichts getan." Reena atmete tief ein und sah ihre Freunde der Reihe nach an. Mary drückte ein Papiertuch auf ihre Wunde und schien den Tränen nah zu sein, während Leo und Nickels einen betretenen Blick miteinander wechselten. Samara hingegen blickte Reena unverwandt an.

„Was meinst du mit der Simulation?", fragte Leo nach ein paar Augenblicken unbehaglicher Stille.

„Der tote Soldat", erwiderte Reena wie aus der Pistole geschossen. „Und dann die Angreifer, die Externen. Was sollte das?"

„Die Simulation zeigt das Outland", antwortete Nickels voller Überzeugung. „Eine exakte Abbildung der Realität."

„Der Realität?" Reena riss die Augen auf. „Das kann doch nicht dein Ernst sein. Dieser Horror war doch nicht die Realität." Sie schüttelte den Kopf und begann, auf und ab zu laufen. „Wir töten keine Menschen von der Aspiration. Der letzte Vorfall, bei dem jemand von der Aspiration zu Tode kam, ist fast zwölf Jahre her. Damals ist ein Soldat in einem eingestürzten Haus verschüttet worden. Aber damit hatten wir nichts zu tun, das war ein Unfall. Wir haben sogar geholfen, ihn da rauszuholen." Reena blickte in die Gesichter ihrer Freunde, die sie zweifelnd ansahen.

„Okay, wir scheinen hier ein grundsätzliches Problem zu haben. Wir haben zwei Versionen, wie es im Outland abläuft, die sich massiv voneinander unterscheiden." Samara erhob sich und deutete auf Reena. „Ich glaube, Reena sollte erst einmal wissen, was wir über das Outland gehört haben."

„Ja, es wäre verdammt gut, wenn ihr mich endlich mal aufklären würdet."

„Schön." Leo blickte hinab auf seine gefalteten Hände. „In den letzten Monaten gab es immer wieder Probleme bei Außeneinsätzen. Trupps verloren draußen Männer, weil sie angegriffen wurden, auch wenn sie zu Hilfseinsätzen unterwegs waren."

Reena kniff die Augen zusammen. Hilfseinsätze? Doch sie unterbrach Leo nicht.

„Seit ein paar Wochen gab es auch mehrere Unfälle auf der Aspiration. Es wird vermutet, dass diese von außen ausgelöst wurden. Von Externen. Bei diesen Unfällen sind einige Menschen ums Leben gekommen und sie haben uns alle in Gefahr gebracht. Ein Anschlag hat die Außenhülle des Schiffes beschädigt. Ein solches Leck könnte dazu führen, dass wir alle krank werden. Eine Seuche könnte sich ausbreiten. Wir können von Glück reden, dass all das nicht geschehen ist." Er nickte ernst.

„Dieses Jahr stand sogar zur Diskussion, ob überhaupt noch Outlander zur Akademie zugelassen werden sollen", fuhr Mary leise fort. „Es gab eine Abstimmung darüber. Das Ergebnis war knapp. Vierundfünfzigprozentig stimmten für die Zulassung eines externen Kandidaten." Sie deutete auf Reena.

„Also haben sechsundvierzig Prozent der Bewohner dagegen gestimmt?" Schockiert sah Reena ihre Freunde einen nach dem anderen an. Fast die Hälfte der Aspiration wollte sie hier nicht. Sie glaubten, die Externen wären gefährlich und hätten es auf die Aspiration abgesehen. Dabei stimmte nichts davon! „Ich verstehe jetzt, warum diese Menschen das gesagt vorhin haben, was sie mir an den Kopf geworfen haben", sagte sie nach ein paar Sekunden langsam, während sie ihre Gedanken zu ordnen versuchte. „Aber von diesen Anschlägen höre ich zum ersten Mal." Sie stützte sich auf eine Stuhllehne. „Niemand, den ich kenne, hatte etwas damit zu tun. Und ich habe auch nie etwas von derartigen Plänen erfahren. Gäbe es eine große Verschwörung im Outland, die auf die Aspiration zielt, dann hätte ich doch davon gehört. Meine Eltern oder jemand anderes aus meinem Dorf, hätten doch sicher etwas erzählt, vielleicht mit dem Gedanken gespielt, sich anzuschließen oder sich dagegen ausgesprochen. Aber es gab nie auch nur ein Gerücht darüber." Vehement schüttelte Reena den Kopf. „Ich verstehe das nicht."

„Es gibt viele Dörfer dort draußen." Leo deutete auf die Außenwand des Schiffes. „Sehr viele, vermutlich mehr, als in unseren Karten erfasst sind. Und vielleicht gibt es einige, die nicht so denken wie deines. Vielleicht geht es euch in eurem Dorf gut und niemand hat einen Hass auf die Aspiration." Er erhob sich und kam auf Reena zu. „Du weißt nicht, wozu andere Menschen fähig sind, Reena. Aber ich möchte dir eines sagen: Ich bin davon überzeugt, dass du nichts damit zu tun hast. Man darf nicht alle Menschen aus dem Outland über einen Kamm scheren. Es gibt schlechte Menschen auf der Aspiration und es gibt sie sicherlich auch draußen. Aber deswegen nehme ich nicht an, dass jeder aus dem Outland schlecht ist oder der Aspiration schaden will. Ich habe für die Aufnahme eines externen Kandidaten gestimmt."

Die anderen nickten zustimmend.

„Aber wie soll das denn weitergehen?" Reena lief immer noch auf und ab. „Da sind so viele Menschen, die mich hassen. Was, wenn dieser Angriff heute nur der Anfang war? Es wird immer wieder welche geben, die ihre Wut an mir auslassen wollen. Und fast die Hälfte der Bevölkerung möchte, dass ich verschwinde." Reena blieb stehen. Das Ausmaß dessen, was die anderen ihr gerade eröffnet hatten, drohte, sie zu überwältigen. „Was soll ich nur tun?"

„Das Einzige, was du tun kannst, ist durchzuhalten und dich anzustrengen." Leo wirkte ernster, als Reena ihn je gesehen hat. „Zeig den Menschen, dass du es verdienst, hier zu sein. Zeig ihnen, dass du der Aspiration helfen willst."

Reena schluckte. „Was, wenn mir jemand etwas antut?" Ihre Stimme war nur noch ein Flüstern.

„Das werden wir nicht zulassen." Mary stand auf und kam auf Reena zu. Mit ihrem blutverschmierten Gesicht wirkte sie nicht länger wie die nette junge Frau, als die sie sich im Fernsehen präsentierte. Sie wirkte angsteinflößend und zu allem entschlossen. „Du bist unsere Freundin. Und bisher habe ich nichts Schlechtes in dir gesehen. Wenn dir jemand etwas antun möchte, muss er erst an mir vorbei." Mit entschlossenem Gesichtsausdruck blieb sie vor Reena stehen und sah ihr direkt in die Augen.

„Allerdings", stimmte Samara zu und die anderen nickten.

„Wir kennen uns zwar erst seit kurzer Zeit", nahm Leo den Faden auf, „aber ich denke, du bist ehrlich und

ein guter Mensch. Und du verdienst eine Chance, es allen zu beweisen."

Gerührt sah Reena von einem zum anderen. Ihre Freunde. Zum ersten Mal in ihrem Leben hatte sie wirkliche Freunde. „Aber bringt ihr euch dadurch nicht auch in Gefahr?"

Leo zuckte lässig die Achseln. Inzwischen war sein gewohntes Grinsen zurückgekehrt. „Damit werden wir schon fertig. Wenn du irgendwann die Präsidentin der Aspiration bist, kannst du uns ja großzügig für unsere Loyalität belohnen."

Reena lachte erstickt auf. „Ja, genau. Ich und die Präsidentin ... Ich kann froh sein, wenn ich die nächste Wahl überstehe."

# KAPITEL 9

Der Vorfall tauchte natürlich in der Zusammenfassung am Abend auf. Anders als sonst war dem Beitrag aber eine rote Binde am unteren Bildschirmrand beigefügt: „Sehen Sie davon ab, Kandidaten anzugreifen, beschränken Sie sich auf die Wahl, um Ihrer Meinung Ausdruck zu verleihen! Weitere Angriffe werden mit hohen Strafen geahndet!" Besonders hervorgehoben wurde in dem Bericht, dass auch die Tochter der Präsidentin angegriffen worden war, ein Umstand, den der Sprecher mit Empörung kommentierte.

Bereits am nächsten Morgen ging der Unterricht weiter, offenbar gönnte man den Kandidaten keine Pause.

Reena, die nach den Erlebnissen des gestrigen Tages schlecht geschlafen hatte, ging gähnend auf ihren Platz im Speisesaal zu.

„Hey, Ratte."

Reena ignorierte die Stimme. Der Ruf stammte von Dusk, wem auch sonst. Wenn sie ihn nicht beachtete, würde er sie schon in Ruhe lassen.

„Ratte, ich rede mit dir." Nun lief er neben ihr her. „Das gestern war ja ein toller Auftritt, den du hingelegt hast." Er nickte scheinbar bewundernd. „Du bist eine Runde weitergekommen, damit hatte ich wirklich nicht gerechnet. Aber du solltest dir nicht sicher sein. Du wirst nicht hierbleiben. Und ich glaube, du hast gestern Abend auch schon einen Vorgeschmack darauf bekommen, warum nicht." Sein Gesicht verzog sich zu einem fiesen Grinsen. Für jeden hörbar, sagte er: „Diese Menschen gestern auf der Vergnügungsebene haben nur das ausgesprochen, was wir alle hier denken. Du bist eine Gefahr für uns. Eine Gefahr, die so leicht beseitigt werden könnte. Gib doch lieber gleich auf. Oder du musst dich vorsehen." Er machte auf dem Absatz kehrt und ging zu seinem eigenen Tisch zurück. Reena sah, wie er sich zu seinen Freunden setzte und mit ihnen einige Worte wechselte, woraufhin sie Reena hämisch anstarrten. Auch von den anderen Kandidaten, die in ihrer Nähe saßen, blickten einige zu ihr herüber. Die meisten abwertend, einige jedoch auch mitleidig.

Sollten sie doch glotzen, sollten sie sie anstarren und hinter ihrem Rücken über sie reden. Reena straffte die Schultern. Sie war hier, auf der Aspiration und an der

Akademie. Sie konnte nicht aufgeben, bevor es nicht vorbei war. Sie würde das nicht hinschmeißen, nur weil ein paar Leute sie anstarrten und gemeine Sachen sagten. Gut, ein paar mehr Leute, aber egal. Sie war nicht allein. Und sie wusste, sie konnte den Unterricht schaffen, sie konnte all das lernen, was die anderen auch lernten.

„Denen werde ich zeigen, was ich verdammt nochmal kann." Mit entschlossener Miene sank Reena auf ihren Platz. „Ab jetzt hänge ich mich richtig rein, ich werde den Zuschauern zeigen, dass ich gut bin oder zumindest, dass ich in Zukunft gut sein werde. Vielleicht kann ich dann ein paar von ihnen überzeugen, dass ich es wert bin, dass sie mir ihre Stimme geben." Denn noch so ein niedriges Ergebnis wie gestern und sie würde schon bald wieder im Outland sein und Plastik sammeln. Sie konnte den Druck des Korbes schon auf ihrem Rücken spüren.

„Das ist die richtige Einstellung." Leo deutete grinsend mit seiner Gabel auf sie und Mary nickte zustimmend.

„Wir helfen dir." Samara lehnte sich auf ihrem Stuhl zurück. „Wir können alle zusammen lernen. Du kannst uns fragen, wenn du etwas nicht verstehst."

„Vielen Dank." Reena seufzte. Es würden anstrengende Wochen an der Akademie werden. Aber sie war überzeugt davon, dass es das wert war.

Ihre Motivation, die sie die ersten paar Tage der Woche getragen hatte, erhielt allerdings am Donnerstag einen Dämpfer. Der Donnerstag war der Tag der Woche, den sie am wenigsten mochte. Zwar liebte sie das Schießtraining und auch an genereller Fitness und Nahkampf hatte sie ihren Spaß, aber der Tag brachte sie jedes Mal an ihre körperlichen Grenzen. Und dazu kam noch der Leutnant, der ihr den Spaß an den Übungen verleidete. Seiner Miene nach zu urteilen, gehörte auch er zu denen, die gegen eine Aufnahme der Externen an die Akademie gestimmt hatten. Bei jeder Gelegenheit kritisierte er sie und Reena hatte das Gefühl, dass er bei ihr ganz besonders hart mit seiner Kritik war. Nichts, was sie tat, war jemals gut genug. Auch jetzt, im Nahkampfunterricht, hatte er jede Menge zu bemängeln. „Reena, der Kopf! Du musst ihn leicht gesenkt halten oder bist du ein Huhn?"

Mit zusammengebissenen Zähnen zog Reena ihren Kopf ein Stück ein. Sie trainierten in Zweiergruppen und zusammen mit Mary übte sie verschiedene Schlagtechniken. Heute stand besonders die Beinarbeit bei den unterschiedlichen Schlägen im Fokus.

„Dreh deine Hüfte mehr ein. So steif wie du da stehst, gewinnst du keinen Kampf." Reena war versucht, ihn daran zu erinnern, dass sie durchaus schon mal gewonnen hatte, doch sie wollte weder bei ihm noch bei den Zuschauern die Erinnerungen an ihren Kampf mit Dusk wecken.

„Mach dir nichts draus", flüsterte Mary ihr zu, als der Leutnant sich umdrehte, um zur Abwechslung einmal eines der anderen Paare mit seiner Kritik zu überschütten. „Ich weiß, er ist viel strenger zu dir als zu uns anderen. Aber sieh es positiv: Du lernst viel dadurch."

Reena schlug die Rechts-links-rechts-Kombination, die sie momentan übte und ließ danach ihre Hände sinken. Die Muskeln in ihren Schultern brannten höllisch. „Kritik ist nicht das Problem, damit kann ich umgehen. Aber die Art, wie er mich ansieht ..." Sie schüttelte den Kopf. „Ich habe das Gefühl, ich kann ihm nichts recht machen. Als wollte er nicht, dass ich hier bin."

„Er wird schon noch sehen, was du kannst." Nun war Mary mit ihrer Schlagkombination an der Reihe und Reena fing ihre Schläge mit zwei Kissen ab.

„Auch egal. Ich versuche, das alles auszublenden." Reena war wieder mit den Schlägen an der Reihe. „Ich will das hier nur so gut machen wie möglich."

Als Mary die Kissen sinken ließ, sah sie sich über die Schulter nach den anderen um. „Weißt du, es gibt da etwas, das Kandidaten manchmal tun, um sich bei den Zuschauern beliebter zu machen. Um interessanter zu wirken."

„Ach ja?" Reena runzelte die Stirn. „Und was soll das sein?"

„Sie spielen eine Art Liebesgeschichte." Mary trat näher und flüsterte nun. „Es geht darum, dass die Zuschauer wissen, dass es da eine Anziehung gibt, die Kandidaten aber so tun, als merkten sie es nicht oder als ob es nicht sein dürfte."

War Mary jetzt verrückt geworden? „Das kann doch nicht dein Ernst sein."

„Ganz ehrlich, das habe ich gehört." Mary hob die Hände. „Und letztes Mal haben das gleich zwei Paare so gemacht."

„Und, hat es was gebracht?"

„Drei von ihnen waren unter den letzten zehn, also ja, ich denke schon."

„Wenn du das weißt, warum machst du es dann nicht?"

Mary lachte so laut auf, dass einige der anderen sich zu ihnen umdrehten. „Das kann ich nicht." Mary wurde rot. „Meine Mutter würde ausflippen. Und ich habe es auch nicht nötig, ich bin zumindest momentan ganz vorne. Vielleicht ändert sich das noch, aber derzeit bin ich ganz zufrieden damit, wo ich bin."

Reena schnaubte. „So gerne ich auch hierbleiben möchte, das kommt für mich nicht infrage." Bevor sie eine geheime Liebesbeziehung vorspielte, ging sie lieber jetzt sofort zurück ins Outland. So schlecht war das Leben dort auch wieder nicht, dass sie etwas vortäuschen würde, was nicht da war.

„Ich wollte nur helfen."

Die nächsten Runden ihres Trainings verliefen schweigend. Reena konnte den beginnenden Muskelkater in ihren Schultern und zwischen ihren Schulterblättern bereits erahnen. Seitdem sie jede Woche trainierte, waren ihre Arme deutlich kräftiger geworden und durch das regelmäßige gute Essen hatte sie insgesamt zugenommen.

„Schluss für heute."

Dankbar ließ Reena ihre Arme sinken.

„Endlich." Mary stöhnte und legte die Kissen beiseite. „Ich dachte schon, das hört nie auf. Lass uns schnell duschen gehen, damit Leo uns beim Abendessen nicht wieder alles wegfuttert."

Lachend hakte Reena sich bei ihr unter und folgte den restlichen Kandidaten in Richtung Ausgang des künstlichen Waldes, in dem sie immer trainierten.

„Reena?" Der Leutnant stand mit in die Hüften gestemmten Armen auf der Lichtung. Seinem Gesichtsausdruck war nicht zu entnehmen, was er wollte.

„Ja, Sir?"

„Mary, lass uns doch bitte kurz allein."

Mary warf Reena noch einen letzten fragenden Blick zu, dann wandte sie sich um und verließ den Wald. Reena war allein mit dem Leutnant.

„Habe ich etwas falsch gemacht?"

„Nein, Reena." Der Leutnant schüttelte den Kopf. „Es geht um etwas anderes. Wie du dich vielleicht erinnerst, bin ich dein Mentor für die Zeit, die du an der Akademie verbringst."

Eigentlich hatte Reena gehofft, diese Tatsache würde nie zur Sprache kommen und die ersten drei Wochen hatte das auch wunderbar funktioniert. Jetzt war es damit wohl vorbei. „Natürlich, Leutnant."

„Es geht um den Vorfall am Sonntag."

Mit Herzklopfen dachte Reena zurück an die Momente auf der Vergnügungsebene, in denen sie von wütenden Menschen umringt und mit Abfall beworfen worden war. „Ich hatte damit nichts zu tun", verteidigte sie sich steif.

„Ich habe nichts getan, um diese Menschen zu provozieren, sie waren auf einmal einfach da und dann ..."

„Reena, ganz ruhig", unterbrach der Leutnant sie mit wesentlich sanfterer Stimme, als sie es von ihm gewohnt war. „Es geht nicht darum, dass du etwas falsch gemacht hast."

„Sondern?"

„Es geht um deine Sicherheit. Ich habe mich mit den anderen Lehrern und dem Direktor unterhalten, um zu hören, was sie von der Sache halten. Und sie und ich glauben, es wäre für dich sicherer, die Aspiration zu verlassen."

Was? Das konnte doch nicht sein Ernst sein! Die Aspiration verlassen? „Nein, ich möchte nicht gehen." Konnten sie sie dazu zwingen? Vermutlich, sie konnten alles. „Sir, bitte, ich gebe mir so viel Mühe, den Anforderungen der Akademie gerecht zu werden. Ich habe diesen Platz bekommen und ich bin gewillt, alles zu tun, um ihn auch zu behalten. Bitte."

„Es geht um deine Sicherheit. Wir wissen nicht, ob du an der Akademie sicher bist. Dieser Vorfall am Sonntag war vermutlich erst der Beginn und kein Einzelfall. Im Moment haben die Menschen hier Probleme damit, den Externen zu vertrauen. Sie glauben, du bist gefährlich."

„Wegen der Anschläge, ich weiß, die anderen haben mir davon erzählt."

„Ganz genau." Der Leutnant schien erstaunt, dass sie von den Anschlägen wusste, doch er hatte sich rasch wieder unter Kontrolle. „Ich möchte dir anbieten, die

Aspiration mit sofortiger Wirkung zu verlassen. Du bekommst eine Ausgleichszahlung und wirst ins Outland eskortiert."

Reena schüttelte den Kopf. Das konnte doch unmöglich wahr sein. Sie konnte die Aspiration nicht verlassen, nicht jetzt. Sie hatte sich doch gerade erst eingefunden. Sie hatte Freunde, Menschen, die sie mochte. Und wenn sie nicht auf der Aspiration blieb, konnte sie die Medikamente für Joe vergessen. Er würde leiden und sie wäre daran schuld. „Ich kann nicht gehen."

Der Leutnant nickte. „Ich habe mir schon gedacht, dass du das sagen würdest. Aber nochmal: Ich würde es dir wirklich ans Herz legen. Wir können deine Sicherheit hier nicht garantieren. Die anderen Kandidaten, die Bevölkerung, die die Abstimmung vornimmt ... Es gibt viele, die dir gefährlich werden könnten. Im Moment stellst du die größte Angst vieler Bewohner dar."

„Ich gehe nicht." Entschlossen verschränkte Reena die Arme vor der Brust. Wenn sie sie hier weghaben wollten, dann würden sie es mit Gewalt versuchen müssen. „Glauben Sie etwa, das Outland wäre ein Wunderland mit Einhörnern und kuscheligen Häschen?" Sie kniff die Augen zusammen. „Ich habe mehr Gefahren überstanden, als Sie sich vorstellen können. Ich gebe nicht auf, nur weil es vielleicht schwierig wird."

Eine ganze Weile schwieg der Leutnant und sah sie nur an. „Wenn du das wirklich willst, dann kannst du bleiben. Ich möchte nur, dass du dir der Risiken bewusst bist."

„Das bin ich." Entschlossen nickte Reena.

„Du bist entweder sehr mutig oder sehr dumm." Ein ungewohntes Lächeln erschien auf dem Gesicht des Leutnants. „Ich glaube allerdings eher an das Erstere." Sogleich wurde er wieder ernst. „Ich bin dein Mentor für die Zeit, die du hier auf der Aspiration bist. Und, wie du unterschrieben hast, bedeutet das, dass ich für dich Entscheidungen treffen darf oder vielmehr muss."

Eine Eiseskälte kroch Reenas Nacken hinauf. Dieser Mann durfte über sie und ihr Leben verfügen und wenn er wollte, könnte er sie vermutlich von der Akademie werfen lassen.

„Ich habe lange darüber nachgedacht, was ich tun und ob ich überhaupt eingreifen soll." Er verschränkte die Arme wieder hinter dem Rücken. „Und ich habe beschlossen, dass der Besuch der Vergnügungsebene für dich ab sofort verboten ist."

„Was?" Sie war nur einmal dort gewesen und bis auf das Ende der Simulation und diesen Aufstand war es wunderbar gewesen. „Jetzt werde ich dafür bestraft, dass diese Menschen mich hassen?"

„Es geht mir nicht darum, dich zu bestrafen. Ich denke, es ist die beste Maßnahme, um dich zu beschützen." Der Leutnant streckte eine Hand aus, wie um sie ihr auf die Schulter zu legen, doch er zog sie kurz vorher zurück. „Es ist eine Gelegenheit weniger, bei der dir jemand auflauern kann."

„Für die Zeit, die ich an der Akademie bin, darf ich also keinen Spaß mehr haben, ist es das, was Sie sagen wollen, Sir?" Reena verschränkte die Arme vor der Brust.

Sie verstand die Absicht des Leutnants, aber sollte sie nicht selbst entscheiden dürfen, wohin sie ging?

„Vorerst darfst du die Vergnügungsebene nicht betreten", wiederholte der Leutnant. „Falls ich das Gefühl habe, die Stimmung gegen Outlander ändert sich zum Positiven, werde ich diese Entscheidung noch einmal überdenken. Aber bis dahin ist deine Identifikationskarte für die Vergnügungsebene gesperrt."

Fragend sah Reena ihn an.

„Deine Identifikationskarte befindet sich in deinem Com", erklärte der Leutnant. „Sie wird automatisch eingelesen, sobald du den Aufzug betrittst. Und es hilft nicht, den Com einfach in deinem Quartier zu lassen." Ein Schmunzeln trat auf das Gesicht des Leutnants. „Das haben schon andere versucht. Der Scan im Aufzug erkennt auch das Fehlen eines Coms und dadurch kannst du ohne eine autorisierte Person den Aufzug gar nicht erst bedienen."

„Na wunderbar", murmelte Reena. Was sollte sie von diesen Maßnahmen halten? Ihre Freunde würden ohne sie auf die Vergnügungsebene fahren müssen, während sie allein blieb. Und so entging ihr auch die Chance, den Einwohnern der Aspiration zu zeigen, dass sie harmlos war und niemandem etwas antun wollte. Als einzige Möglichkeit blieb ihr damit die Fernsehübertragung, aber wie sehr diese verzerrt werden konnte, hatte sie schließlich schon am eigenen Leib erfahren.

„Abgesehen vom Vergnügungsviertel kannst du dich so frei bewegen wie die meisten anderen Einwohner."

Frei. Der Begriff hatte etwas Bitteres. Wirklich frei fühlte Reena sich auf der Aspiration nicht. „Sir, Ich danke Ihnen für Ihre Besorgnis", sagte sie steif. „Jetzt muss ich es nur schaffen, lange genug hierzubleiben, damit diese Sorge überhaupt einen Sinn ergibt."

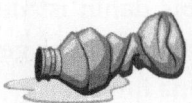

Als sie ihren Freunden in Aufenthaltsraum von dem berichtete, was der Leutnant gesagt hatte, sprang Leo von seinem Sessel auf. „Aber das kann er doch nicht machen."

„Er ist mein Mentor. Ich habe unterschrieben, dass er es kann." Reena zog eine Grimasse.

„Aber das ist doch nicht fair, du hast nichts getan."

„Das weiß ich", entgegnete Reena. „Aber ich kann es nicht ändern. Er hat es angeordnet. Ich kann jetzt nur darauf hoffen, dass sich die Stimmung gegen Externe so weit bessert, dass er die Sperre meines Coms wieder aufhebt."

„Richtig mies." Leo schüttelte den Kopf. „Nickels, kann man diese Sperre vielleicht irgendwie umgehen? Kannst du da was dran machen?"

Bevor Nickels jedoch antworten konnte, sagte Mary: „Ich denke nicht, dass er das tun sollte. Tut mir leid für dich, Reena, aber ich glaube, Leutnant Terry hat recht damit."

Mit offenem Mund sah Leo Mary an, und auch Reena wusste nicht so recht, was sie davon halten sollte.

Mary hob die Hände. „Ich weiß, ich weiß, es ist gemein, aber was wäre, wenn du dort tatsächlich noch einmal angegriffen wirst? Die Vergnügungsebene ist einer der wenigen Orte, an dem sehr viele Menschen zusammenkommen und damit ideal, um dich anzugreifen, ob verbal oder tatsächlich körperlich." Bei diesen Worten fuhr Marys Hand hoch zu ihrer Augenbraue, wo die mit drei Stichen genähte Wunde zu sehen war. „Es ist nur zu deiner eigenen Sicherheit", schloss sie.

„Ich weiß. Und es ist auch zu eurer Sicherheit." Reena seufzte. „Aber es ist unfair. So habe ich mir das hier nicht vorgestellt."

„Was hältst du davon, wenn wir gleich zur Schleuse runterfahren und von deinen ersten Credits etwas für deine Eltern bereitlegen lassen?" Mary ließ ihre Stimme betont fröhlich klingen, als wäre das ganz ein spaßiger Ausflug.

„Klingt gut." Bisher hatte Reena sich nicht dorthin gewagt, sie kannte den Weg nicht und allein hatte sie Angst, sich zu verlaufen. Und dann war da ja noch der Unterricht, die Hausaufgaben, der Angriff ...

„Dann lass uns gleich losgehen." Mary sprang energiegeladen auf.

Im Aufzug geriet Reena für ein paar Sekunden in Versuchung, den Knopf für die Vergnügungsebene zu drücken, nur um zu schauen, ob der Leutnant tatsächlich die Wahrheit gesagt hatte. Doch Mary kam ihr zuvor, indem sie den Knopf für Ebene drei drückte.

„Du wirst dich sicher besser fühlen, wenn du deinen Eltern etwas hinterlegt hast", sagte Mary mit einem Lächeln und lehnte sich gegen die Wand des Aufzugs.

Reena nickte nur stumm. Vielleicht. Momentan wusste sie selbst nicht genau, was sie fühlte. Sie wollte auf der Aspiration bleiben und in der Akademie so weit kommen, wie sie konnte. Das wusste sie ganz sicher. Aber was darüber hinausging ...

Der Aufzug hielt auf Ebene vierundzwanzig an. Als sich die Tür öffnete, konnte Reena eine Halle mit mehreren abzweigenden Gängen erkennen. Auf einem Schild stand „Krankenhaus– und Forschungsebene.".

„Hier ist also die Krankenhausebene?" Die Momente, in denen Maddie sie hier herumgeführt hatte, um sie nach oben zu bringen, waren verschwommen. Nichts kam ihr bekannt vor.

„Hier und eine Ebene drunter."

Wenn es zwei Ebenen gab, war sie vermutlich auf Ebene dreiundzwanzig gewesen. Vielleicht sollte sie Maddie nochmal besuchen und ihr für ihre Untersuchung und ihre Freundlichkeit danken.

Ein Mann mit Kittel trat neben ihnen in den Aufzug. Er stieg auf Ebene siebzehn wieder aus, während Mary und Reena weiter abwärtsfuhren.

„Es ist ein weiter Weg bis nach unten", bemerkte Reena und Mary nickte.

„Ja, wir müssen auf das Niveau der Wasserlinie, das ist ein ganzes Stück."

„Sag mal ..." Reena blickte zur Seite, um Mary nicht ansehen zu müssen. „Hast du auch gegen eine Aufnahme von Externen bei der Akademie gestimmt?"

Mary antwortete nicht sofort und das Schweigen schien sich zwischen ihnen auszudehnen. Es füllte den Aufzug.

„Ja."

Reenas Herz schien für einen Moment ins Stocken zu geraten. „Warum?"

Mary holte tief Luft und stieß sie dann wieder aus. „Wegen meiner Mutter."

Reena drehte sich zu ihr um und sah sie fragend an. „Wegen deiner Mutter?" War Marys Mutter nicht die Präsidentin der Aspiration?

„Meine Mutter wollte mich dazu zwingen, mit Ja zu stimmen. Wochenlang hat sie auf mich eingeredet und mir jedes nur erdenkliche Argument an den Kopf geworfen. Gute Argumente. Aber sie hat mir nicht erklärt, warum sie es wollte. Warum sie persönlich davon überzeugt war, dass es das Richtige ist."

„Du hast aus Trotz dagegen gestimmt?"

„Könnte man so sagen." Betreten sah Mary zu Boden.

Wenig später gingen die Türen des Aufzugs auf. Ebene drei. Es erwartete sie ein ausgetretener Gang, der mal eine gründliche Reinigung vertragen könnte. Von dem Gang gingen weitere ab, ein genaues System konnte Reena dabei nicht erkennen. Direkt gegenüber dem Aufzug hing ein Schild. „Krematorium und Verwaltung", darunter ein Pfeil, der nach rechts zeigte: „Schleuse".

„Ich schätze, wir müssen da lang?" Reena deutete nach rechts.

„Stimmt genau." Marys Stimme klang zu fröhlich und Reena wusste, dass sie etwas wiedergutmachen wollte. Schön, sie hatte gegen die Aufnahme von Externen in die Akademie gestimmt, aber nicht, weil sie Outlander hasste oder sie Angst vor ihnen hatte. Sie hatte es getan, weil ihre Mutter sie bedrängt hatte. Es war ihre Art gewesen, ihrer Mutter Widerstand zu leisten. In gewisser Weise konnte Reena sie verstehen.

Die ersten Gänge, durch die sie gingen, gehörten offenbar zur Verwaltung der Viehhaltung. Rechts und links befanden sich kleinere Büros, in denen Menschen vor Computern saßen und etwas auf ihren Tastaturen tippten. Nach einigen hundert Metern gelangten sie zu einer großen Doppeltür aus grauem Metall.

„Da geht es eine Ebene tiefer zur Viehhaltung." Mary packte Reena am Arm und zog sie sanft weiter. „Da dürfen wir nicht rein. Nur mit einer Genehmigung und nach einem Gesundheitscheck."

„Warst du schon mal da drin?" Für Reena war die Vorstellung, dass sich hinter dieser Tür tausende von Tieren befanden ebenso erschreckend wie faszinierend.

„Einmal", erwiderte Mary. „In der dritten Klasse findet immer eine Tour durch das gesamte Schiff statt. Die

Kinder sollen lernen, wie unser Leben hier funktioniert und wie alles zusammenhängt."

„Und wie ist es dort? Bei all den Tieren?"

Während sie weitergingen, schien Mary nachzudenken. „Laut", sagte sie schließlich. „Laut und stickig und der Gestank ... puh, glaub mir, da willst du nicht rein."

Reena lachte. „So schlimm, ja?"

„Schlimmer. Aber wir wollen heute zum Glück ja woanders hin." Sie deutete den Gang entlang, an dessen Ende sich eine unscheinbare weiße Tür befand, von der die Farbe abblätterte.

„Das ist die Schleuse?" Reena kannte den Raum nur von der anderen Seite, vom Outland aus.

„Der Vorraum davon." Mary klopfte an die Tür. „Es kommt so gut wie nie vor, dass jemand etwas nach draußen schicken will, also mach dich auf etwas Widerstand gefasst."

„Wunderbar, Widerstand habe ich hier ja noch gar nicht erlebt", murmelte Reena.

Der Raum hinter der Tür war winzig, eher eine Abstellkammer, und das einzige darin war ein mit Abfallverpackungen überhäufter Schreibtisch. Außer ihnen war niemand im Zimmer.

„Ich vermute mal, wir sollten klingeln." Ratlos deutete Mary auf einen Knopf, der mit „Bitte klingeln" beschriftet war.

„Denke ich auch." Rasch drückte Reena den Knopf. Ein dumpfes Läuten war hinter der Tür zu hören, gefolgt von einem Scharren. Dann schwang die Tür auf und derselbe gelangweilt wirkende Mann, der beim letzten Mal ihren Müll abgenommen hatte, als sie mit ihrem Vater hier gewesen war, kam hereingeschlurft.

„Ja?" Er blieb hinter dem Schreibtisch stehen und stützte sich mit einer Hand darauf ab.

„Wir sind hier, um etwas hinterlegen zu lassen", sagte Mary, bevor Reena die richtigen Worte finden konnte.

„Hinterlegen?" Der Blick des Mannes glitt von Mary hinüber zu Reena. „Die Externe, natürlich." Sein Blick wurde hart und er richtete sich auf. „Habe mir schon gedacht, dass du hier auftauchen wirst. Ist vermutlich der einzige Grund, aus dem du hier bist. Willst ein bisschen was von dem, was wir hier haben, rausschaffen."

Reena biss die Zähne aufeinander. Zwar hatte der Mann zu einem großen Teil recht mit seiner Einschätzung, doch die Art, wie er es sagte, stieß ihr sauer auf. „Ich bin hier, weil ich meiner Familie etwas hinterlegen möchte. Bitte", schob sie rasch hinterher. Er hatte eine schlechte Meinung von ihr, es wäre besser, ihn nicht auch noch darin zu bestätigen.

Der Mann seufzte tief und unwillig. Dann kramte er auf dem Schreibtisch nach einem fleckigen Com, den er mit einem Knopfdruck anschaltete. „Was soll bereitgelegt werden?"

„Bitte drei Schokoladenriegel, die günstigsten, wenn es geht." Sie versuchte ein Lächeln, doch das Gesicht ihres Gegenübers verzog sich nicht einen Millimeter.

„Schokoriegel, und weiter?"

„Für den Rest meiner Credits würde ich gerne Aspirin bereitlegen lassen."

Der Mann tippte es stumm in seinen Com.

„Du willst nichts von deinen Credits behalten?", flüsterte Mary ihr ins Ohr. „Gar nichts?"

„Die Vergnügungsebene kann ich sowieso erst mal vergessen und sonst brauche ich nichts, Essen bekomme ich schließlich von der Akademie, genauso wie Kleidung. Was brauche ich mehr?" Reena wandte ihre Aufmerksamkeit wieder dem Mann zu. Dieser drückte noch ein paar Mal auf den Bildschirm seines Coms, dann hielt er ihn Reena hin. „Bestätige und autorisiere die Zahlung."

Reena streckte ihren Arm aus und presste ihren eigenen Com gegen den des Mannes, so wie sie es bei Leo und den anderen gesehen hatte. Ein gedämpftes Piepen erklang und sie zog das Gerät wieder zurück.

„Wir werden Kontakt mit Hope aufnehmen, um deine Eltern zu informieren, dass etwas für sie hinterlegt wurde", sagte der Mann mit desinteressierter Stimme. „Gegen Vorlage ihrer Identifikationspapiere können sie die Sachen dann abholen. Willst du noch eine Nachricht hinzufügen?"

Wollte sie das? Was sollte sie ihren Eltern und Joe sagen? „Ja, bitte", brachte sie heraus und der Mann reichte ihr ein Blatt Papier und einen Bleistift. „Du musst dich damit begnügen. Die da draußen haben ja keine Coms, auch wenn das viel praktischer wäre." Er verdrehte genervt die Augen.

Reena sparte sich einen Kommentar. Dieser Mann hatte die Aspiration ganz sicher noch nie verlassen, sonst wüsste er, dass die Menschen im Outland ganz sicher nicht nur in Punkto Coms hinterherhinkten. Solche technologischen Spielereien standen auf der Liste der notwendigen Dinge nicht ganz oben. Und leider profitierten sie im Outland auch nicht von den Erfindungen und Produkten der Aspiration. Wie viel Plastikmüll müsste man wohl anschleppen, bis man sich von den Credits einen Com leisten könnte?

Sie nahm das Blatt Papier und strich es auf einem freien Fleck auf dem Schreibtisch glatt. Was sollte sie schreiben?

Hallo ihr drei,

ich hoffe, es geht euch gut. Die Dinge, die ich euch schicke, sind nicht die einzigen, die kommen werden. Alle zwei Wochen erhalte ich neue Credits, dann lasse ich etwas für euch bereitlegen. Falls ihr etwas braucht, hinterlasst mir an der Schleuse eine Nachricht. Mir geht es übrigens gut, auch wenn ihr das vermutlich schon im Fernsehen gesehen habt. Ich komme klar, der Unterricht macht Spaß und ich habe Freunde gefunden.
Die Aspiration ist anders, als wir sie uns vorgestellt haben, Joe. Gröber, mit mehr Gängen, geordneter.

Kurz überlegte Reena, Joe von den Spannungen zwischen Externen und der Aspiration zu erzählen, von dem Vorfall auf der Vergnügungsebene, doch rasch verwarf sie den Gedanken wieder. Sie wollte ihn nicht beunruhigen und wenn sie es schrieb, dann würde es eine viel zu große Sache werden. Das wollte sie nicht. Vermutlich hatten sie es ohnehin in der Zusammenfassung gesehen.

Ich hoffe, ihr schaut im Fernsehen zu, während ich mein Bestes gebe. Drückt die Daumen, dass ich die nächste Wahl überstehe. Ich liebe euch.
Reena

Bevor sie sich ihre Worte anders überlegen konnte, faltete sie den Brief zusammen und reichte sie dem Mann, der ungeduldig von einem Fuß auf den anderen trat. „Wann werden sie benachrichtigt?"

„Ich kontaktiere Hope, wenn die Artikel bereitliegen", sagte der Mann und klemmte den Brief unter seinen Com.

„Danke." Zusammen mit Mary wandte Reena sich ab, um die Schleuse wieder zu verlassen.

„Reena?"

Reena wandte sich dem Mann noch einmal zu. „Ja?"

„Ich habe die Aufnahmen aus der Vergnügungsebene gesehen. Ich finde es nicht gut, dass Externe zur Akademie zugelassen werden."

War ja klar, dass dieser Mann auch gegen sie war. „Keine Sorge, ich bin schon weg."

„So war das nicht gemeint. Ich wollte zwar nicht, dass Externe zugelassen werden, aber ich muss dir sagen, dass du dich tapfer schlägst. Und ich drücke dir die Daumen, dass du es noch weiter schaffst." Ernsthaft nickte der Mann.

Schweigend nahm Reena seine Worte auf und nickte ihm ebenfalls zu.

„Ich glaube, du hast eine weitere Stimme gewonnen." Mary stieß Reena in die Seite und drückte im Aufzug auf den Knopf für Ebene vierunddreißig.

„Wäre schön", murmelte Reena. „Dann habe ich schon zwei."

„Sei nicht blöd", entgegnete Mary. „Es sind sicher mindestens schon drei."

Gegen ihren Willen musste Reena lachen. Die einzelnen Etagen der Aspiration leuchteten im Aufzug auf.

„Sag mal, können wir kurz beim Krankenhaus halten?"
Reena hatte das Bedürfnis, mit Maddie zu sprechen und
ihr von ihren ersten Wochen auf der Aspiration zu berichten. Vielleicht war sie ja auch eine derjenigen, die
für sie gestimmt hatten.

„Was willst du denn da? Geht es dir nicht gut?" Besorgt musterte Mary sie von oben bis unten.

„Nein, alles in Ordnung. Ich möchte nur jemandem
dort einen Besuch abstatten."

„Wen kennst du denn da?"

„Als ich in Quarantäne war, gab es eine Ärztin. Sie
war toll."

„Du meinst nicht zufällig Maddie?" Mary drückte
auf den Knopf mit der dreiundzwanzig.

„Doch, du kennst sie?"

„Sie hat mir vor ein paar Jahren meinen Blinddarm
entfernt. Sie ist sehr nett."

„Und wo finden wir sie?" Als der Aufzug anhielt, sah
Reena sich in dem sterilen weißen Empfangszimmer um.
Nur leider stand hinter dem Tresen niemand.

„Wo sind denn alle?"

„Vermutlich gab es einen Notfall. Komm einfach mit,
wir finden sie auch so."

„Wir sollen einfach durch die Gänge spazieren?"

„Wieso nicht, dann kann ich dir gleich die Station
zeigen." Mary grinste und zog Reena mit sich, deren
Beine sich nur ungern von der Stelle bewegen wollten.
Wenn das hier gegen die Regeln war, konnte sie dann
nicht von der Akademie geworfen werden?

„Mach dir keine Sorgen." Offenbar hatte Mary gemerkt, wie unwohl Reena war. „Ich war schon oft hier und keiner hat etwas gesagt."

„Deine Mutter ist auch die Präsidentin, wie soll man da etwas sagen? Du könntest vermutlich einen der Patientin hier vor den Augen der anderen erwürgen und keiner würde auch nur einen Mucks machen."

„Na, alles darf ich auch nicht, glaub das bloß nicht. Es gibt Regeln, an die sich jeder halten muss. Aber selbst wenn wir aufgehalten werden, dann bitte ich meine Mutter einfach darum, dass sie ein gutes Wort für dich einlegt und alles ist wieder in Ordnung."

Obwohl Reena nicht gänzlich überzeugt war, ließ sie sich von Mary in den rechten Gang ziehen. Alles war weiß, der Boden, die Wände, sogar die Decke. „Was genau ist das hier eigentlich? Und was ist eine Ebene höher?"

„Also hier ist der Forschungsbereich mit Laboren und all sowas", erklärte Mary, während sie den Gang entlanggingen. „Und noch dazu die Quarantänezimmer. Mit denen hast du ja schon Bekanntschaft gemacht."

„Kann man so sagen", murmelte Reena. Die Mauern verschwanden und wurden durch hohe Fenster ersetzt. Dahinter standen allerlei medizinische Geräte und Maschinen, die Reena nicht identifizieren konnte. „Was machen die da drin?" Sie deutete auf die Menschen in den weißen Kitteln in dem Labor.

„Keine Ahnung." Mary zuckte mit den Achseln. „An irgendetwas forschen, nehme ich mal an. Vielleicht neue Arzneimittel? Antibiotika?"

Reena nickte und ging langsam weiter. Sie kamen an einem weiteren Fenster vorbei. Dahinter saßen fünf Männer und Frauen auf Stühlen, sie alle wirkten mitgenommen. Eine Infusion verlief in ihre Arme.

„Und was ist mit denen?"

„Entweder sind das Freiwillige für Medikamententests, oder das sind Versuchspersonen, die eine genetische Krankheit haben. Es gibt hier viele Versuchsprogramme, um zum Beispiel erbliche Varianten von Krebs zu bekämpfen."

Versuchspersonen also ...

Das nächste Zimmer, an dem sie vorbeikamen, hatte keine Fenster, doch gerade, als sie die Tür passierten, schwang diese auf und ein gestresst wirkender Arzt stürzte heraus.

„Oh, tut mir leid." Mary sprang zur Seite, um nicht mit ihm zusammenzustoßen.

„Aus dem Weg", blaffte er und auch Reena drückte sich an die Seite des Gangs. Als die Tür hinter ihm zuschwang, erhaschte sie einen Blick ins Innere des Raums. Auch dort saß eine Person. Eine Frau. Ihr Gesicht war eingefallen und in ihrem Handrücken steckte ein Zugang. Sie war mit einem Arm an die Untersuchungsliege gefesselt, auf der sie saß. Als die Tür wieder geschlossen war, drehte Reena sich fassungslos zu Mary um.

„Ich kenne diese Frau." Ohne darüber nachzudenken, lief sie zur Tür und versuchte sie zu öffnen. Als es nicht ging, presste sie ihren Com gegen das leuchtende Feld daneben, doch es ertönte lediglich ein unwilliges Geräusch. Sie hatte keinen Zutritt.

„Reena? Was machst du denn da?" Mary packte ihren Arm und hielt sie davon ab, ihren Com wieder und wieder über das Feld zu ziehen.

„Diese Frau da drinnen, hast du sie gesehen?"

„Ja, vermutlich auch eine Versuchsperson."

„Nein, ich kenne sie", stieß Reena hervor. „Sie ist ganz sicher nicht freiwillig hier. Sie ist aus dem Nachbardorf, vor drei Monaten ist sie verschwunden. Ihr Mann hat sie gesucht, deswegen war er auch bei uns zu Hause. Er hat uns gefragt, ob wir sie gesehen haben. Er hat uns ein Bild von ihr gezeigt. Und das war sie!"

„Bitte, beruhige dich." Mary drehte Reena zu sich herum. „Du hast sie erkannt, obwohl du sie vor langer Zeit auf einem Bild gesehen hast?"

„Ganz genau."

„Du kennst sie also nicht persönlich, richtig?"

Reena ließ ihren Com sinken. „Nein."

„Ist es nicht vielleicht möglich, dass sie ihr nur ähnlichsieht?" Sie deutete auf die Tür. „Du hast nur einen kurzen Blick auf sie geworfen, du hast dich vermutlich getäuscht."

Sämtliche Energie schien aus Reenas Körper zu weichen. Mary hatte recht. Absolut recht. Sie führte sich hier auf wie eine Verrückte, dabei war sie vermutlich auf dem Holzweg. Wie sollte diese Frau dort drin die gleiche sein, die der Mann vor Monaten gesucht hatte?

„Es tut mir leid." Reena schloss die Augen. „Ich hätte mich nicht so aufführen sollen. Es war nur ... für einen kurzen Augenblick dachte ich ..."

„Du hast hier etwas gesehen, das für dich nicht zusammenpasst, das verstehe ich." Mary schloss Reena in die Arme und streichelte ihr sanft den Rücken. Langsam entspannte Reena sich wieder.

„Haben die Zuschauer das gesehen?" Sie löste sich von Mary und blickte hoch zur Decke. Sie konnte keine Kameras entdecken, doch das hieß nicht, dass sie nicht doch da waren.

„Auf den medizinischen Ebenen darf nicht gefilmt werden, keine Sorge."

„Zum Glück." Sie hätte sich nicht so benehmen sollen, hätten die Zuschauer das gesehen, könnten sie noch glauben, sie wäre nicht ganz richtig im Kopf. Und dann würde niemand mehr für sie stimmen.

„Lass uns weitergehen. Vielleicht finden wir Maddie noch."

Sie gingen weiter den weißen Flur entlang und obwohl Reena sich immer wieder sagte, dass sie sich getäuscht hatte, warf sie doch in jede geöffnete Tür und durch jedes Fenster einen Blick.

Kurz vor dem Ende des Ganges trat Maddie aus einer Tür. Sie lächelte, als sie Reena erkannte. „Reena, was machst du denn hier? Du bist doch hoffentlich nicht krank?" Sie musterte sie mit dem geübten Blick einer Ärztin.

„Nein, deswegen sind wir nicht hier." Nun bemerkte Maddie auch Mary.

„Miss Blakely." Sie nickte Mary respektvoll zu und Mary nickt zurück.

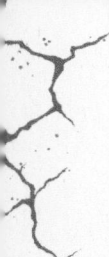

„Ich bin hier, um mich bei dir zu bedanken."

„Bedanken? Wofür denn?"

„Du warst sehr nett zu mir, als ich in Quarantäne war." Reena zögerte einen Augenblick, bevor sie weitersprach, um sich die passenden Worte zurechtzulegen. „Inzwischen weiß ich, dass das nicht selbstverständlich ist."

„Sehr gern geschehen." Maddies Lächeln wurde breiter. „Und es freut mich zu sehen, wie gut du an der Akademie zurechtkommst."

Tat sie das? Zurechtkommen? Bisher fühlte sie sich, als wäre sie ins kalte Wasser geworfen worden und versuchte nun, nicht zu ertrinken oder zu erfrieren. Oder von einem Fisch angeknabbert zu werden.

„Ich gebe mein Bestes."

„Vielleicht können wir uns ja mal auf der Vergnügungsebene treffen? Vielleicht zum Essen? Dann könntest du mir von der Akademie erzählen."

Reenas Herz wurde schwer. „Ich darf nicht mehr auf die Vergnügungsebene", sagte sie.

Fragend sah Maddie sie an.

„Mein Mentor will mich vor weiteren Angriffen schützen. Und das ist seine Methode."

„Ich verstehe. Das tut mir leid für dich, Reena." Einen Moment schien Maddie nachzudenken. „Aber du kannst mir schreiben, wenn du möchtest. Vielleicht über deine Fortschritte. Oder wenn du einen medizinischen Rat brauchst. Ich gebe dir die Adresse meines Coms." Mit ein paar Handgriffen speicherte sie ihre Adresse in Reenas

Com. „Ich muss jetzt leider weiter, aber schreib mir, ja?"
Sie war bereits halb an Reena vorbei, winkte ihr aber
über die Schulter zu.

„Mache ich", rief Reena ihr nach und ließ den Arm
mit ihrem Com sinken. „Na, das war ja eher ein kurzes
Treffen. Ich hätte nicht herkommen sollen." Sie schüttelte den Kopf. „Das war bescheuert. Ich kenne sie ja
überhaupt nicht."

„Es war nicht bescheuert." Energisch schüttelte Mary
den Kopf. „Es tut gut, mit Menschen zu sprechen, die für
und nicht gegen einen sind. Ich verstehe das."

„Trotzdem. Ich hätte vorne warten sollen."

Mary zuckte mit den Achseln. „Ist doch nichts passiert. Aber vielleicht sollten wir langsam gehen. Ich habe
Hunger."

„Stimmt, ich auch." Nach dem langen Tag und dem
Gespräch mit dem Leutnant hatte Reena sich das Abendessen redlich verdient.

# KAPITEL 10

Es waren schon wieder zwei Wochen vergangen. Wo war nur die Zeit hin? Reena richtete ihre Uniform und versuchte, ihre Haare davon abzuhalten, in alle Richtungen abzustehen. Während des Unterrichts trug sie sie mit einem Haarband zurückgebunden, aber Mary hatte ihr geraten, die Haare zur Wahl offen zu tragen, weil sie dann sympathischer und weicher wirkte. Nicht aggressiv, so wie viele es den Externen offenbar vorwarfen. Doch vielleicht hätte sie vorher nochmal zum Frisör gehen sollen. Dieser lag nicht auf der Vergnügungsebene, sondern zwei darunter und wäre erlaubt gewesen. Sie hatte sich die Haare nicht mehr schneiden lassen, seit sie auf die Aspiration gekommen war. Und sie war auch überhaupt nicht scharf darauf. Haareschneiden war ein notwendiges Übel, das sie nur über sich ergehen ließ, wenn es unbedingt nötig war. Mit dem Haarband war es das bisher nicht gewesen. Aber mit offenen Haaren ... Sie strich

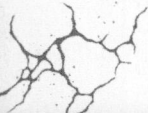

über eine Strähne, die besonders bockig zu sein schien und in einem seltsamen Winkel von ihrem Kopf abstand. „Lass mich dir helfen." Mary war hinter ihr aufgetaucht und warf ihr im Spiegel einen mitleidigen Blick zu.

„Das geht schon so." Ein letztes Mal strich Reena über die Strähne, die jedoch sofort wieder zurücksprang.

„Nein, das geht nicht", beschloss Mary energisch und griff nach der Bürste. „Lass mich einfach machen."

Seufzend ergab sich Reena ihrem Schicksal. Vielleicht war es besser, Mary ihre Haare zu überlassen, ihre eigenen saßen nämlich immer tadellos. „Ich möchte aber nicht wie eine Puppe aussehen."

„Keine Sorge, das passiert nicht." Während Mary mit Bürste und irgendwelchen Produkten an ihren Haaren herumhantierte, schloss Reena für einen Moment die Augen. Sie hatte die letzten zwei Wochen nichts erreicht. Die Zuschauer dürften keinen besonders kompetenten Eindruck von ihr gewonnen haben, auch wenn sie sich so sehr angestrengt hatte. Das einzige, durch das sie wohl aufgefallen war, war der Vorfall auf der Vergnügungsebene, als sie mit verfaulendem Obst und Gemüse beworfen worden war. War das jemand, den man für die Leitung der Aspiration berufen wollte?

Als sie die Augen wieder öffnete, lächelte Mary sie im Spiegel an. „Fertig", verkündete sie.

Reena betrachtete ihr Spiegelbild. Mary hatte tatsächlich nicht viel verändert und sie hatte Wort gehalten: Reena sah nicht aus wie eine Puppe. Dafür aber ordentlich. Ihre Haare fielen ihr jetzt in sanften Wellen fast bis auf die Schultern und hatten einen schönen Glanz. Ihre Augen hatte Mary dezent mit braunem Lidschatten betont. Es wirkte nicht so, als wäre sie geschminkt, doch ihre Augen hatten mehr Ausdruck.

„Danke." Reena stand auf und umarmte Mary. „Damit werde ich nachher super aussehen, wenn ich die Akademie verlassen muss. Alle im Outland werden mich beneiden."

„Sag doch nicht sowas." Mary riss die Augen weit auf.

„Als wäre es eine Überraschung, wenn das passieren würde." Reena schüttelte den Kopf. „Ich habe es schon vor zwei Wochen erwartet und es war knapp, das weißt du genauso gut wie ich."

„Aber du hast dich angestrengt", wandte Mary ein. „Es gibt sicherlich Kandidaten, die in den letzten zwei Wochen weniger hart gearbeitet haben als du."

„Darauf kommt es nicht an", sagte Reena leise und warf ihrem Spiegelbild einen letzten Blick zu. Ja, die Zuschauer achteten auf Leistung, sicherlich. Aber es kamen noch andere Dinge hinzu, schwerwiegende. Sympathien, Vorurteile ... Sie musste eher hoffen, dass sie in den letzten Wochen nicht noch Zuschauer für sich verloren hatte.

„Komm, wir holen die anderen ab und gehen runter." Mary stand bereits an der Tür und wartete auf Reena.

„Ich weiß nicht, ob ich das noch lange aushalte", flüsterte Reena Mary ins Ohr. Sie standen nebeneinander aufgereiht auf der Bühne des Forums der Universität, ganz genau wie vor zwei Wochen. Save Saunders hatte bereits ihre kleine Rede gehalten, die sich im Grunde kaum von der letzten unterschieden hatte. Allerdings hatte sie auf eine sich anbahnende Liebesbeziehung zwischen zwei Kandidaten der anderen Klasse hingewiesen und dabei albern gekichert. Nun lief gerade die Zusammenfassung der wichtigsten Ereignisse der letzten beiden Wochen und zu Reenas Unmut stand der Kuss zwischen den beiden angeblich so verliebten Kandidaten June und Sandor im Mittelpunkt. Reena musste stark an sich halten, um bei den Bildern nicht genervt aufzustöhnen. Gab es denn kein anderes Thema als diese Liebelei? Inwiefern qualifizierte diese die Kandidaten denn für irgendeinen Posten auf der Aspiration? Warum wurde sie nicht gezeigt? Zum Beispiel beim Nahkampftraining. Oder dabei, wie sie etwas Witziges sagte und ihre Freunde darüber lachten.

Ah, da war sie schon. Im Vergnügungsviertel mit gammeligen Tomaten auf ihrer Uniform, hervorragend, sie hatte es ja nicht anders gewollt. Steif starrte sie hinauf zur Leinwand und gab sich Mühe, keine Miene zu verziehen. Die Zuschauer sollten nicht sehen, wie sehr ihr die Bilder zu schaffen machten. Wie sehr diese Menschen sie verunsichert hatten.

Schon bald war die Zusammenfassung beendet und Save Saunders betrat erneut die Bühne, um den Beginn der Abstimmung anzukündigen. Auch dieses Mal gab sie den Zuschauern zehn Minuten, um ihre Wahl zu treffen. Gleich darauf wurde es dunkel auf der Bühne.

„Diese Stelle hasse ich am meisten", verkündete Reena ihren Freunden und löste sich aus der steifen Haltung, die sie für die Kameras eingenommen hatte. „Dieses Warten. Als ob ich darauf warte, verurteilt zu werden."

„Ist doch spannend", gab Leo zurück, der nicht im Geringsten aufgeregt wirkte. „Ein wenig Nervenkitzel, bevor wir in unseren Alltag mit Lernen und Unterricht zurückkehren."

„Ich finde es auch furchtbar", bemerkte Samara, auf deren Hals sich rote Flecken gebildet hatten. „Fremde Menschen bestimmen über unser weiteres Schicksal. Das macht mich nervös."

„Du wirst gut abschneiden", versuchte Mary sie zu beruhigen. „Und du schaffst es auch, Reena, davon bin ich überzeugt."

„Ach, zu mir sagst du nicht, ich werde gut abschneiden?", fragte Reena flapsig und machte ein beleidigtes Gesicht, musste aber lachen, als Mary schuldbewusst dreinsah. „Mach dir keine Gedanken, ich weiß, dass ich ganz sicher nicht auf dem ersten Platz landen werde."

„Der ist ja schließlich schon von Mary besetzt", mischte Nickels sich ein und Mary wurde rot.

„Lasst das. Wir werden ja gleich hören, wer weiterkommt."

Nur wenige Augenblicke später wurden die Scheinwerfer wieder eingeschaltet und Save Saunders betrat mit einem breiten Lächeln und von einem leisen Trommelwirbel begleitet die Bühne.

„Beginnen wir mit dem ersten Platz." Die Moderatorin ließ sich viel Zeit damit, das Ergebnis auf ihrem Com zu betrachten. Dann blickte sie auf und hielt ihren Blick in eine der Kameras gerichtet. „Das Ergebnis ist keine Überraschung. Die Kandidatin mit den meisten Stimmen ist auch diese Woche wieder Mary Blakely, die Tochter unserer geschätzten Präsidentin."

Reena hob die Hände, um in den frenetischen Applaus des Publikums einzustimmen, während Mary ihr einen schuldbewussten Blick zuwarf. „Du hast es verdient", rief Reena ihr zu und hoffte, dass ihre Freundin sie gehört hatte. Sie meinte es, wie sie es gesagt hatte. Mary verdiente es, weitergewählt zu werden. Sie war freundlich und intelligent. Ein guter Mensch.

Nach und nach wurden alle ihre Freunde aufgerufen. Leo belegte Platz vier, Samara den sechsten und Nickels den neunten Platz. Bis auf Leo hatten sie sich alle verbessert. Jeder von ihnen winkte in die Kameras und bedankte sich beim Publikum, während hinter ihrem Rücken Szenen von ihnen aus den vergangenen Wochen liefen.

Wenig überraschend war, dass das neue Liebespaar ebenfalls weitergewählt wurde. Sie belegten Platz zwölf und dreizehn, beinahe zehn Plätze besser als noch vor zwei Wochen. Demnach hatte Mary nicht damit untertrieben, dass eine Liebesgeschichte durchaus hilfreich sein konnte. Taten die beiden tatsächlich nur so, um

die Zuschauer zu manipulieren und somit länger an der Akademie bleiben zu können? War es ihnen das wert? Sie belogen sich und die Zuschauer, noch dazu steckten sie viel Zeit in diese angebliche Beziehung, Zeit, die ihnen vermutlich zum Lernen fehlte.

Nach und nach wurden die Kandidaten aufgerufen und es überraschte Reena nicht, dass ihr Name nicht fiel. Beim letzten Mal hatte sie gerade so den vorletzten Platz belegt. Da war es nur wahrscheinlich, dass sie gehen musste.

Als Save Saunders also zu den letzten fünf Plätzen kam, wappnete sie sich bereits innerlich dafür, gehen zu müssen. Sie würde nicht weinen, sie würde kein böses Wort über die Zuschauer verlieren. Sie würde die Akademie mit Würde verlassen. Die Zuschauer sollten sie positiv im Gedächtnis behalten. Keinesfalls wollte sie die Vorurteile über Externe bestätigen, die offenbar auf der Aspiration herrschten.

Ihr Name folgte weder auf Platz vierundzwanzig noch auf fünfundzwanzig. Sie hatte keine Chance gehabt, die Zuschauer von sich zu überzeugen. Vielleicht hätte sie im Unterricht aggressiver sein, sich mehr einbringen sollen. Vielleicht hätte es andere Möglichkeiten gegeben, sich hervorzutun, mit freiwilliger Arbeit oder ... Reena fiel nichts mehr ein. Es war ohnehin egal, das Ergebnis ließ sich nicht mehr ändern, es war eben, wie es war.

„Platz sechsundzwanzig", verkündete Save Saunders nun mit weit aufgerissenen Augen, die wohl die besondere Dramatik der Situation unterstreichen sollten. „Cory Willms."

Reena betrachtete das zierliche Mädchen aus ihrer Klasse, während es nach vorne ging und den Zuschauern winkte. Als es sich wieder umdrehte, zeigte sein Gesichtsausdruck deutliche Erleichterung. Beim letzten Mal war Cory auf Platz achtundzwanzig gelandet, sie hatte sich also um zwei Plätze verbessert. Reena gönnte es ihr, sie schien nett zu sein. Bei den wenigen Malen, die sie miteinander gesprochen hatten, hatte sie einen freundlichen und lustigen Eindruck gemacht. Nur wäre es Reena lieber gewesen, an Corys Stelle zu sein. Diejenige zu sein, die auf Platz sechsundzwanzig war.

„Auf Platz siebenundzwanzig haben wir Ford McCormack", verkündete nun Save Saunders. Nachdem der großgewachsene Junge zurück an seinen Platz getreten war, wurde der Trommelwirbel im Hintergrund lauter. Passend dazu schien sich auch der Rhythmus von Reenas Herzschlag zu beschleunigen.

„Nun kommen wir schon zum vorletzten Platz. Dem Platz, der ein Weiterkommen bedeutet, eine weitere Chance für die nächsten zwei Wochen." Save Saunders nickte bedeutungsvoll. „Eine Chance, die man nutzen sollte. Doch die Kandidatin, die dieses Mal den vorletzten Platz belegt, scheint diese Chance nicht so recht nutzen zu können. Denn sie belegt den vorletzten Platz schon zum zweiten Mal hintereinander. Platz achtundzwanzig geht an Reena Vermillion. Reena, du solltest dich ein wenig mehr anstrengen, wenn du deine Zeit an der Akademie verlängern möchtest." Save Saunders warf Reena einen Blick zu, der wohl eine Mischung aus Strenge und Ermutigung darstellen sollte, auf Reena aber wirkte wie pure Überheblichkeit.

Reena schloss für einen Moment die Augen. Sie hatte es geschafft! Zwei weitere Wochen an der Akademie. Zwei weitere Wochen Medikamente für ihren Bruder und zwei weitere Wochen mit ihren Freunden. Reena griff sich an die Brust, weil sie das Gefühl hatte, ihr Herz wollte ihrem Brustkorb entkommen, dann trat sie vor, um sich bei den Zuschauern für ihre Wahl zu bedanken. Als sie den ersten Schritt machte, brach ein regelrechter Sturm im Forum los. Die Zuschauer auf den Stühlen buhten und brüllten, sie stampften mit den Füßen und riefen unverständliche Worte. Wie angewurzelt blieb Reena stehen. Was war denn nun los? Bisher waren die Zuschauer ruhig gewesen, hatten nur bei der Präsentation der einzelnen Kandidaten mehr oder weniger laut geklatscht, manche hatte auch gepfiffen, aber was sollte das nun? „Ich bitte Sie, bleiben Sie ..." Doch Save Saunders Ansprache an die Zuschauer ging im Gebrüll unter, das nun das Forum beherrschte. Dann wurden Plakate in die Höhe gereckt. Noch immer waren Scheinwerfer auf die Kandidaten gerichtet und so musste Reena ihre Augen mit der Hand von dem Licht abschirmen, um die Worte auf den Plakaten überhaupt lesen zu können.

„Schickt die Verräterin nach Hause", stand auf dem ersten. „Outland-Ratte" auf einem weiteren. Die Plakate richteten sich alle gegen sie! Reena beobachtete, wie die schockiert aussehende Save Saunders an den Rand der Bühne trat und versuchte, die Zuschauer zu beruhigen. Reena konnte ihr nur dabei zusehen, ihre Beine wollten sich nicht bewegen und sie wusste auch nicht, was sie tun sollte, wenn sie sich bewegen ließen. Wegrennen? Sich tapfer vor der Kamera verbeugen? So tun, als wäre nichts weiter?

„Komm mit." Erst, als Leo ihre Hand ergriff und sie mit sich fortzog, wurde Reenas Verstand wieder klar. Gemeinsam mit vielen anderen Kandidaten stürmten sie die Treppe der Bühne hinunter. Gerade rechtzeitig, denn hinter ihnen erklang ein lauter Knall: Einer der Zuschauer hatte ein Glas oder eine Flasche auf die Bühne geworfen, deren Splitter in alle Richtungen geflogen waren. Bei einem Blick über die Schulter sah Reena Save Saunders, sie sich die Wange hielt. Blut quoll zwischen ihren Fingern hindurch.

„Warte", stieß Reena atemlos hervor und versuchte, Leo aufzuhalten. „Wir sollten ihr helfen." Sie deutete auf die Moderatorin, die auf der Bühne umhertaumelte.

„Nein, sollten wir nicht, wir sollten hier weg." Leo packte ihre Hand fester und versuchte, sie in Richtung Ausgang zu ziehen.

„Ich muss ihr helfen!" Reena riss sich von Leo los und schlängelte sich durch die ihr entgegenkommenden Kandidaten hindurch und die Treppe zur Bühne hinauf.

„Reena, komm zurück." Leos Ruf hallte gedämpft zu ihr, doch Reena dachte nicht daran, einfach fortzulaufen. Das alles, dieses Chaos hier, das war ihre Schuld.

Und Saunders war ihretwegen verletzt worden. Endlich gelangte sie auf die Bühne, auf der sich nur noch wenige Kandidaten ganz am Rand herumdrückten und darauf warteten, endlich verschwinden zu können. Die Moderatorin war am Boden zusammengesackt, Blut tropfte auf den Holzboden der Bühne.

„Outlander raus!", skandierten die Zuschauer mittlerweile und mit jeder Wiederholung wurden ihre Rufe lauter.

„Miss Saunders?" Reena hockte sich neben die Moderatorin und fasste ihre Schulter. Der Kopf der Moderatorin zuckte heftig, als sie zu Reena aufsah. Sie wirkte orientierungslos, der Schnitt an ihrer Wange war tief und es schien noch Glas darin zu stecken. „Ich bringe sie hier runter, einverstanden?"

Ein Nicken und Reena griff der Moderatorin unter die Achseln, um sie auf die Füße zu ziehen, dann schlang sie sich einen ihrer Arme um die Schultern, um sie beim Gehen zu stützen. Die Moderatorin war offenbar nur leicht verletzt, doch der Schock über diesen Aufstand schien tief zu sitzen.

„Einen Fuß vor den anderen", gab Reena der Moderatorin zu verstehen und musste sie dabei beinahe anschreien, so laut war es.

Während sie endlich die Treppe erreichten und die Stufen hinunterstiegen, nahmen die Rufe zu und sie wurden kreativer.

„Outland-Schlampe!"

„Müllfresserin!"

Etwas zerbarst hinter Reenas Rücken und plötzlich roch sie Rauch. Als sie sich umdrehte, sah sie, dass die Vorhänge der Bühne brannten. Die Flammen fraßen sich rasch den Stoff hinauf und breiteten sich auch auf dem Holzboden der Bühne aus.

„Schneller, wir müssen hier raus!"

Save Saunders wandte den Kopf, um zu sehen, was Reena gesehen hatte. Bei Anblick des Feuers wurde ihr Körper steif und sie erstarrte. „Nein, nein, nein."

„Kommen Sie weiter." Mühsam machte Reena einen Schritt, doch die Moderatorin bewegte sich nicht von der Stelle. Inzwischen war die Bühne leer und nur noch wenige Kandidaten standen am Ausgang. Der Rauch wurde dichter und die rettende Treppe verschwamm vor Reenas Augen. Verdammt, sie mussten hier raus! Sie könnte Save Saunders zurücklassen, ohne sie wäre es ein Leichtes, den Ausgang zu erreichen. Doch diese Frau würde ohne ihre Hilfe hier drin noch stärker verletzt werden oder sogar sterben. Mit aller Kraft schob Reena die Moderatorin, doch so kamen sie nicht schnell genug voran. Also schlang Reena beide Arme um den Oberkörper der zierlichen Frau. Als sie sie mit sich riss, ließ Saunders sich einfach in ihren Griff hineinfallen. Das unerwartete Nachgeben ließ Reena stolpern. Sie biss die Zähne zusammen und schleifte die Moderatorin mit sich, Meter für Meter auf den Ausgang zu.

„Reena!" Es war Leo. „Reena, bist du da?" Der Rauch war inzwischen so dicht, dass Reena den Ausgang nicht mehr sehen konnte. Menschen hasteten an ihr vorbei, vermutlich waren es die Zuschauer, die nun auch die Flucht vor ihrem selbst gelegten Feuer ergriffen. Sie rempelten Reena immer wieder an, sodass sie kaum noch vorankam. Doch vermutlich konnte Reena froh sein, dass sie sie nicht erkannten. Sie hielt den Kopf gesenkt und gab sich Mühe, keinen der Flüchtenden direkt anzusehen. Nicht auszudenken, was sie sonst mit ihr tun würden. Sie hatten immerhin ein verfluchtes Feuer gelegt, weil sie weiter an der Akademie bleiben durfte!

„Reena!" Wieder ertönte Leos Ruf, Panik mischte sich in seine Stimme.

„Leo!" Reena konnte kaum noch atmen. Die Moderatorin hing wie totes Gewicht in ihren Armen. Reenas Rücken brannte höllisch. Sie brauchte Hilfe, allein würde sie es nicht schaffe, sich und Saunders in Sicherheit zu bringen. „Ich bin hier."

Als sich Leos Umriss aus dem Rauch schälte, hätte Reena fast laut aufgeschluchzt, doch sie riss sich zusammen. „Nimm ihren Arm." Gemeinsam mit Leo hob sie Saunders hoch. „Raus hier!"

Zu zweit gelang es ihnen, Saunders aus dem Forum zu transportieren. Bis auf Mary, Samara und Nickels war der Flur vor dem Forum verwaist. Niemand war mehr zu sehen.

„Wir müssen Hilfe holen." Reena keuchte heftig. „Das Feuer ... Es muss doch jemand helfen kommen."

„Die Feuerwehrleute sind sicher schon unterwegs. Bei Rauch wird automatisch ein Alarm ausgelöst." Mary griff nach Reenas Hand. „Geht es dir gut?"

„Wir sollten hier weg." Doch noch während Reena das sagte, spürte sie, wie verwaschen ihre Worte klangen. Von den Rändern her wurde ihre Sicht schwarz. Dann gaben ihre Beine nach.

Als Reena erwachte, war da nur Weiß. War sie tot? Sie bewegte den Kopf leicht zur Seite. Das Weiß war nur die Decke des Raumes gewesen, in dem sie lag. Ihr Blick wanderte weiter. Sie lag in einem Krankenbett, das steife Laken raschelte, als sie sich bewegte.

„Reena?" Eine warme Hand griff nach ihrem Handgelenk.

Reena schluckte und versuchte zu antworten, doch ihr Hals fühlte sich so kratzig an, dass sie husten musste. „Wo bin ich?", brachte sie krächzend hervor.

„Du bist auf der Krankenstation." Jemand beugte sich über sie und nun erkannte Reena Maddie, die sie untersuchte. „Dein Puls ist normal." Sie gab Reenas Handgelenk wieder frei.

„Weißt du, was passiert ist?"

„Wir waren im Forum. Ich habe es weitergeschafft und dann ..." Wieder hustete Reena heftig. „Haben die Zuschauer im Saal ..." Ihr Blick irrte zur Decke. „Da war Feuer."

„Ganz genau", sagte Maddie. „Es gab ein Feuer und wie mir deine Freunde berichtet haben, hast du versucht, Save Saunders zu retten."

„Versucht? Ist sie tot?" Abrupt setzte Reena sich auf, doch sogleich wurde ihr schwindelig. Sanft drückte Maddie sie zurück in die Kissen.

„Nein, nein, es ist alles okay. Das war sehr mutig von dir. Aber bei deiner Rettung hast du viel Rauch eingeatmet, deswegen kratzt dein Hals so."

Reena griff sich an die Kehle.

„Dir geht es so weit gut. Du bleibst noch einige Tage hier, damit ich dich im Auge habe. Und du solltest deinen Freunden danken, sie haben dich hergebracht."

„Allerdings." Leo trat ins Zimmer, gefolgt von den anderen. „Ich habe dich immerhin bis zur Krankenstation getragen."

„Ignorier ihn einfach", sagte Nickels und rollte mit den Augen. „Wir haben dich alle zusammen getragen."

„Und Save Saunders", ergänzte Samara. „Es war gar nicht so leicht, sie hierher zu bekommen. Bei dir ging es noch, du warst ja ohnmächtig, aber sie hat sich mit Händen und Füßen gewehrt."

„Sie hat einen Schock erlitten", erklärte Maddie. „Und eine Gehirnerschütterung. Sie liegt ein Zimmer weiter."

Reena nickte. Saunders ging es also gut, sie war ebenfalls in Sicherheit.

„Und jetzt, da ihr gesehen habt, dass es Reena gut geht, solltet ihr gehen, sie braucht Ruhe." Maddie klang zwar streng, doch sie lächelte. „Deine Freunde haben mich, während du ohnmächtig warst, ordentlich genervt. Sie wollten dich nicht aus den Augen lassen." Sie zwinkerte Reena zu. „Aber ihr braucht euch keine Sorgen zu machen." Sie wandte sich wieder an Leo und die anderen. „Hier in die Zimmer kommt niemand ohne meine Genehmigung. Dank der Akademie wurden Kameras installiert, damit die Zuschauer verfolgen können, wie es um Reena steht, wir haben sie also immer im Blick und ich werde immer wieder persönlich nach Reena sehen. Niemand kommt hier ohne meine Erlaubnis hinein."

Leo nickte ernst und trat dann an den Bettrand. „Du hast uns einen ganz schönen Schrecken eingejagt", sagte er leise und griff nach Reenas Hand.

„Ist ja nichts passiert", krächzte Reena, denn Leos Berührung kam unerwartet. Sie hatte nur das getan, was selbstverständlich war. Hätte sie Saunders einfach auf der Bühne lassen sollen?

Als Leo zur Seite trat, umarmte Mary Reena heftig. Als sie sie wieder losließ, glänzten Tränen auf ihren Wangen. „Ich hatte Angst um dich", murmelte sie.

„Es tut mir leid", murmelte Reena. „Ich wollte nur helfen."

„Wissen wir", sagte Nickels.

„Ihr solltet jetzt gehen." Maddie trat vor. „Reena muss sich ausruhen. Ihr seht sie ja schon morgen wieder."

„Na schön." Mary warf noch einen prüfenden Blick auf Reena, bevor sie sich abwandte. „Gute Besserung."

Winkend zogen ihre Freunde einer nach dem anderen ab und Reena sank mit einem Seufzer zurück in ihr Kissen.

Am Montagvormittag besuchte Save Saunders Reena. Sie hörte gar nicht mehr auf, sich zu bedanken und sich dafür zu entschuldigen, dass sie in ihrem Schock auch Reenas Leben gefährdet hatte. Wieder und wieder sprach sie davon, was alles hätte geschehen können und wie unendlich dankbar sie Reena war. Maddie musste irgendwann dazwischengehen und sie von der Krankenstation wegbringen, sonst hätte sie vermutlich auch den Rest der Woche an Reenas Bett verbracht.

Gerade, als Reena nach Saunders Besuch einzunicken begann, öffnete sich die Tür zu ihrem Krankenzimmer erneut. Eine Frau stand in der Tür. Sie trug ein elegantes Kostüm in Marineblau und eine Perlenkette um den Hals. Ihr blondes Haar war halblang und fiel in eleganten Wellen hinunter auf den Kragen ihrer Bluse. Und sie sah jemandem, den Reena kannte, verdammt ähnlich.

„Präsidentin Blakely?" Sie hatte die Präsidentin hin und wieder im Fernsehen gesehen, bei Ansprachen oder bei offiziellen Anlässen. Doch sie hatte nie erwartet, sie irgendwann persönlich zu sehen, schon gar nicht in ihrem Krankenzimmer.

„Reena Vermillion." Es schien, als ließe die Präsidentin sich ihren Namen auf der Zunge zergehen. Ihre Miene zeigte keine Regung. War sie hier, um Reena zu tadeln? Sie zu bestrafen? Oder vielleicht sogar, um ihr mitzuteilen, dass sie von der Akademie verwiesen wurde? Unruhig begann Reena, in ihrem Bett hin und her zu rutschen, doch es ließ sich keine bequeme Position mehr finden.

„Was kann ich für Sie tun?", fragte Reena, als das Schweigen weiter anhielt und sie es nicht mehr ertrug.

„Erst vor zwei Wochen habe ich dich auf dem Fernsehbildschirm gesehen", begann die Präsidentin und trat einen Schritt näher. „Du warst mit meiner Tochter auf der Vergnügungsebene. Und deinetwegen wurde Mary angegriffen, sie wurde verletzt."

„Das weiß ich, aber es war nicht ..."

Die Präsidentin hob eine Hand und unterbrach damit Reenas Rechtfertigung. „Und nun hast du alle Kandidaten in Gefahr gebracht. Deinetwegen ist ein Feuer ausgebrochen." Sie schüttelte den Kopf.

Wollte diese Frau sie nun wirklich von der Akademie werfen? Wegen Dingen, auf die Reena keinen Einfluss gehabt hatte? „Ich bitte Sie, ich wollte nicht, dass so etwas geschieht."

„Das ist mir klar. Und du hast Mut bewiesen, du hast versucht, deine Freunde zu beschützen und du hast Save Saunders das Leben gerettet. Mut ist etwas, das unsere

Kandidaten brauchen. Es unterscheidet sie von anderen Menschen. Auf den Positionen, die es zu besetzen gilt, braucht man Mut."

Reena wusste nicht, was die Präsidentin damit sagen wollte. Bekam sie nun eine Strafpredigt oder wurde sie gelobt? „Deine Eltern", wechselte die Präsidentin plötzlich das Thema, „wer sind sie?"

„Nun, mein Vater baut Obst und Gemüse an und meine Mutter unterrichtet im Wechsel mit anderen an der Schule." Reena schluckte, als sie an ihre Eltern dachte. „Und ich habe einen Bruder, um den sie sich kümmern. Er sitzt seit ein paar Monaten im Rollstuhl."

„Einen Bruder? Ist er jünger als du?"

„Ja, zwei Jahre."

Auf dem Gesicht der Präsidentin war nicht abzulesen, was sie dachte. Warum stellte sie ihr all diese Fragen?

„Haben deine Eltern schon immer in Hope gelebt?"

„So viel ich weiß, sind sie aus einem anderen Dorf dorthin gezogen, das war kurz nach meiner Geburt."

Die Präsidentin nickte, als hätte Reena das Richtige gesagt. „Entschuldigen Sie bitte, aber warum wollen Sie all diese Dinge wissen?"

Ein paar Augenblicke lang schwieg die Präsidentin und Reena befürchtete, sie verärgert zu haben. „Ich möchte wissen, wer dieses Mädchen ist, das immer wieder Ärger verursacht. Und ich muss doch die Freundin meiner Tochter kennenlernen. Ihr wohnt zusammen und ihr verbringt viel Zeit miteinander."

Die Fragen nach ihren Eltern halfen der Präsidentin dabei, sie kennenzulernen? Reena wusste nicht, was sie von dieser Antwort halten sollte, doch bevor sie der Präsidentin noch weitere Fragen stellen konnte, hielt diese ihr bereits die Hand zum Abschied entgegen. „Ich muss wieder gehen, es wartet viel Arbeit auf mich. Aber ich möchte dir noch einmal für deinen Mut danken, Reena." Sie blickte Reena tief in die Augen, als suchte sie nach etwas. Sie gab ihr die Hand und versuchte dann ungelenk, Reenas Kopfkissen zurechtzurücken. Ein leichtes Ziepen durchfuhr Reenas Kopfhaut, als hätte sich das Armband der Präsidentin kurz in ihren Haaren verfangen, dann war Marys Mutter auch schon wieder verschwunden.

# KAPITEL 11

Es folgten die wohl eintönigsten Wochen, die Reena sich vorstellen konnte. Sie ging zum Unterricht, erledigte ihre Hausaufgaben und traf sich mit den anderen im Aufenthaltsraum. Da die Vergnügungsebene für sie tabu war, blieb sie in ihrem Quartier, wenn die anderen zum Essen oder Spielen dort hinunterfuhren. Sie hatte ihnen gesagt, es machte ihr nichts aus, aber in Wirklichkeit tat es weh, nicht dabei sein zu können. Doch offenbar gefiel den Zuschauern ihr ereignisloses Leben und ihre dadurch besser werdenden Leistungen im Unterricht. Bei der nächsten Wahl erreichte sie Platz sechsundzwanzig, bei der darauf sogar Platz dreiundzwanzig. Ihr besseres Abschneiden mochte aber auch auf Save Saunders zurückgehen, die noch immer öffentlich davon sprach, wie Reena sie gerettet hatte. Glücklicherweise war die Idee, die Verkündung der Ergebnisse vor Publikum aufzuzeichnen, wieder verworfen worden, sodass die Er-

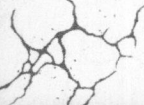

gebnisse wieder im Aufenthaltsraum bekanntgegeben wurden, so wie es sonst auch immer gewesen war.

Als die neue Woche anbrach, erwartete Reena, dass der Unterricht weitergehen würde wie bisher und sie vor Langeweile irgendwann umkommen würde, doch beim Frühstück trat Direktor Recovery Tailor vor und umklammerte ein Mikrophon. „Acht Wochen sind vergangen, seit ihr euch der Herausforderung der Akademie gestellt habt. Acht Wochen, in denen ihr euch darauf konzentriert habt, eure intellektuellen und körperlichen Fähigkeiten zu schulen. Doch wofür tut ihr all das?"

Fragende Gesichter blickten ihm im Speisesaal entgegen. Doch er schien gar nicht auf eine Antwort zu warten. „Ihr tut es für die Aspiration. Weil ihr unser Zuhause liebt und dafür sorgen wollt, dass alles reibungslos läuft und unser Leben hier so angenehm und sorgenfrei wie möglich ist. Nur wie könnt ihr das, wenn ihr nicht wisst, welches die Teile des Schiffes sind, die unsere Gemeinschaft zusammenhalten?"

Worauf wollte er nur raus? Im Gegensatz zu ihr sahen die anderen nicht mehr verwirrt aus. Während Leo und Mary begeistert wirkten, taten Nickels und Samara genervt. Offenbar wussten sie schon, was auf sie zukam.

„In dieser Woche gibt es keinen Unterricht. Stattdessen lernt ihr das Schiff kennen, alle Facetten, all die wichtigen Rädchen, die dafür sorgen, dass unser Leben hier funktioniert. Denn eines Tages könntet ihr dafür verantwortlich sein!" Der Rektor hob seinen Com. „Für beide Klassen wurde ein Zeitplan entworfen, den ihr nun auf eurem Com abrufen könnt. Ihr werdet jeden Tag etwas Neues lernen, ihr erhaltet Führungen auf der Kranken- und Forschungsebene, der Viehhaltung, der Abwasser- und Müllaufbereitung, der Computersteuerung und der Agrarflächenbewirtschaftung."

Kein Unterricht für eine Woche? Ein Teil von Reena war erleichtert, das Lernen mal eine Weile hintenanstellen zu können. Und diese Führungen ... Sie würde die Aspiration sehen. Sie wirklich *sehen*. Alles von ihr, nicht nur den Universitätsbereich und einen winzigen Teil der Krankenstation. Alles. Die wichtigen Dinge. Vor Aufregung schlug ihr das Herz auf einmal bis zum Hals.

„Jetzt bleibt mir nur noch, euch eine lehrreiche und hoffentlich spannende Woche zu wünschen. Ab nächsten Montag folgt ihr wieder dem regulären Unterrichtsplan." Der Direktor hob die Hand zum Gruß und setzte sich dann wieder an den Lehrertisch.

„Wir bekommen Führungen?", wandte Reena sich aufgeregt an die anderen an ihrem Tisch.

„So sieht's aus", erwiderte Leo und langte nach einem Pfannkuchen.

„Es ist nicht so toll, wie es klingt", bemerkte Samara dumpf. „Wir sind den ganzen Tag auf den Beinen und werden herumgescheucht."

„Hör nicht auf sie", sagte Mary. „Es wird dir gefallen, ganz sicher." Sie lächelte Reena aufmunternd an.

„Ja, dann kannst du dir das Elend auf der Viehhaltungsebene mal selbst anschauen und nichts dagegen tun." Samara zog ein Buch aus ihrer Tasche und beugte sich darüber. Für sie war die Unterhaltung offenbar beendet.

Die anderen schwiegen für einige Zeit. „Also, ich bin auch nicht gerade scharf darauf", sagte Nickels schließlich. „Ich weiß schon, wo ich später hinmöchte."

„Lass mich raten ... Computerüberwachung?"

„Korrekt." Nickels lehnte sich zurück. „Ich habe dort schon gearbeitet. Erst bei einem Praktikum, dann aushilfsweise. Sie würden mich dort mit Kusshand nehmen, wenn ich die Akademie abschließe. Vermutlich sogar ohne den Abschluss, aber dann eben nicht in leitender Position."

„Ich bin auf jeden Fall gespannt." Reena zog ihren Com hervor. „Womit fangen wir denn heute an?" Sie studierte die Liste, die der Direktor ihnen zugeschickt hatte. „Viehhaltung." Sie sah, wie Samara sich versteifte.

„Wenigstens haben wir es dann hinter uns", bemerkte Leo und Reena fragte sich, was er damit wohl meinte.

Sie fragte es sich so lange, bis sich der Aufzug auf Ebene zwei öffnete und sie zwei Männer mit Schutzmasken begrüßten, die den Kandidaten ebenfalls Schutzmasken überreichten.

„Wir empfehlen euch tunlichst, die Masken zu tragen", sagte der eine von ihnen, der sich als Matt Reignor vorgestellt hatte. Sein Kollege hingegen blieb stumm. „Wir werden gleich die Viehhaltung betreten. Es gibt nicht viele Regeln: Tragt eure Masken, fasst nichts an, folgt uns. Ihr dürft so viele Fragen stellen, wie ihr wollt und wir werden uns Mühe geben, sie alle zu beantworten."

„Darf ich fragen, welche Position Sie beide bekleiden?" Dusk hatte die Hand gehoben und sah die beiden Männer nun herablassend an.

„Nun, ich bin der Schichtleiter und verantwortlich für sämtliche Störungen im Ablauf. Und mein Kollege hier ist der tierärztliche Supervisor. Er kümmert sich um alle Belange der Tiere."

Dusk verzog keine Miene, stellte aber auch keine weitere Frage. Matt Reignor fixierte Dusk noch für ein paar Sekunden, bevor er sich wieder allen Kandidaten zuwandte. „Nochmal, ich erwarte, dass ihr die Regeln befolgt. Jedes Überschreiten der Regeln kann sowohl für euch als auch für den Tierbestand gefährlich sein."

Mit großen Augen folgte Reena seinen Ausführungen und ihr Puls beschleunigte sich. Massen von Tieren warteten hinter diesen Türen.

„Dann lasst uns gehen." Auf einen Knopfdruck hin öffnete sich die Doppeltüre hinter dem Rücken der Männer und eine Kammer kam zum Vorschein. Die Kandidaten zwängten sich zusammen mit ihren Führern hinein, dann verschloss Reignor die Kammer wieder mit einem

Knopfdruck. Zuerst geschah nichts und durch die vielen Körper um sie herum verspürte Reena auf einmal so etwas wie Platzangst. Dann setzte ein Brausen ein, Wind strömte von oben aus der Decke nach unten, wirbelte Reenas Haare umher und erfasste ihre Kleidung. Dann folgte ein feiner Regen. Einzelne Kandidaten schrien auf. Reenas Haut und ihre Kleidung wurde klamm, dann hörte der Regen auch schon wieder auf und grelles violettes Licht leuchtete an den Wänden auf. Nach ein paar Sekunden war der Spuk vorbei und Türen auf der anderen Seite der Kammer öffneten sich. Fahles Licht strömte hinein, die Führer gingen voran. Das erste, das Reena wahrnahm, war der überwältigende Gestank. Sie konnte ihre Maske gar nicht schnell genug aufsetzen, doch auch diese dämpfte den Gestank nur, sie filterte ihn nicht heraus.

Sie hörte einige der Kandidaten ächzen, Mary wandte sich ihr mit tränenden Augen zu. „Das ist übler, als ich es in Erinnerung hatte", sagte sie erstickt.

„Es ist immer so", sagte Samara, deren Maske um ihren Hals baumelte. Ihr schien der Gestank nichts auszumachen. „Und das, was ihr jetzt riecht, das hängt in der Kleidung der Menschen, die hier arbeiten, in ihren Haaren, in ihrer Haut. Es dauert ewig, diesen Geruch wieder loszuwerden." Sie wandte sich den Führern zu, die mit den Armen winkten und versuchten, die Aufmerksamkeit der Kandidaten zurückzuerlangen. „Wie ihr vielleicht sehen könnt, befinden wir uns in einer großen Halle." Reignor zeigte zur fast zwanzig Meter hohen Decke hinauf. „Die Viehhaltung ist in solche Hallen unterteilt, zwischen ihnen befindet sich jeweils eine Schleuse wie die, durch die wir gerade gegangen sind. In den jeweiligen Hallen halten wir unterschiedliche Tierarten. Hier ist der Stall für die Kühe."

Momentan standen sie in einer Art Vorhalle, die durch eine dünne Metallwand vom Rest des Stalls abgetrennt war. Überall standen Geräte herum, die auf ihren Einsatz warteten. „Jetzt folgt mir bitte." Reignor winkte über seinem Kopf und durchschritt das offenstehende Tor zum nächsten Abschnitt des Stalls.

Zusammen mit den anderen Kandidaten folgte Reena ihm, während sie sich bemühte, so flach wie möglich zu atmen. Der Gestank war unfassbar intensiv, vermutlich würde sie tagelang nicht mehr richtig atmen können. Wenn ihre Riechzellen denn nicht vollständig den Dienst quittierten.

„Im ersten Abschnitt haben wir die Jungtiere." Ihr Führer deutete auf die Gehege rechts und links des Weges. In ihnen scharten sich junge Kühe am Gitter und beäugten die Neuankömmlinge aus ihren großen braunen Augen. „Die Färsen, also die geschlechtsreifen Kühe, die noch kein Kalb geboren haben, werden dann in den nächsten Abschnitt übersiedelt. Dort bekommen sie ein Kalb und werden anschließend von ihm getrennt." Reignor führte sie weiter in den nächsten Abschnitt. Hier standen Kühe in Reih und Glied nebeneinander, mit ihren Eutern angeschlossen an silbern glänzende Apparate. Ihre Köpfe steckten in Gittern, die ihnen gerade so viel Freiheit ließen, dass sie den Trog am Boden erreichen konnten, in denen krümelige braune Brocken lagen. „Wir überwachen die Milchmenge, die jede Kuh liefert, täglich und beobachten ganz genau, wann sie abzunehmen beginnt. Dann bekommt die Kuh erneut ein Kalb, um die Milchproduktion wieder zu erhöhen. Nach ungefähr fünfzehn Jahren ist das Tier nicht mehr rentabel und wird in die Fleischverwertung übergeben, dorthin, wo auch die männlichen Tiere verwertet werden." Er nickte bestätigend. Hinter ihm waren mehrere Arbeiter damit beschäftigt, die Tröge der Tiere aufzufüllen. Hinter den Kühen lief eine Frau mit einem Spatel umher und kratzte den Kot der Kühe von den Gittern am Boden hinter den Tieren.

„Ah ja, das habe ich vergessen, zu erläutern." Auch Reignor hatte sich jetzt zu der Frau umgedreht. „Unter dieser Ebene fließt Wasser entlang, direkt unterhalb des Bodens. So werden die Ausscheidungen direkt fortgeschwemmt und in die Kanalisation gespült, wo das Wasser dann wieder aufbereitet wird. Die Ausscheidungen werden als Dünger für die Obstplantagen und den Gemüseanbau genutzt."

„Wenn wir also Obst oder Gemüse essen, essen wir eigentlich das da?" Leo war ein wenig bleich um die Nase.

„Die Pflanzen nehmen doch nur die Mineralien daraus auf, nicht den Geschmack", argumentierte Mary, doch Reena war in gewisser Weise Leos Ansicht. Vielleicht war es besser, nicht alles über die Aspiration und darüber, woher ihr Essen kam, zu wissen.

„Wenn du den Job machen musst, dann bist du ganz unten, weiter runter geht es wirklich nicht." Lachend sahen Dusk und Kendrick immer wieder zu der Frau, die ungerührt ihrer Arbeit nachging. Erst als Dusk ihr zurief: „Hey, Sie da", blickte sie auf. Ihr braunes Haar war strähnig und um ihre Augen hatten sich tiefe Falten eingegraben. Als sie die Gruppe betrachtete, zog sich plötzlich ihre Stirn in Falten und sie trat näher, so nah, wie es die Kühe zuließen.

„Samara?"

Zusammen mit den anderen wandte Reena sich Samara zu, die stocksteif hinter ihr stand.

„Samara, du bist es wirklich. Es ist schön, dich zu sehen, mein Kind." Die Frau winkte, doch Samara hob nur ganz kurz die Hand und blickte dann in eine andere Richtung.

Reignor, der dem Vorfall etwas irritiert gefolgt war, sagte: „Gut, dann wollen wir mal weitergehen." Bevor er sich umwandte, warf er Samara einen letzten Blick zu, die jedoch hielt ihren Kopf gesenkt und starrte auf den Boden.

Es folgten noch weitere Ställe, die im Prinzip alle nur eine Wiederholung des ersten waren. Schweine, Hühner,

Puten, Schafe. Nur der Abschnitt für die Fische war anders. In diesem brodelten mehrere riesige Wassertanks, in denen die Tiere umherschwammen. Und zum Glück herrschte dort auch ein wesentlich erträglicherer Geruch, eher nach Feuchtigkeit und Fischfutter. Der Rest von Ebene zwei bestand aus endlosen, trist aussehenden Gängen, die Reignor ihnen jedoch – glücklicherweise – nicht im Detail zeigte.

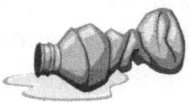

Die Woche schritt voran und Reena sah immer mehr von der Aspiration, die sie langsam als ihr neues Zuhause betrachtete. Am Anfang war sie vorsichtig gewesen. Zu groß war die Angst, gleich wieder fortgeschickt zu werden, doch im Moment war es gut möglich, dass ihr noch ein paar Wochen blieben. Womöglich konnte sie das Leben hier noch ein wenig länger genießen. Den Gedanken daran, unter den Finalisten zu landen, verbot sie sich jedoch. Er war zu unwahrscheinlich. Platz dreiundzwanzig, das war wahrlich kein Grund für hochtrabende Träume.

Die Forschungsebene war spannend, ebenso wie die Agraroberflächenbewirtschaftung. Dort war es gleichzeitig noch wunderschön und zum ersten Mal seit Wochen konnte Reena den Himmel wieder über ihrem Kopf sehen, da die Kuppel über der Aspiration aus dickem Glas bestand.

Die Computerüberwachung hingegen fand Reena herzlich öde, auch wenn Nickels sich dort vollkommen in seinem Element fühlte. Es war einfach ein riesiger Raum voller blinkender Elektronik, die ständig piepte und auf der Menschen mit ungeheuer wichtigen Mienen herumtippten.

Der letzte Punkt auf ihrer Liste der wichtigen Orte auf der Aspiration war die Abwasser- und Müllentsorgung. Reena freute sich nicht gerade auf diesen Ausflug, denn Müll hatte sie in ihrem Leben definitiv schon genug gesehen. Ihr Führer leitete sie zunächst durch die Abwasseraufbereitung, im Prinzip ein langgestreckter Raum mit verschiedenen Becken, in denen Wasser unterschiedlicher Farbe stand. Besonders viel gab es nicht zu sehen, was ihren Führer allerdings nicht davon abhielt, einen ausgiebigen Vortrag zu jedem der Becken zu halten. So erfuhr Reena auch, dass in einem Becken das Wasser der Viehhaltungsebene landete, in dem Wasser und Kot voneinander getrennt wurden. Dem Kot wurde das gesamte Wasser entzogen und dann mittels einer Art Rohrpost auf das oberste Deck der Aspiration und damit in das Gemüse- und Obstanbaugebiet geschickt.

Reena seufzte erleichtert auf, als sie endlich die Wasseraufbereitung hinter sich ließen und durch eine bewachte Schranke die Müllentsorgung betraten.

„Wie sich einige von Ihnen vermutlich schon gedacht haben, ist das Wort Müllentsorgung nicht ganz richtig", begann der Führer wieder zu dozieren, sobald alle die Schranke durchschritten hatten. „Auf der Aspiration gehen wir sorgsam mit unseren Ressourcen um, wir geben uns die größte Mühe, alles zu recyceln, da es bei vielen Materialien unmöglich ist, sie neu zu beschaffen. Kann mir jemand sagen, was alles recycelt wird?" Mit hoch erhobenem Kinn ließ er seinen Blick über die Kandidaten schweifen. Marys Hand schoss in die Höhe. „Ja?"

„Plastik, Metall, organische Abfälle", zählte sie auf.

„Das ist richtig." Der Führer positionierte sich neben einem langen Förderband, auf das Müll aus einem großen Trichter, der von der Decke herabhing, hinabfiel. Über dem Förderband befand sich auf den ersten paar Meter eine große Platte. „Hier werden die magnetischen Bestandteile von den anderen getrennt", erklärte der Führer, als ein Klacken erklang und unzählige kleine Teile vom Förderband an die Platte hinaufgezogen wurden. Danach schwenkte die Platte zur Seite und ließ die angezogenen Teile polternd in einen weiteren Trichter fallen.

Der Führer schritt ein paar Meter weiter und deutete dann auf einen Abschnitt des Förderbands, an dem jeden Meter ein Arbeiter stand, der mit den Händen den Müll durchsuchte. „Bisher gibt es keine effektivere Methode, das Plastik auszusortieren. Aber vielleicht kommt einem von Ihnen ja in ein paar Jahren die zündende Idee."

Reena beobachtete einen der Arbeiter dabei, wie er eine gut gefüllte Wanne mit Plastikabfall hochnahm und sie zu einem großen im Boden eingelassenen Becken hinübertrug. In diesem drehte sich ein träger Strudel aus Plastikmüll. „In diesem Zerkleinerungsbecken landet der Plastikmüll ganz am Anfang seiner Reise." Der Führer baute sich neben dem Becken auf. „Auf dem Grund und an den Seiten weiter unten befinden sich Klingen. Diese drehen sich fortwährend und sorgen so dafür, dass der Müll zerkleinert wird. Jeden Tag wird der zerkleinerte Müll aus dem Becken abgelassen und eine Ebene unter uns weiterverarbeitet. Kann mir jemand sagen, wie diese Weiterverarbeitung aussieht?"

Wieder hob Mary in Windeseile die Hand. Reena hingegen hatte nicht den kleinsten Schimmer, warum hier auf der Aspiration der Müll zerkleinert wurde. Wenn sie die Plastikteile zerschnitten, dann war doch kaum noch etwas übrig, was man verwenden konnte.

„Ja?" Diesmal deutete der Führer auf Leo.

„Im nächsten Schritt wird das Plastik wieder in Rohöl verwandelt", sagte Leo. „Und das Rohöl kann dazu genutzt werden, neues Plastik herzustellen. Außerdem ist es unsere Energiequelle."

„Ganz genau. Und wie wird das Plastik umgewandelt?"

Bedauernd schüttelte Leo den Kopf. „Das weiß ich nicht."

„Mithilfe von Chemikalien", meldete Mary sich zu Wort.

„Ganz genau, wir benutzen Chemikalien dazu." Der Führer nickte langsam. „Aber welche Chemikalien das sind, weiß nur die Crew, die dafür zuständig ist. Es ist ein Geheimnis, das weder die Ebene der Müllentsorgung noch die Aspiration jemals verlassen darf. Unser Leben hängt an diesem Geheimnis, habt ihr das verstanden?"

Reena nickte ebenso wie die anderen Kandidaten, doch sie verstand gar nichts. Wenn die Menschen von der Aspiration eine Möglichkeit gefunden hatten, Plastik wieder neu zu verwerten, warum teilten sie sie nicht? Mit dieser Technik könnte auch im Outland aufgeräumt werden, sie könnten neue Dinge herstellen ...

„Wir sammeln draußen die ganze Zeit Plastik für die Aspiration", flüsterte Reena Mary zu, als der Führer sich umdrehte, und dem Förderband weiter folgte. „Wir bringen es zum Schiff und tauschen es gegen Medikamente. Wir machen das also, damit ihr Strom habt?"

Mary kniff die Augen zusammen. „Ihr tut es, damit ihr Medikamente erhaltet", antwortete sie dann. „Es ist freiwillig, wir geben euch die Möglichkeit, Medikamente zu kaufen."

Reena schluckte. Sie taten es freiwillig, ja. Aber sie hatte nie darüber nachgedacht, wofür die Aspiration wohl das Plastik brauchte. Und was passieren würde, wenn die Outlander es ihnen nicht mehr bringen würden. „Wie viel Plastik verbraucht denn ..." Bevor Reena ihre Frage beenden konnte, traf sie etwas am Kopf und fiel dann mit einem klappern neben ihr zu Boden. Es war ein Stück Plastik, so wie es aussah von einem Becher. Sie fuhr mit der Hand zu der schmerzenden Stelle an ihrem Kopf. Als sie sie betrachtete, war zum Glück kein Blut daran zu sehen. Ihr Blick irrte durch die Halle und

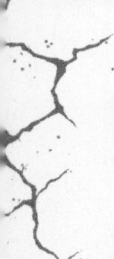

fiel auf Dusk, der neben dem Becken für den Plastikmüll kauerte und sie mit einem fiesen Grinsen ansah.

„Gefällt dir das?", zischte er ihr zu. „Du fühlst dich doch sicher heimisch zwischen all dem Abfall, oder, Müllfresserin?"

Reena erwiderte nichts, es gab nichts, was sie ihm sagen konnte, was ihn davon überzeugen würde, sie nicht mehr zu hassen. Gerade, als sie sich abwenden wollte, flog ein weiteres Stück Plastik auf sie zu. Im letzten Moment wehrte sie es mit einer Hand ab, da flog auch schon das nächste und traf sie am Bauch.

„Bitte, lassen Sie das." Der Führer war nun ebenfalls auf sie aufmerksam geworden und hatte die Hand gehoben. „Und treten sie nicht so nah an das Becken heran. Wir gehen jetzt weiter." Er wandte sich um und führte die Kandidaten zum Ende des Förderbands, wo die organischen Abfälle verwertet wurden. Reena ging rückwärts, sie hatte nicht vor, Dusk aus den Augen zu lassen. Gehässig sah er ihr nach und griff erneut in das Becken. Er holte aus und warf das Stück Plastik Reena hinterher. Dabei kam er für einen Moment aus dem Gleichgewicht und sein Fuß rutschte über die Kante des Plastikbeckens. Wild mit den Armen rudernd stieß Dusk einen erstickten Schrei aus. Kurz sah es so aus, als könnte er sich noch halten und sein Gleichgewicht bewahren, dann kippte er vorneüber in das Becken voller Plastikabfall.

„Oh nein." Der Führer stürzte hinüber zum Becken und kniete sich an den Rand. Er streckte Dusk seine Hand entgegen, doch er konnte ihn nicht erreichen. Selbst die träge Strömung, die im Becken herrschte, reichte, um Dusk immer weiter vom Rand wegzutragen.

Lachend stieß Reena Leo an, der sich neben ihr bereits vor Lachen ausschüttete. „Oh man, das hat er verdient", keuchte Leo. „Etwas Passenderes hätte man sich für ihn wirklich nicht ausdenken können."

Reena lachte so heftig, dass ihr Tränen in die Augen traten.

Nach zwei weiteren erfolglosen Versuchen, Dusk aus dem Becken zu ziehen, wandte der Führer sich zu den restlichen Kandidaten und den Arbeitern, die ihre Arbeit unterbrochen hatten, zu. „Das ist nicht lustig. Er wird da drin ersticken oder von den Klingen erwischt werden, wenn wir nichts unternehmen."

„Können Sie die Maschine nicht abschalten?", fragte Nickels und deutete auf das Steuerpult in der Mitte der Halle.

„Die Abschaltung dauert zehn Minuten", jammerte der Führer mit inzwischen knallrotem Gesicht. „Das dauert viel zu lange."

„Kann er nicht an den Rand schwimmen?", fragte Reena, während sie sich eine Lachträne aus dem Augenwinkel wischte. Die kleinen Plastikteilchen formten schließlich so etwas wie eine Masse, durch die man vielleicht schwimmen könnte. Doch Dusk sah eher so aus, als würde er wild um sich schlagen in dem Versuch, an der Oberfläche zu bleiben.

„Schwimmen?", fragte der Führer verständnislos. „Wie sollte er denn schwimmen?"

„Reena, auf der Aspiration lernen wir nicht schwimmen. Hier gibt es keinen See oder ein Meer ..." Mary schüttelte mit weit aufgerissenen Augen den Kopf.

„Aber das hier ist ein Schiff!", rief Reena. „Ihr seid immer auf dem Wasser." Wie konnten sie da nicht schwimmen lernen? Draußen konnte jeder schwimmen. Allein schon, um das wertvolle Plastik aus dem Meer zu fischen.

„Er kann nicht schwimmen!", schrie der Führer nun in heller Panik. Er rannte vor dem breiten runden Becken auf und ab und verschränkte die Arme hinter dem Kopf. „Er wird sterben. Und das ist dann meine Schuld! Meine Schuld." Er sah aus, als würde er gleich in Tränen ausbrechen oder ohnmächtig zusammenklappen.

Reena trat vor und stellte sich ebenfalls an den Rand des Beckens. Sie griff nach dem Arm des Mannes, um ihn zu beruhigen. „Wir brauchen etwas Langes, eine Stange oder ein Seil, etwas in der Art."

„Hier gibt es nichts. Bis auf den Abfall ist dieser Raum leer."

„Keine Leiter oder sowas?" Reena blickte sich mit raschem Blick im Raum um. Der Führer hatte recht – die Wände und der Boden des Raumes waren leer. Es gab nur die Förderbänder, das Steuerpult und dieses Müllbecken im Boden. Sie sah zurück zu Dusk. Er wedelte hektisch mit den Armen, der einzige Grund, weshalb er noch nicht untergegangen war. Doch sie sah ihm an, dass die Anstrengung, über der Oberfläche zu bleiben, ihm immer mehr zusetzte. Irgendwann – schon sehr bald – würde er nicht mehr die Kraft haben, sich oben zu halten. Dann würde er in den Müllstrudel hinabgezogen werden. „Will ihm denn keiner helfen?" Reena drehte sich zu den anderen Kandidaten um. Alle von ihnen wirkten schockiert, einige pressten sich die Hände auf den Mund, als müssten sie einen Schrei unterdrückten. Niemand lachte mehr. Doch keiner von ihnen sah aus, als hätte er vor, irgendetwas zu unternehmen. „Verdammt, ist das euer Ernst?", brüllte Reena sie an. Dann sah sie wieder zurück auf den Strudel. Niemand hier konnte schwimmen, niemand außer ihr ... „Verdammte Scheiße!" Kurzentschlossen bückte sich Reena und riss sich ihre Schuhe von den Füßen. Dann zog sie die Jacke ihrer Uniform aus. Der steife Stoff würde sie nur behindern. Sie schob ihre Zehen über den Rand des Beckens. Wollte sie das wirklich tun? Sie sah Dusk an. Sein Haar klebte ihm am Kopf und er kämpfte verbissen darum, am Leben zu bleiben. Wenn sie es nicht tat, würde sie dabei zusehen müssen, wie er starb. Sie ging in die Hocke. Sie würde weit springen müssen, um Dusk zu erreichen. So sparte sie sich eine Menge vom Hinweg und damit auch Kraft, um Dusk zurückzuschleppen.

„Reena, nein!" Offenbar hatte Leo erkannt, was sie vorhatte. Sie hörte seine schnellen Schritte hinter sich. Doch bevor er sie aufhalten und bevor sie es sich anders überlegen konnte, drückte sie sich aus der Hocke ab und sprang. Der Aufprall war hart, viel härter als im Wasser. Wenn sie im Sommer vom Steg im See in der Nähe sprangen, fühlte sich der Aufprall ganz anders an. Angenehm kühl und seidig. Der Aufprall auf dem Plastikmüll rüttelte sie durch und die einzelnen scharfkantigen Plastikteile schnitten ihr in Hände und Gesicht. In dem Moment, in dem sie auf der Oberfläche aufkam, begann sie auch schon zu versinken. Unerbittlich schien der Müll sie hinab in die Tiefe ziehen zu wollen. Sofort begann Reena mit weit ausholenden Schwimmbewegungen. Doch es war nicht wie im Wasser. Wasser schmerzte nicht beim Hindurchschwimmen. Und es leistete auch nicht so viel Widerstand. Doch sie kam voran. Langsam, aber stetig näherte sie sich dem strampelnden Dusk. Die Rufe der anderen Kandidaten blendete sie aus. Sie konzentrierte sich vollends darauf, sich mit ruhigen Zügen durch den Plastikmüll zu schieben. Dusk war nur noch wenige Zentimeter entfernt, als sie ihn ansprach. „Dusk? Ich werde dich gleich festhalten. Ich muss meine Arme von hinten um deinen Hals legen, dann kann ich dich mit mir zum Rand ziehen." Sie hatte schon beobachtet, wie ihr Vater das getan hatte, als ein Mann beim Sprung in den See ohnmächtig geworden war.

„Nein!", stieß Dusk zwischen zwei heftigen Bewegungen seiner Arme hervor. „Nein, nicht du."

„Außer mir ist hier niemand. Du musst mir vertrauen", beschwor ihn Reena. „Du musst ganz ruhig werden und dich von mir ziehen lassen."

„Du wirst mich untergehen lassen." Dusks Worte waren inzwischen unverständlich, so heftig ging sein Atem.

„Das werde ich nicht." Und das meinte sie auch so. Dusk war ein widerlicher Kerl, aber sterben lassen würde sie ihn ganz sicher nicht. Das hatte nicht einmal er verdient. „Bleib ganz ruhig, ich komme jetzt näher." Mit zwei Zügen war sie neben Dusk.

„Nein, Finger weg." Seine Hand erwischte sie an der Wange, die augenblicklich zu brennen begann.

„Dusk, ich ..."

„Geh weg!"

Er ruderte noch heftiger mit den Armen und Reena wich wieder zurück. Dieser Kerl ... Er würde noch dafür sorgen, dass sie beide untergingen. „Nimm einfach meine Hand." Reena hielt ihm ihren ausgestreckten Arm entgegen, doch Dusk ignorierte sie. Hastig überlegte Reena, was sie jetzt tun sollte. Wenn sie zu lange im Becken blieb, würde sie den Weg zurück zum Rand nicht mehr schaffen. Das waren knappe fünf Meter. Keine Entfernung im Wasser, doch hier war es schon fast zu weit. Sie bemerkte, dass Dusks Bewegungen erlahmten. Seine Arme schlugen noch immer auf die Oberfläche des Plastikmülls, doch es steckte kaum noch Kraft dahinter. Dusk versank und sie konnte nur dabei zusehen. Nun reichten ihm die Plastikteilchen schon bis zur Nase, dann waren auch seine Augen verschwunden. Das einzige, was blieb, waren seine Hände, die hektisch zuckten.

„Er stirbt!"

„Tu doch was!"

Die Rufe der anderen Kandidaten peitschten durch die Halle. Reena zögerte. Sie wollte Dusk retten. Aber offenbar wollte er das nicht. Was, wenn sie ihn festhielt und er sie dann hinunterzog oder gar hinunterdrückte?

Aber war sie in dieses Becken gesprungen, um unverrichteter Dinge wieder herauszuklettern? Nein.

Entschlossen schob Reena ihre Hände durch das Meer aus Plastikteilchen. Inzwischen war Dusk vollständig verschwunden und so tastete sie an der Stelle umher, an der sie ihn zuletzt gesehen hatte. Ihr Herz pochte hastig. Er musste doch hier irgendwo sein! Doch sie konnte ihn nicht finden. Ein Schrecken durchfuhr sie, als sie inmitten all der kalten Plastikteile etwas Warmes ertastete. Rasch griff sie zu. Es war Dusks Hand. Heftig auf der Stelle tretend, zog sie ihn an die Oberfläche. Ihre Muskeln brannten inzwischen wie verrückt, doch es gelang ihr, Dusk wieder so weit hinaufzuziehen, dass sein Kopf die Oberfläche durchbrach. Sein Atem ging pfeifend, was vermutlich auch gut war, andernfalls hätte er sich vielleicht nur wieder gegen ihre Hilfe gewehrt. Sie drehte ihn mit dem Rücken zu sich und legte ihm den linken Arm um den Hals, so, wie sie es bei ihrem Vater gesehen hatte. Was sie allerdings nicht gesehen hatte, war, wie schwer es war, jemanden durch einen See aus Plastik zu schleppen. Und noch dazu jemanden, der nicht mithalf. Sie lag auf dem Rücken und trat kräftig mit den Beinen aus, gleichzeitig pflügte sie ihren rechten Arm durch die widerspenstige Masse. Dusks Körper presste sich an ihren und behinderte ihre Bewegungen. Er hing nur schlaff da und ließ sie alle Arbeit machen.

„Dusk, du musst mithelfen", stieß Reena hervor. Sie konnte kaum noch sprechen. So viel verlangte ihr der bloße Versuch ab, sie beide über der Oberfläche zu halten. „Tritt mit den Beinen, mach das, was ich mache."

Erst geschah nichts. Reena begann bereits zu befürchten, dass Dusk ohnmächtig geworden war, da rührte er sich in ihrem Griff. Er stieß mit den Beinen aus, doch er behinderte dabei nur ihre eigene Bewegung. Nach und nach gelang es ihm, sich ihren Tritten anzupassen und sie bewegten sich im gleichen Rhythmus. Nun kamen sie besser voran. Doch der rettende Rand war noch immer zwei Meter entfernt. Durch ihren Sprung hatte sie auf dem Hinweg einen großen Teil der Strecke gespart, auf dem Rückweg musste sie schwimmen. Und Dusks Weigerung, sich helfen zu lassen, hatte sie viel Zeit und Kraft gekostet. Reena blickte über die Schulter. Die anderen Kandidaten hatten sich am Beckenrand versammelt. Sie knieten und streckten ihre Arme nach ihnen aus, als würde das bewirken, dass sie schneller schwammen. Reena wandte ihren Kopf wieder ab und biss die Zähne zusammen. Durchhalten, nur noch ein paar Züge. Nur noch zehn Züge, sagte Reena sich und begann zu zählen. Doch es waren nicht nur zehn. Mit dem doppelten Gewicht kamen sie nur sehr langsam voran. Und nach zehn Zügen war der Beckenrand erst einen Meter nähergekommen.

„Fast da", stieß Reena hervor. Dusk gab keinen Laut von sich, doch er stieß nach wie vor mit den Beinen. Bei Reenas nächstem Tritt schoss ein scharfer Schmerz durch ihre rechte Wade. Ein Krampf. Sie stieß weiterhin ihr anderes Bein nach hinten und kämpfte sich ein paar Zentimeter voran, doch ihre Bemühungen wirkten kraftlos. Sie spürte, wie ihre Körper tiefer in den Plastikteilen einsanken. „Schneller treten", ordnete Reena mit kraftloser Stimme an. Doch offenbar konnte Dusk sich nicht mehr steigern. Ganz genau so wenig wie sie. Reena spürte die Plastikteile auf ihrer Stirn. Sie rutschten über ihre Wangen und in ihre Augen. Jetzt war sie unter der Oberfläche. Ihre Kraft reichte nicht mehr aus. Sie hatte versagt. Im Versuch, sie beide wieder an die Oberfläche zu bringen, streckte sie ihren Arm nach oben aus. Sie stieß auf etwas Warmes, das fest zupackte. Schmerzhaft fest. Es riss an ihrem Arm und Schmerz durchzuckte ihre Schulter. Sie spürte, wie die Plastikteile an ihr vorbeiglitten, als sie emporgezogen wurde. Als sie wieder sehen konnte, entdeckte sie Leos Gesicht über sich. Er umklammerte ihre Hand. Seine Miene war vor Anstrengung verzerrt und die anderen Kandidaten hielten ihn fest, während er sich über das Becken beugte und sie und Dusk langsam, aber stetig weiter herauszog. Als sie nah genug am Beckenrand waren, griffen Hände nach Dusk und halfen ihm hoch. Reena musste ihren Arm zwingen, ihn loszulassen. Die Muskeln darin hatten sich in der Anstrengung so sehr verkrampft, dass sie schmerzten und in der Stellung eingefroren zu sein schienen.

„Reena." Leo keuchte vor Anstrengung, als er sie unter ihren Armen packte und sie den Beckenrand hochzog. Der glatte Boden fühlte sich wunderbar unter ihren zerschundenen Händen an. Kühl und angenehm. „Oh Mann, Reena." Leo schlang seine Arme um sie und drückte sie fest an sich. Als er sie losließ, sah er ihr tief in die Augen und schüttelte den Kopf.

„Ich muss mich kurz hinlegen", murmelte Reena. Ihr ganzer Körper war ein einziger Schmerz und sie hatte nicht mehr die Kraft, zu sitzen. Sie sackte zu Boden.

„Geht es dir gut?" Besorgt beugte Mary sich über sie.

„Alles gut", nuschelte Reena. „Muss mich nur kurz ausruhen." Auf dem Rücken liegend atmete sie heftig. Blut tropfte aus den vielen kleinen Schnittwunden an ihrem Körper auf die Fliesen. Erst jetzt wurde ihr das Ausmaß der ganzen Aktion bewusst. Sie wäre fast gestorben. Sie hatte ihr Leben riskiert, um Dusk zu retten. Den Menschen, der ihr das Leben an der Akademie zur Hölle machte. Und fast wären sie beide dabei draufgegangen. Ihr Kopf kippte zur Seite. Eine Armlänge entfernt hockte Dusk. Der Führer und einige andere Kandidaten kümmerten sich um ihn. Durch ihre Beine und Arme hindurch traf sein Blick auf Reenas. Seine Miene, die eben noch schmerzlich verzogen war, wurde hart. Er blutete ebenfalls aus zahlreichen kleinen Schnitten und auf seiner Wange glänzte eine nasse Spur. Tränen oder Schweiß?

Reena wandte ihren Kopf wieder in eine erfreulichere Richtung. „Es tut mir leid", krächzte sie. Es war dumm gewesen, sich selbst in Gefahr zu bringen und ihren Freunden einen solchen Schrecken einzujagen.

„Mach das nie wieder!" Leos Stimme, in der sonst immer eine Spur Humor mitschwang, war eindringlich. „Nie wieder."

„Mache ich nicht." Reena hustete. Von der krampfartigen Bewegung schmerzte ihr Körper heftiger. „Ich

glaube, ich muss auf die Krankenstation." Mit ihrem Arm stimmte etwas nicht. In der Schulter tobte ein glühender Schmerz und langsam wurden ihre Finger taub.

„Wir bringen dich hin." Nickels kniete sich sie und half ihr hoch.

# KAPITEL 12

Die drei Tage auf der Krankenstation waren langsam vergangen. Maddie hatte Reenas Behandlung übernommen und dabei eine ausgerenkte Schulter diagnostiziert. Das Einrenken verursachte einen Schmerz, den Reena nie wieder erleben wollte. Zu der Verletzung in der Schulter – an der übrigens Leo die Schuld trug – kamen noch zahlreiche Schnitte in allen Größen. Reena war überrascht, dass sich überhaupt noch Haut an ihrem Körper befand. Am ersten Tag hatte sich alles so schrecklich wund angefühlt, als hätten die Plastikteile in dem Becken jede einzelne Hautzelle abgeschmirgelt. Dreimal am Tag rieb Maddie sie mit einer übelriechenden Paste ein, die den Schmerz linderte und die zu einer schnelleren Wundheilung führen sollte.

„Warum hast du ihn gerettet?" Es war der Abend des dritten Tages auf der Krankenstation. Maddie setzte sich auf den Stuhl neben Reenas Bett und wischte sich die salbenverschmierten Hände an einem Tuch ab. „Ich habe dich das bisher nicht gefragt, weil es dir schlecht ging. Aber jetzt muss ich fragen: Warum hast du ihn gerettet?"

Reena seufzte. „Er ist ein Mensch", antwortete sie schließlich.

„Das ist alles?"

„Ich war die Einzige, die ihm helfen konnte." Reena lehnte sich langsam in den weichen Kissen ihres Krankenbettes zurück. „Niemand hat etwas unternommen. Also habe ich es getan."

„Kein Mensch hätte dir einen Vorwurf gemacht, wenn du es nicht versucht hättest."

„Doch." Reena sah Maddie direkt in die Augen. „Ich hätte es getan. Man kann nicht dabei zusehen und nichts tun, wenn jemandem etwas zustößt, das man verhindern könnte. Ich kann schwimmen, ganz im Gegensatz zu allen hier auf der Aspiration. Ich kann es!" Erschöpft holte Reena tief Luft. Die letzten Nächte hatte sie Alpträume von dem Becken gehabt. Wieder und wieder durchlebte sie den Augenblick, in dem die Masse an Plastik sie in die Tiefe zog. Doch wenn sie die Entscheidung noch einmal treffen müsste, würde sie es wieder tun. „Es war richtig, ihm zu helfen."

„Hut ab." Maddie nickte anerkennend. „Hätte er mich so behandelt, wüsste ich, was ich getan oder auch nicht getan hätte."

Reena zuckte mit den Achseln. Es war müßig, das Thema wieder und wieder durchzukauen. Sie hatte sich dazu entschieden, zumindest den Versuch zu wagen,

Dusks Leben zu retten. Und so war es nun eben. Er würde weiterhin mit ihr auf die Akademie gehen. Und er wäre weiterhin Dusk. Sie wäre weiterhin sie. „Ich kann noch in den Spiegel schauen, das war es also wert."

Reena wartete, bis es Mitternacht war, dann schlug sie die Decke ihres Bettes zurück und stand auf. Ihre Schulter protestierte gegen die Bewegung, doch Reena legte die Schlinge an, die Maddie ihr dagelassen hatte. Sie bewegte sich aus dem Winkel der Kamera heraus, die hauptsächlich das Bett erfasste. Somit würden die Zuschauer vermuten, dass sie die Toilette aufsuchte. Dann stieg sie rasch in ihre Schuhe und schlüpfte auf den Gang hinaus. Das Zimmer, in dem sie die letzten Tage verbracht hatte, lag nicht weit von dem Raum entfernt, in dem sie bei ihrem Besuch mit Mary die Frau gesehen hatte. Die Frau, die sie zu kennen glaubte. Die Frau, die aus einem Dorf in der Nähe ihres Heimatdorfes verschwunden war. Mary hatte ihr nicht geglaubt, dass sie sie erkannt hatte. Und auch Reena hatte es als Verwechslung abgetan. Doch ein Zweifel war geblieben. Sie musste sichergehen. Wenn sie es nicht tat, würde ihr Gehirn sie in den Wahnsinn treiben, indem es ihr immer wieder das Bild dieser Frau in Handschellen präsentierte.

Auf dem Flur war es totenstill, lediglich eine schwache Lichtleiste spendete ein Zwielicht. Reena tastete sich vorsichtig voran, allzeit bereit, zur Seite zu springen, sollte jemand auf dem Flur auftauchen. Doch es kam niemand. Der Flur lag wie ausgestorben da. Endlich erreichte Reena die Tür, hinter der sie die Frau gesehen hatte. Doch was nun? Sie blickte den Flur hinauf und hinab. Da war immer noch das leuchtende Feld auf die man einen Com legen musste. Doch mit ihrem käme sie nicht hinein, das durften vermutlich nur die Menschen, die auf dieser Ebene arbeiteten. Reena ging näher und betrachtete das in der Dunkelheit geradezu glühende Feld. Es war nichts zu sehen, keine Beschriftung oder etwas Ähnliches. Sollte sie es einfach riskieren und es mit ihrem Com probieren? Aber was, wenn nachts eine Art Alarm losging und man sie hier fand? Nein, das wollte sie nicht riskieren. Stattdessen ging sie hinter einem Wagen mit medizinischem Material in Deckung, der einige Meter von der Tür entfernt stand. Jetzt musste sie nur noch warten.

Doch das Warten zog sich. Die Zeit schlich nur so vorbei und Reena fielen immer öfter die Augen zu. Die Alpträume der letzten Nächte forderten ihren Tribut. Wieder und wieder nickte Reena ein, ihr Kopf kippte nach vorn und sie erwachte unsanft. Sie durfte nicht einschlafen. Zuerst musste sie wissen, was hinter dieser Tür war. Wer hinter dieser Tür war.

Sie war gerade in einen weiteren Sekundenschlaf gefallen, als sie mit einem Ruck erwachte. Schritte waren auf dem Flur zu hören. War es Einbildung, oder leuchtete die Lichtleiste nun heller? Reena hielt sich am Wagen fest und blickte um ihn herum den Flur entlang. Dort kam ein Mann in langem weißem Kittel. Ein Arzt. Angespannt hielt Reena die Luft an und wartete, was der Mann tun würde. Seine Schritte verlangsamten sich und er blieb tatsächlich vor der Tür stehen, griff nach dem Com an seinem Gürtel und hielt ihn vor das leuchtende Feld. Ein leises Signal ertönte, dann entriegelte sich die Tür. Munter pfeifend betrat der Arzt den Raum. Langsam fiel die Tür wieder ins Schloss.

Das war ihre Chance! Reena stürzte zur Tür hinüber und hielt sie auf, bevor sie sich vollständig schließen konnte. Sanft schob sie sie wieder so weit auf, dass sie einen Blick ins Innere des Raumes werfen konnte. Eine Reihe von Stühlen befand sich gegenüber an der Wand, rechts standen mehrere Kühlschränke mit Probenröhrchen. Daneben standen fein säuberlich aufgereiht Infusionsständer. Bis auf den Arzt war der Raum leer, Niemand weiter war zu sehen. Doch das war der Raum, in dem Reena die Frau gesehen hatte, da war sie sich sicher. Trog ihre Erinnerung sie? Hatten die Forscher die Frau woanders hingebracht? Es war schließlich Wochen her.

Oder hatte sie nie existiert? Die Frau, die sie gesehen hatte, war vermutlich entweder eine Probandin oder eine Patientin gewesen, vielleicht sollte sie Maddie fragen, welche Art von Untersuchungen hier vorgenommen wurden.

Reena zog sich aus dem Raum zurück, bevor der Arzt sich umdrehen und sie bemerken konnte. Sie sollte nicht hier sein. Sie sollte nicht so neugierig sein. Durch ihre Neugier setzte sie alles aufs Spiel. Im Gegensatz zu den anderen Kandidaten gab es einen Ort, an den sie geschickt werden konnte, wenn sie nicht an die Regeln hielt.

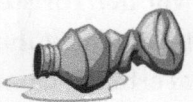

„Das ist doch scheiße", flüsterte Reena Mary zu, die gerade Schläge in die Luft vollführte. Aufgrund ihrer Schulterverletzung durfte Reena eine Woche lang nicht am Kampfunterricht teilnehmen und Mary musste allein trainieren.

„Eine Woche, nächstes Mal kannst du mich wieder durch die Mangel drehen", gab Mary genau so leise zurück und vollführte einen kraftlosen Kinnhaken. Sie war in den letzten Wochen zwar besser geworden, doch noch immer hinkte sie den anderen Kandidaten in puncto Körperkraft hinterher. Nun rächte es sich, dass ihre Mutter der Meinung war, eine Frau müsste nicht kämpfen. Doch Reena bewunderte Marys Durchhaltevermögen. Sie gab sich Mühe. Noch mehr als das: Sie kämpfte verbissen darum, besser zu werden. Sie legte jeden Montag noch eine zusätzliche Trainingseinheit ein, nachdem sie ihre Hausaufgaben erledigt hatte. Reena wäre viel zu kaputt, um noch zusätzliches Training in ihren ohnehin schon übervollen Zeitplan zu quetschen.

Doch Mary tat es. Ohne darüber zu reden, ohne sich zu beschweren. Reena wusste es nur, weil es in den abendlichen Zusammenfassungen zu sehen gewesen war. Genau so, wie sie wusste, dass Mary oft Stunden in der Bibliothek verbrachte und danach mit blendender Laune zurückkehrte. Offenbar tat sie das Richtige. Sie war die Nummer eins der Zuschauer. Und Reena verstand es. Obwohl Mary sich auf der Tatsache ausruhen könnte, dass ihre Mutter die Präsidentin war, tat sie es nicht. Sie erwähnte es so gut wie nie und strengte sich genauso – wenn nicht noch mehr – an wie die anderen Kandidaten.

„Ich komme mir blöd vor", murmelte Reena, nachdem sie Mary eine Weile bei ihren Übungen zugeschaut hatte.

„Das liegt nur an ihm." Leo, der zusammen mit Nickels ein paar Meter weiter entfernt trainierte, kam zu ihr. „An Dusk. Er hat sich nicht einmal bedankt. Er hat sich nicht dafür bedankt, dass du sein Leben gerettet hast."

Reena schüttelte den Kopf. „Das ist es nicht. Ich komme mir einfach nutzlos vor, das ist alles. Am Sonntag ist die nächste Wahl und ich kann nicht trainieren. Ich kann nicht das zeigen, worin ich am besten bin."

„Du bist auch in Biologie und Medizin sehr gut", sagte Mary außer Atem. „Da kannst du doch zeigen, was du kannst."

„Das ist etwas anderes." Ihre Freunde verstanden nicht, was sie meinte. „Im Klassenraum herumzusitzen und schlaue Antworten zu geben, ist nicht so beeindruckend wie zu kämpfen."

„Du kannst nicht trainieren, weil du jemanden gerettet hast, schon vergessen?", sagte Nickels sehr ernst. „Die Zuschauer verstehen das."

Was diesen Punkt betraf, war Reena sich nicht so sicher. Für die Zuschauer musste es aussehen, als ob sie nur herumsaß, während die anderen sich abrackerten. Sie schwitzten und litten für die Aspiration. Und sie hockte nur da und sah ihnen dabei zu.

„Nächste Woche zeigst du uns allen wieder, wo es langgeht." Leo lächelte sie aufmunternd an.

Nächste Woche ... Reena versuchte nicht zu zeigen, wie sehr diese Worte ihre Laune herunterzogen. Nächste Woche war sie vielleicht nicht mehr hier. Gut möglich, dass sie nächsten Donnerstag, wenn die anderen Kandidaten ihre Schlagtechnik trainierten, wieder in Hope sein würde, im Outland bei ihrer Familie.

„Reena?" Der Unterricht war für heute beendet und Reena war bereits mit ihren Freunden auf dem Weg zum Ausgang des Trainingsareals, da hielt der Leutnant sie zurück.

„Geht schon mal vor, ich komme nach." Mit fragender Miene sah Reena den Leutnant an. Wollte er ihr wieder vorschlagen, die Aspiration freiwillig zu verlassen?

„Reena ..." Der Leutnant schien ein Problem damit zu haben, weiterzusprechen. Er sah sie kurz an, dann blickte er hinab auf seine Hände. So hatte Reena ihren Lehrer noch nie erlebt.

„Reena, ich möchte dir sagen ..." Er stockte und holte tief Luft. „Ich möchte dir für deinen Mut danken."

Reena schluckte, sagte aber nichts. Offenbar war der Leutnant noch nicht fertig.

„Du hast Kühnheit damit bewiesen, in dieses Becken zu springen. Und das für einen Menschen, der ... nun." Der Leutnant räusperte sich. „Dusk gehört weder zu deiner Familie noch zu deinen Freunden. Niemand anderes hat etwas unternommen, nur du. Du hast einen kühlen Kopf bewahrt und getan, was nötig war. Und für mich beweist das, dass du es verdienst, auf der Aspiration und auf der Akademie zu sein. Du bist das, was wir hier suchen. Junge Menschen, die sich einsetzen. Die etwas riskieren, um zu helfen. Junge Menschen, denen es nicht nur um sich selbst geht. Vielen Dank." Der Leutnant streckte ihr die rechte Hand entgegen. Da Reenas rechter Arm noch in der Schlinge hing, ergriff sie seine Hand ungelenk mit ihrer linken. „Danke", brachte sie heraus. Sie wollte nicht zeigen, wie viel ihr die Worte des Leutnants bedeuteten.

„Nächste Woche kannst du weitertrainieren. Ich erwarte viel von dir, Reena." Ein Lächeln erschien auf dem sonst so ernsten Gesicht des Leutnants. „Sehr viel."

Nächste Woche ... Er war also optimistisch, dass sie es eine Runde weiter schaffen würde. Sie wünschte sich, sie hätte ebenfalls seinen Optimismus.

„Ich gebe mein Bestes." Reena nickte ihm zu.

„Das weiß ich. Und jetzt solltest du gehen. Sonst isst dir Leo noch das ganze Abendessen weg."

„Vielen Dank, Sir." Und Reena meinte mit ihrem Dank nicht das Abendessen, sondern das Gefühl, dass jemand an sie glaubte.

Auf dem Weg zurück zu ihrem Quartier ließ Reena sich Zeit. Sie schlenderte zum Aufzug und sah sich nach links und rechts um. Jedes Mal, wenn sie einen Gang entlang ging, war sie neugierig auf das, was dahinter liegen mochte. Sie hätte auch niemals ein Trainingsareal in einem künstlichen Wald erwartet. Was also befand sich hinter all den anderen Türen? Durften sich die Bewohner der Aspiration alles anschauen? Hatten sie überall Zutritt? Vermutlich nicht. Nicht zu sensiblen Bereichen wie den Forschungslaboren.

Im Aufzug war Reena allein. Es war ein seltsames Gefühl, ohne ihre Freunde damit zu fahren, doch sie genoss es, ihren Gedanken für ein paar Augenblicke freien Lauf zu lassen. Es tat gut, allein zu sein, zumindest für eine kurze Zeit. In Hope war sie oft allein gewesen. Wenn sie Plastik gesammelt hatte, wenn sie auf den Feldern ihres Vaters gearbeitet hatte und wenn sie durch Wälder gestreift war. Allein zu sein war für sie immer etwas Normales gewesen. Jetzt war es das nicht mehr. Sie hatte Mary, mit der sie sich ein Quartier teilte, und die anderen drei, mit denen sie zum Unterricht ging und ihre Hausaufgaben erledigte.

Gedankenverloren verließ Reena den Aufzug auf der Ebene der Akademie. Erst als sie den Kopf hob, bemerkte sie, dass etwas nicht stimmte. Kandidaten standen im Flur und sie alle blickten in eine Richtung: Auf die Tür des Quartiers, das Reena zusammen mit Mary bewohnte.

„Was ist passiert?" Reena bahnte sich einen Weg durch die Kandidaten, die sie nur stumm ansahen. „Was ist los?" Sie achtete nicht darauf, wen sie zur Seite schob, sie wollte nur sehen, was da vorne los war. Endlich erreichte sie die Tür. Oder das, was noch von ihr übrig war. Über das sonst so glänzende Metall zogen sich tiefe Schnitte und Kratzer, an vielen Stellen klaffte das Metall auf. Die linke obere Ecke der Tür war so weit verbogen, dass man dahinter in den Raum hineinsehen konnte. Die Tür stand einen Spalt breit offen. Reena hob die Hand, um die Tür aufzustoßen, doch sie zögerte. Eine starke Faust schien sich um ihren Magen zu krampfen. Was mochte hinter der Tür auf sie warten? Schließlich stieß sie die angehaltene Luft aus und drückte die Tür auf.

„Reena!" Samara kam ihr entgegen. Hinter ihr saß Mary auf einem Sessel. Ihr Gesicht war kreidebleich. Vor ihr kniete Leo und hielt ihre Hand. Nickels lief aufgeregt im Zimmer auf und ab. „Komm rein." Rasch zog Samara sie in den Raum und schob die Tür wieder zu. „Die da

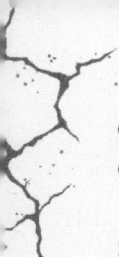

draußen brauchen nichts mitzubekommen. Die sind wie die Schmeißfliegen."

„Was zur Hölle ist hier passiert?" Reena lief hinüber zu Mary und ließ sich vor ihrem Sessel ebenfalls auf die Knie sinken. „Mary? Was ist mit dir?" Rasch unterzog sie ihre Freundin einer oberflächlichen Untersuchung. Augenscheinlich fehlte ihr nichts, zumindest entdeckte Reena keine Verletzung.

„Es waren zwei", stieß Mary hervor. Ihre Lippen waren bleich und zitterten beim Sprechen. „Ich hatte gerade die Tür geschlossen, da haben sie geklopft. Sie wollten zu dir. Ich habe ihnen gesagt, du wärst nicht da und habe die Tür wieder zu gemacht." Sie kniff die Lippen fest zusammen. „Sie glaubten mir nicht. Sie haben behauptet, ich würde dich verstecken. Sie haben ..." Sie schluckte. „Das, was sie gesagt haben, war nicht nett. Gar nicht nett." Sie zwinkerte heftig. „Ich habe ihnen nicht wieder aufgemacht, ich dachte, sie würden weggehen. Aber stattdessen ..." Mary wandte sich um und blickte zur zerstörten Tür hinüber. „Stattdessen knallte etwas immer wieder gegen unsere Tür. Sie haben versucht, sie mit einer Axt einzuschlagen."

„Eine Axt?" Ungläubig sah Reena von Mary zu Leo. „Sie hatten eine Axt?"

„Nicht nur das", sagte Leo leise. „Sie hatten offenbar ein ganzes Waffenarsenal dabei."

„Sie haben es irgendwann geschafft die Tür aufzubrechen", fuhr Mary mit leiser Stimme fort. „Ich habe den Notknopf gedrückt und mich im Schrank versteckt."

„Sehr gut." Reena drückte ihre Hand.

„Aber sie haben mich gefunden. Sie wollten mich aus dem Schrank zerren." Eine einzelne Träne lief über Marys Wange.

„Aber das haben sie nicht geschafft." Samara trat neben Reena. „Mary hat es denen gezeigt, sie hat einen von ihnen ohnmächtig geschlagen."

„Ohnmächtig?" Ungläubig sah Reena Mary an. „Du hast jemanden so geschlagen, dass er ohnmächtig geworden ist?"

„Ich habe es so gemacht, wie du es mir gezeigt hast", flüsterte Mary. „Er ist umgefallen wie ein Stein. Und bevor der andere es versuchen konnte, kamen die Wachleute und haben die beiden festgenommen. Sie haben ihnen Handschellen angelegt und sie weggebracht." Mary sah auf. „Ich hatte furchtbare Angst. Und sie wollten zu dir. Sie wollten mich gar nicht. Sie haben nach dir gesucht. Mit Äxten und Messern und noch anderen schrecklichen Waffen. Sie wollten zu dir." Mit großen Augen betrachtete Mary Reena.

Reena ließ das für einen kurzen Moment sacken. Diese Männer hatten also zu ihr gewollt. Mit Waffen. Hieß das, dass sie ihr etwas hatten antun wollen? Oder wollten sie sie nur bedrohen?

„Es tut mir so leid." Reena setze sich auf einen der anderen Sessel. „Das ist alles meine Schuld. Es tut mir wirklich leid, dass du da hineingeraten bist. Ich verstehe es, wenn du nicht mehr mit mir zusammen wohnen möchtest. Es sind inzwischen einige Zimmer frei, ich könnte in eines der anderen Quartiere ziehen."

„Bist du jetzt verrückt geworden?" Mary richtete sich auf. „Du sollst doch nicht gehen. Glaubst du wirklich, ich lasse dich allein?" Entrüstet funkelte sie Reena an.

„Hier bei mir ist es nicht sicher." Reenas Blick huschte wieder zur zerstörten Tür. „Das, was heute passiert ist, kann wieder geschehen. Es gibt viele, die so denken wie diese Männer. Es gibt viele, die mich nicht hierhaben wollen."

„Aber wir wollen das", sagte Leo entschlossen. „Und wir sind nicht allein. Es gibt einige, die denken, dass du auf die Akademie gehörst. Und die daran glauben, dass du etwas bewirken kannst."

Konnte sie das? Inzwischen war Reena sich nicht mehr sicher. Ja, sie würde gerne auf der Aspiration bleiben. Und vielleicht würde sie auch gerne hier wohnen – wenn die Bevölkerung sie nicht mehr hassen würde. Aber war sie wirklich dazu geeignet, eine leitende Position zu besetzen? In der Forschung? In einer wichtigen Schlüsselposition?

„Was geschieht nun mit unserer Tür?", fragte Reena, um sich und die anderen von diesem Thema abzulenken. „Bekommen wir eine neue?"

„Es waren schon Handwerker hier", sagte Nickels. „Sie haben sich die Schäden angesehen. Es sollte nicht lange dauern, bis sie das behoben haben."

„Warum hassen sie mich so sehr?", murmelte Reena mehr zu sich selbst als zu den anderen. „Warum sehen sie in mir eine Bedrohung? Ich bin doch nur ein Mädchen von draußen." Sie zuckte hilflos mit den Achseln. Es machte keinen Sinn.

„Sie projizieren ihre Angst auf dich." Nickels klang wie einer ihrer Lehrer. „In letzter Zeit kommt es draußen immer wieder zu Angriffen. Soldaten und Reisegruppen werden überfallen. Manche werden verletzt, manchmal kommen einige der Menschen nicht zurück. Und auch die Aspiration ist schon angegriffen worden. Manche glauben an eine Verschwörung. Sie sagen, du bist hier, um die Aspiration auszukundschaften."

„Und dann gibt es die, die glauben, du würdest Krankheiten übertragen." Mary verdrehte die Augen.

„Vielen ist es ein Dorn im Auge, dass wir vom Outland abhängig sind", ergänzte Samara. „Ihr sammelt das Plastik, das wir brauchen, um hier alles am Laufen zu halten. Es gab schon Protestaktionen deswegen. Es ging darum, dass viele lieber selbst sammeln gehen wollen. Es soll bewaffnete Truppen geben, die ins Outland hinausgehen, um das Plastik zu sammeln. Aber das wäre ein stetiges Risiko wegen der Krankheiten draußen und dann ist da noch die Tatsache, dass die Externen das Outland für sich beanspruchen. Was ja auch ihr Recht ist", schob Samara hastig hinterher, als sie Reena ansah. „Es würde Streit geben, Krieg womöglich, wenn wir Truppen entsenden, um selbst das Plastik zu sammeln."

„Und es würde uns jede Möglichkeit auf Medikamente nehmen", murmelte Reena, entsetzt von dem, was sie da hörte. „Was ihr da sagt ... Da ist es kein Wunder, dass die meisten mich nicht mögen. Oder mich nicht gerne auf der Aspiration sehen. Ich stehe offenbar für alles, was falsch läuft, für sie. Wie seht ihr die ganze Sache?" Reena musterte ihre Freunde einen nach dem anderen.

„Ich denke, wir sollten den Plastikmüll nicht selbst sammeln, das Outland gehört den Externen, nicht uns", sagte Leo schließlich. „Und ich habe keine Ahnung, was da bei den Außenmissionen geschehen ist. Seit einiger Zeit gibt es keine Kameras mehr dort draußen, die hat der Rat vor einiger Zeit abgeschafft, eine Vereinbarung mit den Externen. Niemand weiß also, was dort draußen vor sich geht, nur diejenigen, die dabei waren. Ich möchte daran glauben, dass es nur verwirrte Outlander waren, die angegriffen haben. Oder Menschen, die vielleicht am Verhungern waren."

„Sehe ich auch so." Mary nickte heftig. „Wir sollten uns gut mit dem Outland stellen. Und mit dir als Kandidatin und vielleicht irgendwann Bewohnerin der Aspiration ist das möglich. Falls ich eine der Positionen erhalte, möchte ich mich genau dafür einsetzen."

„Die Menschen draußen sind auch nur Menschen, keine Teufel", ergänzte Samara.

Nach fast einer Stunde kamen die Handwerker, um die neue Tür einzusetzen. Sie war mit einer speziellen Legierung überzogen, die die Tür härter machen sollte. Zusätzlich dazu erschien Mister Tailor, der Direktor der Akademie.

„Ich möchte Ihnen mein außerordentliches Bedauern ausdrücken, Miss Vermillion." Bei diesen Worten deutete er eine leichte Verbeugung an. „Ihre Sicherheit steht für uns an erster Stelle und ein solcher Vorfall war nicht vorauszusehen. So etwas hat es in all den Jahren, in denen die Akademie stattgefunden hat, noch nie gegeben. Ich möchte mich dafür bei Ihnen entschuldigen." Er ergriff ihre Hand und schüttelte sie mehrere Sekunden lang, bis Reena sich wünschte, sie könnte ihre Hand einfach wegziehen, ohne dabei unhöflich auszusehen. „Zu Ihrer Sicherheit und der Ihrer Mitbewohnerin", sein Blick ging hinüber zu Mary, „werden zwei Wachleute vor Ihrer Tür stehen, Tag und Nacht. Und sie werden Sie begleiten, wo auch immer sie hingehen. In den Unterricht, in den Speisesaal, einfach überall hin."

Na wunderbar. Zwei Babysitter, die sie nicht mehr aus den Augen lassen würden. Da konnte sie ja direkt froh sein, dass sie ohnehin nicht mehr auf die Vergnügungsebene durfte. „Es sich zwei Soldaten der Armee. Sie sind gut ausgebildet und auf die Bewachung von Personen spezialisiert."

Reena nickte nur. Der Direktor hatte sie nicht gefragt, ob sie die Überwachung wollte, er hatte sie angeordnet. Vermutlich war es vernünftig und notwendig, doch momentan fühlte sie sich nur eingeengt. Sie konnte nirgendwo mehr hin und sie wäre nirgendwo mehr unbeobachtet. Wunderbar.

„Ich möchte mich noch einmal bei Ihnen entschuldigen, Miss Vermillion. So etwas sollte hier nicht geschehen." Wieder schüttelte der Direktor Reenas Hand und blickte dabei rasch in Richtung der Kamera, die gegenüber ihrem Quartier hing. „Ich wünsche Ihnen viel Erfolg bei Ihrem weiteren Weg hier an der Akademie."

Bei diesen Worten nickte er Reena noch einmal zu, dann verließ er ihr Quartier in Richtung Aufzug.

„Na, der hat sich ja fast für dich überschlagen." Leo rollte mit den Augen.

„Du kannst dich gerne angreifen lassen, wenn du das auch haben möchtest", gab Reena zurück.

„Lass mal", winkte Leo ab. „Aber es ist gut, dass du Schutz bekommst. Dann traut sich niemand mehr an dich heran."

Reena nickte. Ja, die beiden Soldaten würden vermutlich nicht zulassen, dass ihr etwas geschah. Allerdings wäre sie dann unter ständiger Kontrolle.

Während Leo, Nickels und Samara sich auf den Weg zum Abendessen machten, warteten Mary und Reena auf das Eintreffen ihrer neuen Bewacher. Als ein Mann und eine Frau in dunkelblauer Uniform aus dem Aufzug traten, wusste Reena sofort, dass dies die Soldaten waren, die Tailor gemeint hatte. Ihre Schritte waren fest und sicher und sie hielten sich steif aufrecht.

„Reena Vermillion?", fragte der Mann und blieb vor Reena stehen.

Was für eine Frage. Vermutlich hatte jeder auf der Aspiration ihr Gesicht bereits im Fernsehen gesehen. Aber vielleicht wollte er einfach höflich sein.

„Die bin ich", antwortete sie und streckte ihre Hand aus, um ihre Bewacher zu begrüßen. Diese ergriffen sie jedoch nicht, sondern salutierten zackig.

„Kelley und Souton." Der Mann zeigte zuerst auf sich, dann auf seine Begleiterin.

„Freut mich, Sie kennenzulernen", entgegnete Reena, obwohl sie so einiges beim Anblick der beiden Soldaten verspürte, aber ganz bestimmt keine Freude.

„Wir beziehen Stellung vor Ihrem Quartier", fuhr der Mann – Kelley – fort und deutete auf die erneuerte Tür. „Wir gehen davon aus, dass Sie im Inneren sicher sein werden." Sein strenger Blick schweifte kurz hinüber zu Mary, verweilte ein paar Sekunden auf ihrem Gesicht, dann wandte er seine Aufmerksamkeit wieder Reena zu. „Droht Ihnen dennoch Gefahr, rufen Sie bitte laut und wir sind innerhalb von Sekunden bei Ihnen." Mit einer winzigen Bewegung rückte er seine Waffe zurecht, wie um Reena darauf hinzuweisen, dass er und Souton bewaffnet und fähig waren, diese Waffen auch einzusetzen.

Die Soldatin trat einen Schritt vor. „Wenn Sie Ihr Quartier verlassen, sind wir an Ihrer Seite. Sie haben die Genehmigung, den Unterricht zu besuchen. Alle anderen Unternehmungen müssen Sie mit uns absprechen."

„Darf ich wieder auf die Vergnügungsebene?" Mit angehaltenem Atem beobachtete Reena die beiden Soldaten, die einen raschen Blick austauschten.

„Darüber haben wir keine Informationen", sagte Kelley schließlich langsam.

„Leutnant Terry ist mein Mentor, wäre es möglich, dass Sie mit ihm besprechen, ob es mir erlaubt ist?" Reenas Hände begannen zu zittern. Wenn diese beiden Soldaten mit Terry sprachen, bestand ja vielleicht doch noch die Hoffnung, dass sie wieder auf die Vergnügungsebene durfte, um etwas mit ihren Freunden zu unternehmen.

Wieder tauschten die beiden Soldaten einen Blick und Souton nickte. „Entschuldigt mich, ich werde den Leutnant kontaktieren und sehen, was er zu Ihrer Bitte sagt."

Reenas Herz machte einen Satz. Gleichzeitig schob sich Marys Hand in ihre und drückte sie. „Vielen Dank", brachte sie an die Soldaten gerichtet heraus. Mit einem weiteren Nicken entfernte sich Souton und begann noch während des Gehens in das Funkgerät an ihrer Schulter zu sprechen.

Kelley ließ seinen Blick unentwegt über den wie ausgestorben daliegenden Flur wandern, ganz so als rechnete er jede Sekunde mit einem weiteren Angriff auf Reenas Leben. Zu gern hätte Reena die Stille durchbrochen und ein Gespräch mit ihm angefangen, doch wie? Und worüber?

„Also ... Sie sind Soldat?", brach sie schließlich das Schweigen. Gut, die Frage war nicht sonderlich intelligent, aber es war immer noch besser als das unangenehme Schweigen. Mary sah dies offenbar nicht so, denn sie musterte Reena mit hochgezogenen Augenbrauen.

„Ja." Kelley blickte Reena nicht einmal an. Sie wartete, ob noch weitere Erklärungen folgen würden, doch es kam nichts.

„Und seit wann?"

„Seit fast fünf Jahren."

Reena begann unwillkürlich, von einem Bein aufs andere zu treten. Sie konnte es nicht leiden, wenn Menschen zwar die ihnen gestellten Fragen beantworteten, ihrerseits aber keine Fragen stellten. So etwas konnte man schließlich unmöglich als Gespräch bezeichnen. „Was ist sonst Ihre Aufgabe?"

„Personenschutz aller Art", gab Kelley nur zurück und sein Blick glitt den Gang entlang, an dessen Ende Souton stand und in ihr Funkgerät sprach. Hoffentlich kam sie bald zurück, dann hatte dieses unangenehme Schweigen zumindest vorerst ein Ende.

Reena warf Mary einen hilflosen Blick zu und deutete dann mit einem leichten Kopfnicken zum Soldaten hinüber. Konnte Mary nicht auch mal etwas fragen? Etwas, das den Mann länger beschäftigte als ihre offenbar recht einsilbig zu beantwortenden Fragen?

Doch Mary zuckte nur mit den Schultern. Ihr Gesicht war zu einem unsicheren Lächeln verzogen.

Gerade, als Reena sich eine weitere Frage ausdenken wollte, kam Souton den Gang zurück. Erleichterung machte sich in ihr breit und sie sah der Soldatin erwartungsvoll entgegen.

„Und?", fragte sie, noch bevor Souton ihre Gruppe wieder erreicht hatte.

„Nun, ich habe mit dem Leutnant gesprochen." Souton blieb stehen und verschränkte ihre Arme hinter dem Rücken, bevor sie weitersprach. „Wie Sie gesagt haben, ist er Ihr Mentor und hat Ihnen den Zugang zur Vergnügungsebene gestrichen."

Ungeduldig nickte Reena. Das wusste sie doch alles schon!

„Laut seiner Aussage ist dies aufgrund der Sicherheitsbedenken geschehen, die er nach einem gewissen Vorfall gehegt hat."

„Ja." Reena nickte drängend.

„Ich habe ihm die neue Situation geschildert und er ist damit einverstanden, die Sperre wieder aufzuheben. Natürlich immer unter der Voraussetzung, dass wir Sie überallhin begleiten und Sie unsere Befehle ohne Zögern befolgen werden." Souton hatte den Zeigefinger erhoben. „Ohne zu zögern und ohne zu protestieren."

„Natürlich." Reena nickte heftig. In diesem Moment hätte sie den beiden den Himmel versprochen, wenn sie nur endlich wieder mit ihrem Freunden etwas unternehmen durfte. Zu sehen, wie sie ohne sie dorthin gingen, war schrecklich gewesen.

„Ihr Com wird in ein paar Stunden wieder für die Vergnügungsebene freigeschaltet, der Leutnant kümmert sich darum", fuhr Souton fort.

„Vielen Dank." Reenas Herz machte einen kleinen Hüpfer. Schon morgen könnte sie wieder mit ihren Freunden dort essen, spielen oder Filme schauen. Allerdings immer mit ihren beiden neuen Wachhunden im Schlepptau. War es wirklich zu ihrem Besten? Oder würde es sie nur davon abhalten, Spaß zu haben oder sich zu konzentrieren? Die Vorstellung, wie die beiden Soldaten während des Lernens im Aufenthaltsraum zu jeder Zeit hinter ihr standen und sie und die anderen beobachteten, verursachte ihr verfluchtes Unbehagen. „Wie funktioniert das jetzt eigentlich?", traute sie sich nach ein paar Momenten der Stille nachzufragen. „Muss ich Sie darüber informieren, wo ich hingehe oder folgen Sie mir einfach?"

„Wir würden es begrüßen, wenn wir in einer Besprechung am Morgen klären könnten, welche Pläne Sie für den jeweiligen Tag hegen. Aber natürlich können Sie auch spontanere Unternehmungen wahrnehmen. Wir sind Profis. Wir wissen in jeder Situation, wie wir Sie zu schützen haben." Souton nickte Reena mit ernster Miene zu, in Kelleys Gesicht verzog sich nicht einmal ein einziger Muskel.

„Gut, in Ordnung, dann weiß ich Bescheid." Reena drehte sich zu Mary um. „Wollen wir dann zum Abendessen gehen?" Der Schreck über die aufgebrochene Tür hatte sie völlig vergessen lassen, dass sie noch nichts gegessen hatte. Nun aber gab ihr Magen ein lautes Knurren von sich.

„Gute Idee." Marys Gesicht war noch immer blass, doch seine Farbe hatte sich inzwischen von geisterhaft in ein wenig kränklich verwandelt. „Vielleicht sind die anderen noch da", fügte sie nach einem raschen Blick auf ihren Com hinzu.

Natürlich war Leo noch da. Zusammen mit Nickels und Samara saß er an ihrem Tisch und schaufelte munter Essen in sich hinein, während die anderen bereits träge vor leeren Tellern saßen.

„Hey." Nickels sprang auf, als er sie und Mary näherkommen sah. „Wie ist es gelaufen?" Sein Blick wanderte über Reenas Schulter. Mit hochgezogenen Augenbrauen sah er sie wieder an. „Das sind die beiden Soldaten?"

„Ja, das sind meine persönlichen Beobachter." Reena ließ sich auf ihren Stuhl am Tisch fallen.

„Beobachter?" Leo unterbrach sein unablässiges Kauen für einen Moment. „Du sagst das, als wäre es etwas Negatives."

„Sie sollen auf mich aufpassen. Verhindern, dass mir etwas zustößt. Eigentlich nichts Negatives aber trotzdem gefällt mir der Gedanke nicht." Reena zuckte mit den Achseln. Im Grunde wusste sie auch nicht recht, was sie von den beiden Soldaten halten sollte, die ihr ab jetzt wie zwei durchtrainierte Schatten folgen würden.

„Das klingt doch gut", sagte Samara und musterte die beiden Soldaten mit durchdringendem Blick.

„Die sehen aus, als ob sie jeden Angreifer in die Flucht schlagen könnten", ergänzte Nickels.

„Hoffen wir mal, dass es keine Übergriffe mehr geben wird", murmelte Reena und warf verstohlen einen Blick über die Schulter. Die beiden Soldaten standen etwa drei Meter entfernt an der Wand. Ihre Augen huschten durch den Saal, jeder der beiden behielt offenbar einen anderen Bereich des Speisesaals im Blick. Die beiden waren echte Soldaten, Profis, richtig gut ausgebildet. Reena zweifelte nicht daran, dass sie ihren Job beherrschten. Sie zweifelte nur daran, ob sie es ertragen würde, Tag und Nacht von ihnen beschattet zu werden. Und ob die Soldaten tatsächlich eingreifen würden, sollte ihr etwas geschehen. Was, wenn sie auch auf der Seite derer waren, die ihr etwas antun wollten?

Mit einem tiefen Seufzer wandte sie sich dem Essen zu, das auf der großen Platte in der Mitte des Tisches aufgetürmt war. Es gab Rippchen und Kartoffelbrei, dazu Unmengen von Gemüse. Von allem landete etwas auf ihrem Teller, doch bevor sie zu essen beginnen konnte, beugte Nickels sich vor und sagte im Flüsterton: „Es gab wohl einen Anschlag. Also nicht nur den auf dich, auf die Aspiration. Von außen."

„Das steht doch gar nicht fest", protestierte Leo mit vollem Mund. „Erzähl ihr doch nicht so einen Quatsch, bevor wir wissen, ob es stimmt."

Nickels zuckte die Achseln. „Laut den Gerüchten, die ich gehört habe, hat wohl jemand versucht, ein Loch in die Außenwand zu schneiden." Er hob bedeutungsvoll die Arme.

„Das klingt nicht gerade nach einem durchdachten

Plan", gab Mary zurück. Eine längliche Falte hatte sich auf ihrer Stirn gebildet. „Die Außenwand ist fast vierzig Zentimeter dick und direkt dahinter befindet sich noch eine weitere Wand. Bis man die mit Schneidewerkzeugen überwunden hat, wird man doch von der Außenüberwachung erwischt."

„Außenüberwachung?" Reena blickte von ihrem Teller auf.

„Es gibt Kameras auf der Außenseite der Aspiration. Allerdings liefern die nur alle paar Minuten ein Bild. Aber jemand, der stundenlang an der Außenhülle arbeitet, würde dabei auffallen."

„Ist doch egal", warf Nickels ein. „Ich sage ja auch nicht, dass sie damit durchgekommen sind. Aber jemand hat es versucht. Das ist ein Anschlag auf die Aspiration."

„Du glaubst also, irgendein Outlander hat versucht, die Aspiration anzugreifen?", fragte Reena langsam. Der Geruch des Essens verursachte ihr auf einmal Übelkeit.

„So muss es wohl sein", sagte Nickels mit einem Achselzucken.

„Reena, wir wissen doch noch gar nicht, ob es überhaupt stimmt", versuchte Leo sie zu beruhigen. Doch Reenas Gedanken ließen sich nicht so leicht aufhalten. Sie konnte sich nicht vorstellen, dass einer der Menschen, die sie aus Hope und der Umgebung kannte, die Aspiration angreifen würde. Wieso auch? Und mit welchen Mitteln überhaupt?

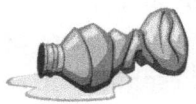

Die Neuigkeiten zum Anschlag ließen nicht lange auf sich warten. Schon nach dem Abendessen liefen im Aufenthaltsraum die Nachrichten auf der großen Leinwand. Gezeigt wurde eine Aufnahme der Außenhülle, die offenbar aus großer Entfernung oder mit einer schlechten Kamera gemacht worden war. Das Bild war körnig, aber der Riss in der Aspiration war trotzdem deutlich zu sehen.

„Ersten Untersuchungen zufolge ist die Außenhülle mit einem Schneidbrenner bearbeitet worden", sagte die eingeblendete Reporterin gerade, als Reena und ihre Freunde den Aufenthaltsraum betraten. „Über mehrere Minuten ist mit mathematischer Genauigkeit ein gerades Loch in die Metallhülle geschnitten worden. Experten zufolge ist kein größerer Schaden entstanden, für die Bewohner der Aspiration besteht keinerlei Gefahr. Die Außenhülle des Schiffes ist lediglich die erste von mehreren Schichten, die uns vom Outland trennen."

„Kann man sagen, warum der oder die Täter ihr Vorhaben unterbrochen haben?" Nun wurde ein anderer Reporter eingeblendet, dessen besorgtes Gesicht vollkommen aufgesetzt wirkte.

„Den Vermutungen nach wurden sie gestört." Die Reporterin hob beide Hände. „Ebenso gut möglich ist jedoch, dass der oder die Täter erkannt haben, dass hinter der Außenhülle eine weitere Schicht Metall auf sie wartet und sie aus diesem Grund aufgegeben haben."

„Die wissen gar nichts", murmelte Reena Leo ins Ohr.

„Tatsache ist, dass jemand einen Riss in unser Zuhause gesägt hat", gab Leo in sarkastischen Tonfall zurück.

„Es ist verdammt nochmal nichts passiert", entgegnete Reena vehement. Sie wusste nicht, warum, aber mit einem Mal hatte sie das Bedürfnis, sich zu verteidigen. Sich und die Menschen im Outland, die Menschen, die wie sie waren.

„Nicht viel länger und es wäre vielleicht etwas passiert", mischte Nickels sich ein. „Ich bin der Meinung, die Computerüberwachung der Außenräume sollte effizienter gestaltet werden. Die überholten Kameras gehören ausgetauscht und ..."

„Wir kennen den Grund nicht, weshalb das geschehen ist." Mary deutete auf die Leinwand, auf der nun wieder der fast zwei Meter lange Riss zu sehen war. „Wir dürfen keine voreiligen Schlüsse ziehen. Wir müssen die weiteren Untersuchungen abwarten. Die Möglichkeit, dass uns vielleicht etwas getroffen hat, vielleicht durch eine starke Windböe, ist schließlich nicht ausgeschlossen."

Nickels und Samara blickten ungläubig, während Leo langsam nickte.

„So oder so müssen wir weitermachen, wir haben Hausaufgaben, die erledigt werden wollen. Und Reena darf wieder ins Vergnügungsviertel." Mary verlieh ihrer

Stimme einen fröhlichen Ton, der angesichts der Stimmung, die im Aufenthaltsraum herrschte, fehl am Platz schien.

„Wirklich? Das ist ja fantastisch." Leo rieb sich die Hände. „Dann können wir dir ja doch noch all das zeigen, was die Aspiration in Sachen Spaß zu bieten hat."

Gegen ihren Willen musste Reena lachen. Leo schien sich wie ein kleines Kind darauf zu freuen, sie herumzuführen. „Und ich erwarte jede Menge Spaß, nur damit das klar ist." Sie hob spielerisch drohend den Zeigefinger. „Ich möchte meine beiden neuen besten Freunde nicht umsonst direkt um einen Gefallen gebeten haben."

Leo hob die Hände. „Dein Wunsch ist mir Befehl, jede Menge Spaß also."

Alle lachten und Reena wurde es leichter ums Herz. Ihre Freunde machten sie nicht verantwortlich für den Anschlag, sie wollten noch immer Zeit mit ihr verbringen. Doch was war dieser Anschlag gewesen? Worum war es demjenigen dabei gegangen? Oder hatte Mary vielleicht sogar recht und der Riss war das Ergebnis eines Unfalls? Einer ganz natürlichen Ursache?

# KAPITEL 13

In den nächsten Tagen wurde der Anschlag auf die Aspiration noch unzählige Male in den Nachrichten diskutiert, doch die Informationen dazu blieben mehr oder weniger die gleichen: Es gab im Prinzip keine. Fakt war, es gab einen Riss in der Außenhülle. Wie er verursacht worden war, wusste keiner, und wer der Täter sein sollte, konnte auch keiner sagen. Die meisten murmelten etwas von den Outlandern, aber Beweise gab es keine und so ging in der Akademie alles seinen gewohnten Gang.

Bei der nächsten Wahl erreichte Reena Platz 20 von verbliebenen fünfundzwanzig Kandidaten, ihre beste Platzierung bisher. Es erschien ihr unwirklich, dass sie noch immer auf der Aspiration war. Als sie auf dem Schiff eingetroffen war, hatte sie erwartet, ihr Aufenthalt würde von kurzer Dauer sein, aber jetzt? Jetzt sah es fast so aus, als hätte sie doch eine Chance. Eine win-

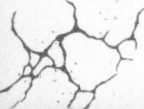

zige zwar, denn mit Mary oder Leo würde sie niemals mithalten können, aber es war durchaus möglich, unter die letzten zehn zu kommen. Zum ersten Mal seit ihrer Ankunft gestattete sie sich diesen Gedanken. Und zum ersten Mal wurde ihr Herz schwer. Wenn sie auf der Aspiration blieb, würde sie ihre Eltern und ihren Bruder wahrscheinlich nicht mehr wiedersehen. Sie könnte sie vielleicht mithilfe von Briefen kontaktieren, aber es wäre nicht das gleiche. Sie würde auf der Aspiration leben und arbeiten, ihre Familie wäre weit weg und sie ganz allein. So sehr sie ihre Mutter in den letzten Jahren auch in den Wahnsinn getrieben hatte ... das Gefühl, Menschen hinter sich zu haben, denen man etwas bedeutete und die für einen eintreten würden, egal, was geschah, war durch nichts zu ersetzen. Aber die Aspiration würde ihr eine Zukunft bieten, die sie im Outland nie haben würde.

Die Freude über ihre neue gute Platzierung hielt allerdings nur kurz an, genauer gesagt, bis zur nächsten Stunde Rhetorik.

„Aus dem Weg, Ratte." Dusk rempelte Reena an, sodass sie gegen den Türrahmen des Klassenzimmers prallte und sich den Oberarm anstieß. Aus dem Augenwinkel bemerkte Reena, wie Kelley und Souton losstürmen wollten, aber sie hob abwehrend die Hand und ihre beiden Bewacher blieben unschlüssig in ein paar Metern Entfernung stehen.

„Was soll denn das?" Leo baute sich vor Dusk auf, der ihn nur abfällig ansah.

„Stellst du dich etwa auf ihre Seite?"

„Ihre Seite?" Leo schnaubte. „Hier gibt es keine Seiten, so behandelt man einen anderen Menschen einfach nicht."

„Sie ist kein Mensch." Dusk senkte seine Stimme. „Sie und ihresgleichen sind irgendwelche kranken Mutationen, Missgeburten, die gar nicht leben sollten. Alle draußen im Outland hätten damals krepieren sollen. Aber so wie Kakerlaken sind sie durch den Dreck gekrochen und haben es überlebt."

„Du solltest aufpassen, was du sagst." Drohend hob Leo die Fäuste. Doch Reena legte ihm von hinten die Hand auf die Schulter.

„Lass. Ich mache das schon." Sie schob Leo zur Seite. Sie brauchte niemanden, der ihre Kämpfe für sie ausfocht. „Dusk, ich weiß, dir passt es nicht, dass ich hier bin. Aber daran wird sich vorläufig nichts ändern. Und jetzt hör mir mal genau zu." Reena holte tief Luft und trat einen weiteren Schritt auf Dusk zu. Ihre Gesichter waren nun nur noch wenige Zentimeter voneinander entfernt. „Ich sage das jetzt nur ein einziges Mal." Sie war sich der vielen Menschen, die um sie herumstanden und die Ohren spitzten nur allzu bewusst. Und auch der Kamera, die nur zwei Meter von ihnen entfernt an der Wand hing.

Dusks Gesicht verzog sich zu seinem üblichen höhnischen Ausdruck. „Da bin ich aber mal gespannt."

„Ich habe dir das Leben gerettet." Reena hob die Hand, als Dusk protestieren wollte. „Ich habe dir das Leben gerettet, als ich in dieses Becken gesprungen bin. Dabei bin ich fast selbst draufgegangen. Ich habe es nicht getan, weil du es warst, der darin um sein Leben gekämpft hat."

Um sie herum war es still geworden, dabei wünschte Reena sich, ihre Mitschüler würden einfach weitergehen und sich um ihren eigenen Kram kümmern. Doch das, was sie Dusk sagen wollte, würde sie jetzt auch sagen, ganz egal, wer zusah.

„Ich habe es getan, weil es das Richtige war. Es ging dabei um ein Menschenleben, nicht um dich oder mich, nicht um Outlander oder ein Mitglied der Aspiration. Ich wollte nicht zusehen, wie du stirbst, nicht, wenn ich dich retten könnte." Reena machte eine kurze Pause, sie wollte sich die Worte ganz genau zurechtlegen, die sie Dusk seit dem Vorfall hatte sagen wollen. „Du und ich, wir sind keine Freunde, wir sind gar nichts."

Dusk schien zu einem Protest ansetzen zu wollen, doch Reena sprach einfach weiter.

„Und das will ich auch gar nicht ändern. Ich erwarte keine Dankbarkeit von dir, ganz sicher nicht." Sie schüttelte den Kopf. „Aber ich erwarte Respekt. Ohne mich wärst du tot, sieh es ein. Mich zu beschimpfen und mir das Leben schwer zu machen, wird daran nichts ändern. Lass uns einfach nichts sein, einverstanden?" Reena streckte ihre Hand aus.

Der höhnische Gesichtsausdruck war von Dusks Gesicht gewichen, stattdessen wirkte er unsicher. Sein Blick irrte hinüber zu den Umstehenden, die ihn erwartungsvoll ansahen. Gerade, als Reena ihre Hand wieder zurückziehen wollte, ergriff Dusk sie schließlich doch noch.

„Gar nichts", bestätigte er in einem Tonfall, den Reena nicht recht zu deuten wusste. Er drückte ihre Hand für eine Sekunde und ließ sie dann einfach fallen. Mit einer steifen Bewegung presste er die Arme an seine Seiten und wandte sich um. Unauffällig wischte er seine Hand an seiner Hose ab und drängte sich unwirsch durch die Umstehenden in den Klassenraum.

„Das war super!" Leo stand hinter ihr und klopfte auf die Schulter, dann glitt seine Hand an ihrem Arm hinab. Kurz verweilten seine Finger auf ihrem Handrücken und für einen verrückten Moment hatte Reena den Eindruck, er wollte ihre Hand nehmen. Der Moment endete jedoch rasch, als Leo seine Hand hob und ihr einen ausgestreckten Daumen entgegenreckte, bevor er ohne ein weiteres Wort im Klassenzimmer verschwand.

„Nicht schlecht", kommentierte Nickels, bevor er Leo folgte.

„Das war gut", sagte Mary ebenfalls und legte Reena den Arm um die Taille. „Damit hast du deinen Standpunkt klar deutlich gemacht. Auch für die Zuschauer. Das bringt dir sicher Pluspunkte."

„Es ging mir nicht um die Pluspunkte", murmelte Reena, während sie sich von Mary ins Klassenzimmer schieben ließ. „Ich wollte nur, dass er mich in Ruhe lässt. Und ich wollte, dass er es endlich versteht."

„Das hat auf jeden Fall funktioniert." Mary lachte. „Sein Gesichtsausdruck war einfach das Beste. Er wusste nicht, wie ihm geschah."

Im Rhetorikunterricht selbst ging es weniger unterhaltsam weiter. Heute lasen sie in „De bello Gallico" von Caesar. In jeder Zeile schien es um einen neuen Volksstamm zu gehen, den Caesar dank seiner Erhabenheit und der römischen Überlegenheit besiegen konnte. Die vielen Namen der Stämme, der überquerten Flüsse und der Anführer der gallischen Stämme verwirrten Reena über alle Maßen, sodass sie nach gut einer Stunde überhaupt nicht mehr sagen konnte, was Caesar überhaupt getan hatte. Aber sie wusste, dass er es verstanden hatte, seine Siege hervorragend zu vermarkten.

Gerade, als sie auf ihrem Com den nächsten Abschnitt lesen wollte, tauchte eine Nachricht in der Mitte des Bildschirms auf. Sie stammte von Leo. Überrascht hob Reena den Blick und sah hinüber zu ihm. Er saß schräg vor ihr und wandte ihr den Rücken zu, sodass sie

nichts an seiner Miene ablesen konnte. Neugierig öffnete sie die Nachricht. Bisher hatte Leo im Unterricht nie Nachrichten geschrieben, sondern sich immer ganz und gar auf den Lernstoff konzentriert und darauf, den Lehrern schlaue Antworten und mehr oder weniger lustige Witze zu präsentieren.

„Triff mich um fünf Uhr heute Nachmittag im Vergnügungsviertel, ich warte direkt neben den Fahrstühlen auf dich. Erzähl keinem etwas davon, ich muss dir etwas sagen."

Mit gerunzelter Stirn blickte Reena von ihrem Com auf und sah erneut in Leos Richtung. Was wollte er ihr so Wichtiges erzählen, dass die anderen nichts davon wissen durften? Gerade, als sie ihren Blick wieder auf „De bello Gallico" senken wollte, wandte Leo ihr doch noch den Kopf zu. Nur für eine Sekunde, doch sie konnte das verschmitzte Grinsen auf seinem Gesicht sehen. Erleichterung durchströmte Reena. Bei dem Grinsen konnte es ja keine allzu schlechte Nachricht sein, die Leo ihr so geheimnisvoll mitteilen wollte.

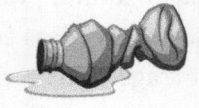

Der Unterricht endete um vier Uhr und während Reena zusammen mit Mary zu ihrem Quartier zurückging, zermarterte sie sich den Kopf darüber, wie sie zu der

Verabredung mit Leo gehen sollte, ohne dass Mary es bemerkte. Sollte sie ihr einfach sagen, was Leo ihr geschrieben hatte? Mary war ihre Freundin, sie konnte ihr solche Dinge anvertrauen, oder nicht?

Doch die Entscheidung, Mary etwas zu erzählen, wurde ihr bei der Ankunft im Quartier abgenommen. Mary warf ihre Tasche in die Ecke und sagte dann in abgehetztem Tonfall: „Ich gehe bis zum Abendessen in die Bibliothek, ich muss da noch etwas für eine Hausarbeit recherchieren."

Reenas Blick fiel auf den Com. „Wenn du etwas recherchieren willst, warum nicht über den Com? Was machst du denn in der Bibliothek?"

„In der Bibliothek bin ich allein mit meinen Gedanken", erwiderte Mary und ihre Wangen wurden rot. „Es geht nicht um die Bücher, sondern darum, dass ich meine Ruhe habe. Nicht, dass du mich stören würdest", schob sie hastig hinterher, als sie wohl Reenas fragenden Blick bemerkte.

„Na dann ist ja gut", sagte Reena lachend, während sie ihre eigene Tasche um einiges sanfter in der Ecke absetzte. „Gibt es in der Bibliothek eigentlich auch Kameras?" In den Zusammenfassungen war Mary bisher nie in der Bibliothek zu sehen gewesen. „Wäre doch Verschwendung, wenn die Zuschauer nicht sehen würden, wie sehr du dich abrackerst."

„Die gibt es", sagte Mary. „Aber nur direkt über den Tischen, an denen man die Bücher lesen darf."

„Dann setz dich auf jeden Fall da hin", riet Reena ihr, auch wenn Mary von ihr ganz sicher keine Ratschläge brauchte. Sie war noch immer die Nummer eins an der Akademie. „Ich wünsche dir ganz viel Spaß."

Auf dem Weg zur Tür streckte Mary ihr die Zunge heraus. Dann fiel die Tür hinter ihr ins Schloss und Reena war allein. Sie sah auf die Uhr. Noch vierzig Minuten, bis Leo sich mit ihr im Vergnügungsviertel treffen wollte. Sie beschloss, kurz zu duschen und eine Kleinigkeit zu essen.

Als sie ihr Quartier mit ihren Bewachern im Schlepptau verließ, schlug ihr Herz schneller. Warum nur hatte sie das Gefühl, etwas Verbotenes zu tun? Es fühlte sich seltsam an, allein und ohne ihre Freunde unterwegs zu sein. Noch nie hatte sie sich mit einem von ihnen allein getroffen, natürlich abgesehen von Mary, mit der sie nun mal zusammenwohnte. Was konnte Leo ihr sagen wollen? Diese Frage schwirrte den ganzen Weg zum Aufzug und den Weg hinab ins Vergnügungsviertel in ihrem Kopf herum.

Als sich die Türen des Aufzugs öffneten, fiel Reenas Blick direkt auf Leo, der im Gang vorm Aufzug auf und ab ging. Im Gegensatz zu sonst trug er nicht die Uniform der Akademie. Wie Reena auffiel, sah sie ihn zum ersten Mal in den mit Löchern übersäten dunkelblauen Jeans und dem schwarzen kurzärmeligen Hemd. Zwei Schläge kam ihr Herz aus dem Takt, dann setzte sie ein Lächeln auf und ging auf ihn zu. Ihr Puls beschleunigte sich. Sie wollte endlich wissen, welches Geheimnis Leo ihr mitteilen wollte. Die Unwissenheit machte sie nervös.

„Hey." Ein wenig außer Atem begrüßte sie Leo, der mit einem Ruck aufsah. Als er sie erkannte, breitete sich das übliche schelmische Grinsen auf seinem Gesicht aus.

„Hey, wusste ich's doch, dass du einem guten Geheimnis nicht widerstehen kannst."

„Es klang, als wäre es wichtig." Reena zog eine Augenbraue hoch. Hatte Leo mit ihr nur wieder einen seiner Späße getrieben?

„Ich bin mir nicht zu hundert Prozent sicher, ob es das ist." Leo hob die Schultern und ließ sie ruckartig wieder fallen. „Deswegen wollte ich das Ganze erst mit dir unter vier Augen besprechen."

Als „unter vier Augen" konnte man es nicht gerade bezeichnen, standen ihre Bewacher doch nur wenige Meter von ihnen entfernt, aber wenigstens blieb alles, was sie sagten, unter vier Ohren. Musste er es so spannend machen? „Okay, dann schieß los."

„Doch nicht hier." Mit einem Kopfschütteln deutete Leo auf die zu dieser Uhrzeit schon deutlich belebten Straßen des Vergnügungsviertels.

„Dann in einem Restaurant?" Reena ließ ihren Blick die Straße entlangschweifen, um sich für eins der Lokale zu entscheiden.

„Nein, ich weiß einen besseren Ort." Leo ergriff ihre Hand und zog sie sanft hinter sich her.

„Wo gehen wir denn hin?" Die Geschäfte, die sie auch bei ihrem ersten Besuch gesehen hatte, zogen an ihnen vorbei. Warum wollte Leo nicht in eines der Restaurants gehen? Oder in die Spielhalle? Oder … Dann lief er immer schneller. Reena warf einen Blick über die Schulter zurück und sah Souton und Kelley, die Slalom zwischen den anderen Besuchern der Vergnügungsebene liefen, um ihnen zu folgen. Und ihren Gesichtern nach zu urteilen, gefiel ihnen das ganz und gar nicht. Kelley hielt beim Gehen sogar die ganze Zeit eine Hand auf der Waffe an seiner Hüfte, als rechnete er jede Sekunde mit einem Überfall auf Reena.

Gerade rechtzeitig wandte Reena den Blick wieder nach vorn, denn Leo bog scharf nach links in eine schmalere Gasse ein. Hier, abseits des Hauptwegs der Vergnügungsebene, war es deutlich weniger voll. Auf dem vielleicht fünfzig Meter langen Gang hielten sich außer ihnen gerade einmal drei weitere Personen auf: Ein engumschlungenes Pärchen und eine ältere Frau, die gut und gerne fünf Einkaufstüten trug und sich damit sichtlich abmühte.

„Kannst du mir jetzt vielleicht sagen, warum du mich herbestellt hast?", fragte Reena außer Atem und zog an Leos Hand.

„Noch nicht." Leo lachte. „Du bist vielleicht ungeduldig."

„Es klang dringend", rechtfertigte sich Reena. „Und außerdem bin ich natürlich ungeduldig, das wusstest du aber schon vorher."

„Stimmt", gab Leo zurück. „Hier rein." Er deutete auf einen mit filigranem Glasdach überdachten Eingang. Oberhalb des Glasdaches war schlicht „Wald" zu lesen.

„Ein Wald?", fragte Reena. Dann korrigierte sie sich. „Noch ein Wald?" Sie musste an den Ort denken, an dem sie immer ihr Training hatten.

„Der hier ist ein wenig anders", gab Leo zurück und öffnete die Tür, um sie ihr dann aufzuhalten. „Wirst du ja gleich sehen."

„Ich bin gespannt."

Außer ihnen schien niemand hier zu sein. Ins Innere gelangten sie über eine Schleuse, wie Reena sie bereits aus der Ebene der Viehhaltung kannte. Somit waren die leichte Dusche mit Desinfektionsmittel und der starke Luftstrom nicht mehr so überraschend. Kelley und Souton im Nieselregen stehen zu sehen war allerdings überraschend amüsant.

„Erfrischend", kommentierte Leo, als sie die Schleuse verließen.

Gerade wollte Reena etwas darauf erwidern, da fiel ihr Blick auf das, was sich vor ihr ausbreitete. Der „Wald" hatte wenig mit dem zu tun, in dem sie trainierten. Und ganz und gar nichts mit den Wäldern, die Reena aus dem Outland kannte. Auf dem Boden breitete sich ein weiches Polster aus Moos aus, darüber standen gedrängt Büsche, die Beeren in allen möglichen Farben trugen. Überall ragten Bäume auf, deren Blätter den Boden teilweise bedeckten. Alles stand dicht an dicht, aber oberhalb der Baumwipfel leuchtete ein warmes oranges Licht.

„Hier im Wald gibt es einen Sonnenuntergang", erklärte Leo, der hinter Reena zurückgeblieben war. Hinter ihm traten nun auch Kelley und Souton aus der Schleuse. Souton wischte sich ungehalten mit einer Hand über das Gesicht und schüttelte den Kopf.

„Den habe ich schon lange nicht mehr gesehen", sagte Reena und betrachtete wehmütig den warmen Lichtschein. Im Licht des Sonnenuntergangs erschien ihr das Outland immer am schönsten. Das Licht machte alles

weicher, ließ die Landschaft aufleuchten und das Leben erschien irgendwie leichter.

„Das habe ich mir gedacht." Leo trat neben sie und deutete auf einen schmalen Pfad, der sich rechterhand in den Wald schlängelte. „Wege gibt es hier kaum, nur diese Trampelpfade. Der Wald soll so natürlich wie möglich sein." Leo zuckte mit den Achseln. „Ich kann nicht beurteilen, ob das stimmt."

„Ich auch nicht", gab Reena zurück. „Draußen sehen die Wälder nicht so aus. Aber ich vermute, früher könnten sie so gewesen sein wie dieser hier." Auf dem Pfad mussten sie hintereinandergehen. Während Reena Leo folgte, streifte sie mit den Handflächen über die Büsche und berührte die Beeren, die daran hingen. Ob man sie essen konnte? Draußen hätte sie es gewusst, aber hier traute sie den Pflanzen nicht recht. Nach ein paar Minuten standen die Bäume weniger dicht und sie konnten nebeneinander gehen.

„Warum treffen wir uns hier im Wald?", fragte Reena, nachdem sie ein paar Augenblicke in Stille gegangen waren.

„Hier ist nie etwas los", antwortete Leo. „Und außerdem solltest du von der Aspiration ja mal etwas sehen. Wenn du an der Akademie bleibst, wirst du irgendwann vielleicht die Präsidentin der Aspiration. Und wie sieht das bitte aus, wenn die Präsidentin nicht einmal den Wald ihres eigenen Reiches kennt?"

Reena lächelte bei dem Gedanken, langfristig auf der Aspiration zu wohnen. Aber nach ein paar Sekunden sagte sie: „Ich glaube nicht, dass ich an der Akademie bleiben kann." Sie zuckte mit den Achseln.

„Wieso? Du bist doch auf einem guten Weg. Du machst immer mehr Plätze gut."

„Ich müsste unter den letzten zehn sein", sagte Reena schärfer als beabsichtigt. „Das schaffe ich niemals."

„Sag niemals nie", erwiderte Leo und Reena verdrehte die Augen.

„Wunderbar, so leere Worthülsen", gab sie sarkastisch zurück.

„Es kann alles geschehen", ergänzte Leo grinsend.

„Vielen Dank, hast du noch mehr von so aufmunternden Sprüchen parat?"

„Mit dem, was ich parat habe, könnte man vermutlich ganze Bücher füllen, aber für heute will ich dich mal verschonen."

Der Pfad wurde wieder enger und Reena ließ sich hinter Leo zurückfallen. Es war ja schön, dass er an sie glaubte. Aber die Realität sah nun einmal anders aus. Ja, sie hatte mehr Runden überstanden als jeder andere Kandidat aus dem Outland. Aber sie lag noch immer so weit hinten ... Der endgültige Aufenthalt auf der Aspiration war nichts weiter als ein schöner Wunschtraum. Sie würde die Zeit, die ihr hier blieb, nutzen, um ihrer Familie alles zu schicken, was sie brauchte. Und wenn ihre Zeit um war, würde sie nach Hope zurückkehren und das Leben weiterleben, das ihr eigentlich bestimmt war.

Gerade, als sie Leo fragen wollte, wie weit sie eigentlich noch laufen mussten, schob er mit beiden Händen ein paar Äste aus dem Weg, die tief über dem Pfad hingen. Dahinter wurde eine kreisrunde Lichtung sichtbar. Der Boden war über und über mit saftig grünem Moos bedeckt, den Rand bildeten Büsche mit winzig kleinen Fiederblättern und leuchtend roten Beeren. Zwei Bäume neigten sich von rechts und links über die Lichtung, ihre herabhängenden Äste bildeten eine Art Vorhang. Doch dahinter hatte man einen Blick auf den „Himmel" des Waldes, dessen Orange sich mit jeder Minute, die verging, dunkler verfärbte.

„Wow", brachte Reena heraus. Der Anblick war wunderschön, so etwas hatte sie weder im Outland noch auf der Aspiration je gesehen.

„Nicht wahr?" Leo legte ihr kurz eine Hand auf den Rücken, dann zog er sie wieder weg. „Wollen wir uns setzen?" Erst jetzt bemerkte Reena die Decke, die hinter den weit herabhängenden Zweigen ausgebreitet war.

„Ein Picknick?", fragte sie, als sie den Korb auf der Decke bemerkte.

„Zu einem echten Ausflug in den Wald gehört auch ein Picknick", erwiderte Leo leichthin und setzte sich mit Schwung auf die Decke. „Na los." Er klopfte mit der Hand neben sich.

„Du spinnst ein bisschen", kommentierte Reena lachend, ließ sich dann aber neben ihn Decke fallen. „Gefällt mir ehrlich gesagt."

„Dass ich spinne oder das Picknick?" Leo öffnete den Korb und holte zwei Teller heraus. Einen davon reichte er Reena.

„Beides irgendwie", gab Reena zurück und grinste Leo an. Er war ein wenig verrückt, ja, ganz im Gegensatz zu den meisten Menschen und das war erfrischend. Bei ihm wirkte alles immer so leicht, so einfach, als könnte ihn nichts treffen. „Ich wünschte, ich wäre auch ein klein wenig so wie du."

„Wie ich?" Leos Hand, in der er gerade eine Platte mit Kuchenstücken hielt, schwebte in der Luft über dem Picknickkorb. „Wieso denn das?"

„Ich weiß nicht." Reena zuckte mit den Schultern. „Du scheinst die Dinge nicht so ernst zu nehmen. Dir geht das alles nicht richtig nah. Da wünschte ich mir, ich könnte auch ein wenig mehr so sein. Dann könnte ich die Zeit auf der Aspiration mehr genießen, anstatt mir nur Sorgen über die nächste Abstimmung zu machen."

„Es ist nicht so, dass ich nichts ernst nehme." Leo klang nun anders, viel erwachsener als zuvor. „Und es gibt Dinge, die mir nahegehen."

Reena wusste nicht, was sie darauf erwidern sollte. „Bekomme ich nun was von dem Kuchen oder ist der für dich allein?", fragte sie schließlich betont leichthin, als die Stille zwischen ihr und Leo etwas zu lange andauerte. Sie wünschte, sie hätte nichts über seinen Charakter gesagt.

„Eigentlich war der für mich, aber ich gebe dir vielleicht ein Stück ab. Aber nur, weil ich wirklich wahnsinnig großzügig bin." Nun grinste Leo wieder und hielt ihr die Platte mit den Kuchenstücken hin. „Apfel-Zimt-Kuchen mit Streuseln."

„Das klingt verdammt gut." Zimt hatte sie erst seit ihrer Ankunft auf der Aspiration lieben gelernt. Reena nahm sich direkt zwei Kuchenstücke und legte sie auf ihren Teller. „Danke." Während sie aßen, sah sie sich auf der Lichtung um. Das Moos wirkte einladend weich und schien in dem schwindenden Licht von innen heraus zu leuchten. Am Rand der Lichtung meinte Reena, kleinere Tiere vorbeihuschen zu hören, aber das konnte auch Einbildung sein, eine Projektion, weil es die Geräusche waren, die sie aus dem Outland mit der Abenddämmerung verband.

„Schmeckt der Kuchen?" Leo hatte bereits drei Stücke verdrückt, während Reena noch gedankenverloren bei ihrem ersten war.

„Allerdings." Reena schenkte Leo ein Lächeln. Liefen seine Wangen etwa rot an?

„Vielen Dank, den habe ich gebacken."

„Du?"

„Glaubst du etwa nicht, dass ich das kann?"

„Ich dachte nicht, dass du es tust." Reena lachte und blickte von ihrem Stück Kuchen zu Leo. „Aber Kompliment."

„Danke." Leo blickte zur Seite in den Wald. Er sog die Lippe zwischen die Zähne und schien über etwas nachzudenken.

„Sag mal, wolltest du mir nicht …"

„Reena, es ist so …"

Sie sprachen gleichzeitig und brachen ab. Reena begann zu lachen und Leo stimmte mit ein.

„Fang du an", forderte er sie auf. „Ich kann warten."

„Was hast du damit gemeint, dass du mir etwas sagen musst?" Reena stellte ihren nun leeren Teller zurück in den Picknickkorb. „Scheint ja etwas Wichtiges zu sein."

„Ich weiß nicht, ob es das ist." Leo warf einen Blick auf Kelley und Souton und rückte ein paar Zentimeter näher zu ihr hinüber. „Ich habe vor ein paar Tagen etwas gehört. Meine Mutter hat mit meinem Vater darüber geredet, sie wussten nicht, dass ich auch da bin."

Leo brach ab, als ein Zweig hinter Reenas Rücken knackte. Sie wirbelte herum, doch es waren nur Kelley und Souton, vermutlich war einer von beiden einen Schritt gegangen und dabei auf einen Stock getreten. Vielleicht waren sie nähergekommen, um Leo verstehen zu können, der seine Stimme gesenkt hatte.

„Wie gesagt, meine Mutter hat da was gesagt." Er beugte sich vor. „Komm näher, ich will nicht, dass die mithören." Er deutete mit dem Kopf in die Richtung ihrer beiden Wächter.

Reena rückte näher und beugte sich ebenfalls vor. Leos Gesicht war nun nur noch wenige Zentimeter von ihrem entfernt. Bevor Leo weitersprach, suchte er ihren Blick.

„Meine Mutter arbeitet auf der medizinischen Ebene. Sie ist Laborassistentin." Er schluckte. „Es ging um die neuesten Versuche, die sie vorbereiten soll und dass die Versuchsreihe nicht gut läuft. Nichts Ungewöhnliches eigentlich." Er holte tief Luft. „Aber dann hat sie

etwas gesagt, das ich nicht einordnen konnte. Sie sagte ‚Sie sterben einfach zu schnell. Der Professor hat nicht damit gerechnet, dass die Outlander so schnell sterben. Angeblich sollen sie doch so zäh sein.'" Mit großen Augen blickte Leo Reena an.

Sie konnte nur zurückstarren. „Die Outlander?", brachte sie schließlich heraus.

„Das hat sie gesagt, ich konnte sie klar und deutlich verstehen." Leo sprach nun schnell, seine Worte überschlugen sich fast. „Danach sind sie und mein Vater in ein anderes Zimmer gegangen und ich habe nichts mehr gehört, aber dieser Satz ..." Er sah Reena hilflos an. „Da stimmt doch was nicht."

„Für mich klingt das, als würden sie ..."

„... Outlander für medizinische Tests benutzen, ja", führte Leo ihren Satz zu Ende.

„Meinst du, sie haben sich freiwillig zur Verfügung gestellt?", fragte Reena. Ihr kam sofort die Frau in den Sinn, die sie auf der medizinischen Ebene erkannt zu haben glaubte.

„Das musst du mir sagen." Unsicher zuckte Leo mit den Schultern. „Gab es solche Angebote im Outland? Hattet ihr die Möglichkeit, für Versuchsreihen auf die Aspiration zu kommen?"

„Nein", sagte Reena langsam. „Davon habe ich noch nie gehört."

„Das habe ich mir fast gedacht." Mit einem traurigen Lächeln sah Leo Reena an. „Es gibt es noch eine andere Möglichkeit."

„Sie sind nicht freiwillig hier", erwiderte Reene rasch und sah Leo ernst in die Augen. Kein Schalk tanzte mehr darin. Er wirkte mit einem Mal deutlich älter. Erschrocken schlug sie sich plötzlich die Hand vor den Mund und sah sich hektisch um. Dort, an dem einen Baum. Dort hing eine Kamera. „Wir werden gefilmt", flüsterte sie Leo zu. Ihr Gespräch durfte nicht abgehört werden, es durfte nicht sein, dass ...

„Werden wir nicht." Leo wirkte ganz ruhig, er sah geradewegs hinauf zu der Kamera und deutete auf eine weitere ein paar Bäume entfernt auf der rechten Seite.

„Was soll das heißen? Die Kameras laufen doch." Unter den beiden Objektiven leuchtete ein rotes Licht, das Zeichen dafür, dass die Kameras aufnahmen, oder nicht?

„Sie zeigen ein Standbild", erklärte Leo.

„Ein Standbild? Wieso denn das?"

„Ich habe Nickels darum gebeten, die Kameras für eine Stunde hier im Wald auszuschalten." Leo grinste sie schief an. „Er meinte aber, das wäre zu auffällig und es wäre viel geschickter, einfach ein Standbild einzuspeisen, sodass es so aussieht, als wäre hier alles wie immer."

„Niemand kann uns zusehen? Oder uns hören?"

„Ganz genau." Wieder grinste Leo zufrieden mit sich selbst. „Gute Idee, oder?"

„Allerdings", murmelte Reena. „Aber was ist jetzt mit dem, was du gehört hast?"

„Das weiß ich eben nicht. Ich wollte meine Mutter nicht danach fragen, sie und mein Vater wussten ja nicht mal, dass ich da bin."

„Meinst du nicht, du könntest einfach mit ihr reden? Vielleicht so tun, als hättest du Interesse an der medizinischen Ebene und ihrem Beruf?"

Leo verzog das Gesicht zu einer Grimasse. „Sie glaubt mir niemals, dass ich so plötzlich Interesse daran habe, Forscher oder Arzt zu werden."

„Ich würde zu gerne wissen, was da los ist", murmelte Reena und biss sich auf die Lippe. „Sind sie freiwillig hier oder werden sie zu diesen Tests gezwungen? Und was zur Hölle wird da an ihnen getestet?"

Leo hob die Hände und zuckte mit den Schultern. „Das sind alles Fragen, die ich mir selbst schon gestellt habe, aber ich habe bisher keine Antwort gefunden." Er schwieg einen Moment, dann fuhr er fort. „Aber ich dachte, du solltest das wissen. Ich musste hören, dass es kein Freiwilligenprogramm draußen im Outland gibt, das die ganze Sache erklären könnte."

Reena lachte tonlos auf. „Freiwilligenprogramm ... Alles, was draußen von der Aspiration mit den Outlandern gemacht wird, hat mit Freiwilligkeit nichts zu tun."

„Genau das wusste ich eben nicht." Leo wirkte plötzlich verlegen. „Tut mir leid."

„Es ist nicht deine Schuld. Weder, dass es geschieht, noch dass du nichts davon gewusst hast. Jetzt, wo ich hier bin, habe ich einen ganz anderen Blick auf die Dinge. Jetzt weiß ich, dass nicht jeder auf der Aspiration Ahnung davon hat, was im Outland vor sich geht. Früher dachte ich immer ..." Reena schüttelte ob ihrer Nativität den Kopf. „Ich dachte immer, alle auf der Aspiration wüssten bestens darüber Bescheid, was draußen vor sich geht. Dass alle Missionen vielleicht auch im Fernsehen übertragen würden. Wie dumm der Gedanke war ..."

„Das war doch nicht dumm." Leo lehnte sich wieder ein Stück vor und beim Reden streifte sein Atem Reenas Gesicht. „Du hast nur das gesehen, was dir gezeigt worden ist."

Reena nickte stumm. Er hatte ja recht. Trotzdem fühlte sie sich leichtgläubig. Sie hätte es sehen oder zumindest ahnen müssen.

„Reena?"

„Ja?"

„Bereust du es, hier zu sein?"

„Auf der Aspiration?"

Leo nickte.

Reena horchte kurz in sich hinein. Bereute sie ihre Teilnahme an der Akademie? „Nein, nicht im Geringsten. Ich bin gerne hier."

„Das ist gut. Es ist nämlich so ..." Leos Blick suchte ihren. Seine braunen Augen hielten ihren Blick fest. „Ich bin sehr froh, dass du hier bist."

Sein Gesicht näherte sich ihrem. Noch immer sah er sie an, ein wenig fragend. Dann schloss er die Augen. Seine eine Hand schob sich an ihrer Wange vorbei und umfasste sanft ihren Hinterkopf. Dann waren seine Lippen auf ihren. Sie waren warm und weich und schmeckten nach Apfel und Zimt.

Noch nie hatte Reena einen Jungen geküsst. Für einen Moment ließ Leo wieder von ihr ab, um ihr in die

Augen zu sehen, als suchte er nach einer Erlaubnis oder Bestätigung. Reenas Herz hämmerte in ihrer Brust. Was geschah hier auf einmal?

Nun zog Leo ihren Kopf wieder sanft zu sich, seine Lippen berührten die ihren erneut.

„Leo?" Reena zog sich ein Stück zurück, seine Hand glitt von ihrem Kopf. „Es tut mir leid, aber ..." Sie suchte nach den richtigen Worten. Sie musste ihm sagen, was sie empfand, ohne ihn vor den Kopf zu stoßen. Sie waren doch Freunde! Aber gab es dafür überhaupt die richtigen Worte?

„Was hast du?" Leos verunsicherter Blick glitt über ihr Gesicht, blieb an ihren Lippen hängen und huschte dann wieder hinauf zu ihren Augen. „Habe ich etwas falsch gemacht?"

„Nein, das war sehr schön." Reena schluckte. Es war schön gewesen, ihr erster Kuss. „Aber ich kann das nicht. Nein, ich will es nicht." Sie richtete sich auf und bemühte sich, entschlossen zu wirken. „Es wäre nicht richtig."

„Nicht richtig? Was meinst du denn damit?" Nun lehnte sich auch Leo zurück. Sein Blick sagte ihr, dass sie definitiv nicht die richtigen Worte gefunden hatte.

„Ich bin hier, um an der Akademie teilzunehmen. Wenn ich nicht an der Akademie bleiben kann, muss ich wieder zurück ins Outland. Und dann kann ich meiner Familie nicht mehr helfen", versuchte Reena sich am Anfang einer Erklärung. „Und um das zu schaffen, den Unterricht, das Training, die ganzen Anfeindungen, da brauche ich all meine Kraft, all meine Konzentration."

Sie holte tief Luft. „Da ist kein Platz für so etwas hier." Die letzten Worte flüsterte sie und machte mit dem Finger eine Kreisbewegung zwischen ihr und Leo.

„Ich verstehe", sagte Leo steif.

An seinem Tonfall erkannte sie, dass er gar nichts verstand oder verstehen wollte.

„Du willst keinen Klotz am Bein, der dich am Weiterkommen hindert."

„So ist das doch nicht." Leichte Verzweiflung kroch in Reena empor. Leo war einer ihrer besten Freunde hier. Es durfte nicht sein, dass sie ihn verlor, es durfte nicht sein, dass er wütend auf sie war. „Ich kann das auch aus dem Grund nicht, dass ich vielleicht gehen muss." Reena holte tief Luft. „Wenn ich gehen muss, können wir uns nie wieder sehen. Was soll das also bringen? Außer Schmerzen?"

„Vielleicht musst du ja gar nicht gehen", gab Leo sachlich zurück. „Du gehst die ganze Zeit vom Schlimmsten aus, aber ist das bisher eingetroffen?" Reena wollte protestieren, aber Leo redete schon weiter. „Nein, ist es nicht. Und es ist sehr gut möglich, dass es nie so kommt. Du hast Chancen, für immer auf der Aspiration bleiben zu können."

„Aber ich weiß nicht einmal, ob ich das überhaupt will." Völlig verunsichert fuhr Reena sich durch die Haare. „Für dich ist es einfach. Deine Familie ist hier, die Aspiration ist dein Zuhause. Alles, was du kennst, ist hier. Aber für mich?" Sie schüttelte energisch den Kopf. „Ich bin fremd hier. Ich habe das Gefühl, nichts von all dem steht mir zu. Und außerdem fehlt mir meine Familie." Ja, tatsächlich, mit der Zeit fehlte ihr ihre Familie und ihr Zuhause in Hope immer mehr. Das Leben dort war anders, gar keine Frage, aber es war zumindest ihr eigenes Leben. An der Akademie kam sie sich vor, als hätte sie das Leben eines anderen gestohlen. Eines anderen, der es sehr viel mehr verdient hatte als sie.

„Es tut mir leid, daran habe ich nicht gedacht." Leos Worte waren abweisend.

„Leo, bitte ..." Reena wusste nicht einmal, worum sie ihn bitten wollte. Am liebsten darum, die Zeit zurückzuspulen bis vor den Kuss, dorthin, wo alles noch normal und sie einfach Freunde gewesen waren.

„Wir sollten wieder zurückgehen. Die Kameras zeigen bald wieder das richtige Bild." Ohne sie eines Blickes zu würdigen, begann Leo, alles wieder in den Picknickkorb zu werfen. Mit einem entschieden zu heftigem Ruck schloss er den Korb und stand auf.

„Leo, ich habe es nicht so gemeint", versuchte Reena, ihn doch noch zu überzeugen und ihn zu beruhigen. Doch Leo sah sie nicht einmal an. „Ich kann es mir momentan nicht leisten, mich ablenken zu lassen. Und du würdest mich ablenken." Sollte sie sich auf ihn einlassen, würde sie viel zu wenig Zeit für den Unterricht haben, für das Training ... Und was würden ihre Eltern denken, wenn sie sie so im Fernsehen sahen?

Sie hatte nur ein Ziel: So lange wie möglich an der Akademie zu bleiben, um Joe mit Schmerzmitteln zu versorgen. Und falls sie Glück hatte – und das war ein großes „Falls" – dann konnte sie mit ihrer Teilnahme sogar die Option verdienen, Joe von den Ärzten der Aspiration behandeln zu lassen. Sie mochte Leo und vielleicht könnte es mehr werden als das, aber eine Beziehung mit ihm würde zu viel Zeit kosten. Zeit, die sie nicht hatte. Zeit, die sie nicht dafür aufbringen durfte.

„Kommst du?" Leo hielt seinen Blick auf den Rand der Lichtung gerichtet, wo sie hergekommen waren. Reena kämpfte sich auf die Füße und schob die herabhängenden Äste der Bäume zur Seite. Inzwischen war es dunkel über ihren Köpfen, doch die Blätter der umgebenden Bäume glommen in einem sanften Hellgrün, das den Weg beleuchtete. Doch Reena hatte keine Zeit, Leo zu fragen, woher das Leuchten kam, warum die Bäume auf der Aspiration wie Fackeln leuchteten, denn Leo lief bereits mehrere Meter vor ihr und wandte nicht ein einziges Mal den Kopf, um zu sehen, ob sie ihm noch folgte oder längst im Wald verloren gegangen war. Reena ging ihm hastig nach. Der Gedanke, allein mit ihren Bewachern im Wald zurückzubleiben, der trotz des hübschen Leuchtens doch sehr düster erschien, war alles andere als angenehm.

Nun bog Leo scharf rechts ab und verschwand damit aus ihrem Sichtfeld.

„Leo?" Reena streckte den rechten Arm aus, um sich an den Baumstämmen entlangzutasten. Das Licht, das die Blätter der Bäume ausstrahlten, war zwar sehr hübsch anzusehen, doch es erreichte nicht den Boden des Waldes und Kelley und Souton beleuchteten den Weg zwar mit Taschenlampen, doch sie waren zu weit hinter ihr, als dass der Lichtschein Reena erreicht hätte.

Leo antwortete ihr nicht. In leichte Panik versetzt, lief Reena schneller und übersah prompt eine Wurzel, die sich quer über den Weg schlängelte. Sie stolperte und fiel auf ihre Knie und Handflächen. Tränen schossen ihr in die Augen. „Verdammt." Stöhnend setzte sie sich hin und betrachtete im Dämmerlicht ihre Handflächen. Die Haut war in der Mitte aufgeschürft, rundherum war sie gerötet. Blut quoll aus einem tieferen Schnitt an der rechten Hand. Die Haut an ihren Knien war zwar durch ihre Hose geschützt gewesen, aber der Sturz würde einige blaue Flecken bringen, so viel stand fest. Außerdem schmerzte ihre angeschlagene Schulter nun wieder. Mit einer Hand an einen Baumstamm gestützt, richtete Reena sich wieder auf. Sie winkte abwehrend zu ihren beiden Wachen hinüber, um zu signalisieren, dass sie keine Hilfe benötigte. Dann belastete sie vorsichtig ein Knie nach dem anderen. Offenbar hatte der Sturz nichts weiter angerichtet als eine schmutzige Hose und ein paar blaue Flecken. Sie bewegte ihren Arm. Es tat zwar weh, aber nicht allzu sehr. Glück gehabt. Wäre sie beim Training weitere Tage ausgefallen, hätte sich das sicher negativ auf ihre Bewertung ausgewirkt.

„Reena?" Am Ende des Weges tauchte Leo auf. Als er Reena erblickte, wechselte sein Gesichtsausdruck von leicht besorgt zu genervt. „Was machst du denn da?"

„Bin gestürzt", gab Reena zurück und unterdrückte ein Stöhnen, als sie Leo auf dem Weg folgte.

Den Rest des Weges legten sie schweigend zurück. Allerdings war es kein angenehmes Schweigen zwischen zwei Freunden wie sonst. Es lag eine Anspannung darin, die Reena nervös machte. Sie sollte etwas sagen, etwas, das alles wieder ins Lot brachte, aber was sollte das sein? Sie konnte nicht sagen, dass es ihr leidtat. Und sie konnte es auch nicht zurücknehmen, denn sie durfte diese besondere Chance, die sich ihr mit der Akademie aufgetan hatte, nicht fahrlässig aus der Hand geben. Das war etwas, das Leo nicht verstehen konnte. Er gehörte von Geburt an auf die Aspiration, daran hatte es nie einen Zweifel gegeben. Er musste nicht um seine Position auf dem Schiff kämpfen. Er musste nicht befürchten, seinen Platz in der Schutzzone wieder zu verlieren und damit auch den Zugang zu Medikamenten und regelmäßigem Essen.

Im Aufzug der Vergnügungsebene stellte Leo sich demonstrativ in eine Ecke und wandte den Kopf von Reena und ihren Bewachern ab. Als sie ihn so betrachtete, verspürte sie einen Stich tief in ihrem Inneren.

Wie sollte sie den anderen erklären, was mit ihr und Leo nicht stimmte? Was, wenn sich nun ihre Freunde alle von ihr abwandten, weil sie nun einmal eher seine Freunde waren und sie nur eine Outlanderin?

Als sich der Aufzug mit einem leisen Klingeln auf der Ebene der Akademie öffnete, stieg Leo aus, ohne auf sie zu warten, und marschierte zielstrebig den Gang entlang, bis er aus Reenas Sichtweite verschwunden war.

Mit einem tiefen Seufzen stieß Reena sich von der Wand des Aufzugs ab und ging zu ihrem Quartier hinüber. Ein Wedeln mit dem Com vor dem Leuchtpaneel und sie glitt ins Innere, Kelley und Souton blieben vor der Tür stehen, gleich würde die Nachtschicht beginnen und ein anderes Team an Bewachern würde übernehmen. Reena hatte diese anderen Soldaten noch nie gesehen, da sie nachts nie das Quartier verließ, doch Kelly und Souton hatten sie über diesen Wechsel informiert. Mary war ebenfalls bereits im Quartier, in jedem Zimmer brannten die Lampen. Reena fand ihre Mitbewohnerin mit einem richtigen Buch in der Hand auf dem Sofa.

„Hey." Sie ließ sich in einen der Sessel fallen. Was für ein Abend ...

„Hey." Mary legte das Buch zur Seite und richtete sich auf. „Wo warst du denn so lange? Ich dachte schon, ich müsste mir Sorgen machen."

„Warum denn Sorgen?", umging Reena elegant die erste Frage.

„Hast du es noch nicht gehört?" Mary holte deutlich hörbar Luft. „Zwei Schüler wurden von der Akademie geholt."

„Geholt? Was soll das denn heißen?"

„Anscheinend waren ihre Eltern zu besorgt, dass ihnen etwas passieren könnte. Hat wohl was mit dem neuen Anschlag zu tun."

„Aber der war doch gar nicht auf die Akademie gerichtet." Reena blickte Mary zweifelnd an.

„Das nicht, aber die Eltern wollen ihre Kinder lieber im Blick behalten." Mary zuckte mit den Achseln.

„Und warum machst du dir da um mich Sorgen?"

„Langsam fing ich an zu denken, du hättest die Aspiration vielleicht auch verlassen", gestand Mary.

„Freiwillig?" Reena lachte schnaubend auf. „Wohl kaum."

„Könnte ja auch sein, dass der Leutnant doch noch beschlossen hat, dass es sicherer für dich wäre."

„Ich hab doch meine beiden Schatten, die auf mich aufpassen." Reena deutete zur Tür des Quartiers, hinter der entweder Kelley und Souton oder bereits andere Soldaten warteten, um auf sie achtzugeben.

„Hätte auch sein können, dass deine Eltern dir geschrieben haben. Vielleicht solltest du nach Hause kommen." Mary hob die Handflächen zur Decke. „Ich weiß doch auch nicht. Ich habe mir einfach Gedanken um dich gemacht."

„Ich würde doch niemals gehen, ohne mich zu verabschieden", sagte Reena und rutschte an die Kante des Sofas.

„Das ist gut." Ein zurückhaltendes Lächeln erhellte Marys Gesicht. „Aber das erklärt noch immer nicht, wo du so lange warst. Hast du noch trainiert?" Die Mitglieder der Akademie durften das Trainingsgelände so oft sie wollten nutzen, um dort ihre Fähigkeiten zu verbessern.

Für einen kurzen Moment überlegte Reena, Mary einfach zuzustimmen. Ihre Freundin würde glauben, dass sie beim Training gewesen war, was keine unangenehmen Fragen nach sich ziehen würde. Aber als sie den Mund aufmachte, sagte sie: „Ich habe mich mit Leo getroffen."

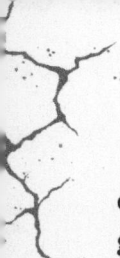

Mary runzelte die Stirn. „Zum Lernen?"

„Nicht so ganz." Rasch berichtete Reena Mary von dem Treffen, das zum Ende hin vollkommen schiefgegangen war.

„Er ist einfach gegangen, ohne noch irgendwas zu sagen", endete Reena bedrückt.

„Blöde Situation", sagte Mary und biss sich auf die Unterlippe.

„Das ist alles, was du dazu zu sagen hast? Blöde Situation?", zog Reena ihre Freundin auf.

„Ganz blöde Situation?"

Reena rollte mit den Augen. „Viel besser."

„Ich kann dich verstehen", sagte Mary dann in ernsterem Tonfall. „Du musst dich wirklich konzentrieren, wenn du weiterkommen möchtest. Wenn du in die Endauswahl willst, dann brauchst du richtig gute Noten und ..."

„Ich weiß, ich weiß." Reena stützte ihren Kopf in beide Hände. „An die Endauswahl denke ich noch nicht einmal, ich muss es nur schaffen, noch länger hierzubleiben. Ich denke nur im Zweiwochenrhythmus."

„Ich habe dir gesagt, eine vorgetäuschte Liebesgeschichte kann vorteilhaft sein bei der Auswahl. Aber eine echte ..." Mary schüttelte den Kopf. „Wie du gesagt hast: Die benötigt zu viel Aufmerksamkeit."

Reena nickte langsam. „Es war furchtbar, Leo so zu verletzen."

„Das glaube ich dir." Für ein paar Augenblicke herrschte Stille zwischen ihnen. „Wie war der Kuss denn?", fragte Mary schließlich neugierig.

Ja, wie war der Kuss gewesen? „Wirklich schön", antwortete Reena schließlich leise.

„Hat dein Herz schneller geschlagen? Ist die Welt um dich herum versunken? War es besser als alles, was du je zuvor gefühlt hast?" Mary war ganz an die Kante ihres Sofas gerutscht und sah Reena aufmerksam an.

„Ich glaube, du hast zu viele Liebesromane gelesen", gab Reena lachend zurück. Dann dachte sie an das Gefühl von Leos Lippen auf ihren zurück. „Mein Herz hat schon schneller geschlagen. Es war ein gutes Gefühl, angenehm. Ich hätte auch nichts dagegen gehabt, wenn wir das wiederholt hätten. Aber es geht einfach nicht." Sie wurde rot.

„Magst du Leo?" Die Neugier war Mary an der Nasenspitze anzusehen.

„Natürlich mag ich ihn, wir sind Freunde", erwiderte Reena, obwohl sie genau wusste, was Mary hören wollte.

„Reena!"

„Mary!"

Mary brach in ein Lachen aus. „Du weißt, was ich meine."

„Ich mag ihn", erwiderte Reena ein wenig ernsthafter. „Aber ob ich ihn so mag ... Darüber habe ich nie nachgedacht. Vielleicht hätte ich ihn mögen können, ich weiß es nicht." Sie fuhr sich mit der Hand durch die Haare. „Ich bin etwas verwirrt."

„Vielleicht siehst du klarer, wenn du eine Nacht drüber geschlafen hast", schlug Mary vor.

„Ich möchte gar nicht klarer sehen", entgegnete Reena entschlossen. „Ich möchte nur, dass alles wieder wie vorher ist. Wir alle als Gruppe. Wenn Leo mich jetzt den ganzen Tag lang ignoriert, wird das echt ätzend."

„Ich hoffe für dich und auch für mich, dass er das nicht tun wird." Mary stand vom Sofa auf und streckte sich mit einem Gähnen. „Lass uns schlafen gehen. Heute können wir ja doch nichts mehr daran ändern."

„Da hast du recht, hoffentlich kann ich überhaupt schlafen. Mir geht die ganze Situation immer wieder durch den Kopf." Auch Reena erhob sich. Wenn Leo nun nichts mehr mit ihr zu tun haben wollte ...

# KAPITEL 14

Am Frühstückstisch in der Halle am nächsten Tag war Leo wie immer. Er begrüßte jeden aus der Gruppe, unterhielt sich über den anstehenden Unterricht und machte seine üblichen Witze. Doch Reena fiel auf, dass er nie das Wort direkt an sie richtete, er sah sie auch nie wirklich an. Wenn er in ihre Richtung blickte, gab er es nur vor, indem er knapp an ihr vorbei auf ihr Ohr zu schauen schien.

Wenn es den anderen ebenfalls auffiel, so sagten sie zumindest nichts. Nur Mary warf Reena von Zeit zu Zeit einen verständnisvollen Blick zu.

Aber das war doch gut, oder nicht? Ihre Befürchtung, dass die gesamte Gruppe auseinanderbrechen könnte, schien sich nicht zu bewahrheiten. Sie und Leo würden zwar keine Zeit allein miteinander verbringen können und vielleicht würde er ihr auch nie wieder ins Gesicht sehen, aber das war wohl die beste Alternative.

Als sie zum Wirtschaftsunterricht aufbrachen, hatte Reena zumindest das Gefühl, dass die Situation nicht so dramatisch war, wie sie sie am Abend zuvor empfunden hatte.

Trotzdem fiel es ihr schwer, sich auf den Unterricht zu konzentrieren. Wirtschaft war ein Fach, das ihr wenig Spaß bereitetet. Wenn sie ehrlich war, fand sie den Stoff, der darin durchgenommen wurde, von vorne bis hinten zum Einschlafen. Und so drehten sich ihre Gedanken statt um Ressourcen um den vergangenen Abend. Genauer gesagt: Um den Kuss. Wieder und wieder sah sie den Moment ablaufen, in dem Leo sie geküsst hatte. Ihre Lippen hatten sich berührt und für einen Moment war es gewesen, als wäre sie ein ganz normales Mädchen. Keine Outlanderin, keine Kandidatin an der Akademie, deren gesamtes Dasein im Fernsehen übertragen wurde. Kein Mädchen, dessen Mutter gar nicht seine Mutter war.

Leo saß schräg von ihr auf der rechten Seite, so, dass sie sein Gesicht nicht sehen konnte. Nachdenklich betrachtete sie ihn eine Weile und bekam gar nicht mit, was der Lehrer vorne im Klassenzimmer erzählte.

„Was sagst du denn dazu, Reena?"

Reena schreckte aus ihren Gedanken hoch. Was hatte er gefragt? Reenas Augen huschten vom Lehrer zu Mary hinüber. Die formte mit dem Mund immer wieder ein Wort. Reena kniff die Augen leicht zusammen und versuchte zu entziffern, doch vergeblich.

„Entschuldigen Sie bitte, würden Sie die Frage wohl noch einmal wiederholen?" Reena spürte, wie ihr Kopf rot wurde, doch sie blickte fest entschlossen zum Lehrer nach vorn. Dieser schüttelte tadelnd den Kopf und seufzte.

„Ich fragte, was Sie für die wertvollste Ressource in einem geschlossenen System halten?"

„Ich ..." Reena versuchte sich an das zu erinnern, was sie über Wirtschaft und Ressourcenmanagement auf ihrem Com gelesen hatte. Alles, woran sie sich erinnerte, war das bleierne Gefühl der Langeweile, das sie beim Lesen beschlichen hatte.

Nun formte Mary mit Zeigefinger und Daumen ein „C".

„Kohlenstoff?"

„Fragen Sie mich das oder ist das Ihre Antwort?" Nun stand ihr Lehrer dicht vor Reena und sah sie streng über seine Brille hinweg an.

„Das ist meine Antwort." Die Antwort ergab Sinn, hoffentlich sah das auch ihr Lehrer so.

„Das ist korrekt." Er nickte wohlwollend, wirkte jedoch etwas irritiert, dass Reena ihm doch noch die richtige Antwort geliefert hatte.

Als er sich von ihr abwandte, atmete Reena erleichtert aus. Es durfte nicht wieder vorkommen, dass sie mit ihren Gedanken dermaßen abschweifte – nicht, wenn sie auf der Akademie bleiben wollte. Die Zuschauer würden ihre Unaufmerksamkeit einem gewissen Desinteresse der Aspiration gegenüber zuschreiben. Nicht der Tatsache, dass ihr bester Freund sie aus heiterem Himmel geküsst hatte. Beim Gedanken daran wurden Reenas Wangen warm und sie zwang sich, ihren Blick auf den Lehrer zu richten und seinen Worten für den Rest der Stunde zu folgen.

„Wirtschaft und ich werden irgendwie nicht so recht warm miteinander", bemerkte Reena nach dem Unterricht, als sie alle gemeinsam zurück auf die Quartierebene fuhren. „Es ist alles so trocken und abstrakt."

„Ich finde, es leuchtet doch ein", kommentierte Samara, die in der Ecke des Aufzugs lehnte, und etwas auf ihrem Com las. „Es ergibt einen befriedigenden Sinn, wie alle Ressourcen zusammenhängen, wie sich Nachfragen bilden und Preise daraufhin reagieren."

„Das mag ja sein", gab Reena mit einem Augenrollen zurück. „Aber das ändert nichts daran, dass der Unterricht in mir den Wunsch weckt, meinen Kopf auf den Tisch zu legen und zu schlafen."

Sie blickte hinüber zu Leo. Ganz sicher hatte er doch auch noch einen Spruch zum Wirtschaftsunterricht parat. Aber Leo blickte in Richtung der Aufzugtüren und schien ihr Gespräch gar nicht zu hören.

„Was fangen wir mit den Freistunden an?", fragte Reena etwas lauter als beabsichtigt in die Runde. Bis zum Mathematikunterricht am Nachmittag waren es noch einige Stunden.

„Hausaufgaben?", schlug Mary vor und Nickels stöhnte entnervt.

„Hausaufgaben, die machen wir doch jeden Tag. Heute ist Freitag, quasi Wochenende."

„Wenn wir die Sachen heute machen, haben wir das Wochenende frei", argumentierte Mary lächelnd.

„Das stimmt, aber dann haben wir heute deutlich weniger Spaß." Nickels zog beide Augenbrauen hoch.

Reena stimmte in Marys und Samaras Lachen mit ein. Leo reagierte nicht, außer dass er für höchstens eine Sekunde einen Mundwinkel nach oben verzog.

„Und was wäre dein Plan?"

„Wir könnten etwas spielen. Vielleicht ein Tischfußballturnier? Ich habe euch lange nicht mehr vernichtend geschlagen." Nickels warf sich in die Brust, was bei ihm auch keine wesentlich eindrucksvollere Statur ergab, und Reena grinste.

„Soweit ich mich erinnere, haben Samara und ich dir letztes Mal ordentlich in den Hintern getreten", gab sie betont nachdenklich zurück. „Oder Samara?"

„So sieht es aus", kommentierte Samara, noch immer in ihre Lektüre vertieft.

„Dann fordern Leo und ich eben eine Revanche", sagte Nickels beim Aussteigen aus dem Aufzug. Im Gehen drehte er sich um und lief rückwärts. „Also? Wofür entscheidet ihr euch? Hausaufgaben oder doch lieber etwas Spaß?"

Reena wechselte einen Blick mit Samara. Gleichzeitig sahen sie zu Nickels hinüber. „Sind dabei!"

Reena wandte sich an Mary. „Was ist mit dir? Wir können abwechselnd spielen." Meistens sah Mary nur zu, wenn sie gemeinsam im Aufenthaltsraum spielten.

„Nein, lass mal. Es gibt da noch diesen einen Artikel, den ich für Rhetorik gefunden habe, es geht darum ..."

„Hör bloß auf, du willst uns faulen Säcken doch nur ein schlechtes Gewissen machen." Leo hatte die Hände gehoben und streckte sie nun flehend Mary entgegen. „Hab Erbarmen!"

Mary lachte. „Tut mir leid, ich finde nur wirklich, dass dieser Artikel ..."

„Mary!", rief Leo in gespielter Verzweiflung.

„Schon gut, schon gut." Mary bog lachend zu ihrem Quartier ab. „Wir sehen uns dann zum Mittagessen. Viel Spaß und euch viel Glück", sagte sie an Reena und Samara gewandt.

„Na, dann wollen wir mal." Nickels rieb sich die Hände und stiefelte euphorisch in Richtung Aufenthaltsraum. Die anderen folgten ihm ein klein wenig weniger begeistert.

Zu ihrem Unmut mussten sie feststellen, dass ihr Spielgerät bereits besetzt war. Und zwar von niemand anderem als Dusk, der gerade eine Partie gegen Rune spielte, während Kendrick vom Rand aus zusah und ihn anfeuerte.

„Nochmal! Richtig so. Der ist drin!"

Reena konnte Dusks blasierten Gesichtsausdruck sehen, als er sich nach seinem Treffer ein Stück zurücklehnte.

„Die beiden küssen auch den Boden, auf dem er geht, oder?", flüsterte sie Samara zu.

„Typische Mitläufer", gab sie zurück. Zusammen setzen sie sich auf die Sofas in der Ecke. Von hier aus hatten sie einen guten Blick auf den Tisch und würden sofort sehen, wenn Dusk und seine Begleiter mit ihrem Spiel fertig wären. Allerdings konnten sie von hier aus auch wunderbar Dusk dabei zusehen, wie er sich von seinen Freunden bewundern ließ. Dieser Anblick ließ einen leichten Anflug von Übelkeit in Reena aufsteigen. Und zu ihrem Erstaunen auch einen Hauch von Wut. Es machte sie wütend, dass er so angehimmelt wurde, obwohl er nicht das Geringste dafür getan hatte. Er war kein netter Mensch, er war mittelmäßig im Unterricht. Na gut, im Schießen und im Nahkampf war er gut, aber wer wäre das nicht, wenn der eigene Vater der Hersteller der Schusswaffen war? Er hatte es einfach nicht verdient, so hofiert zu werden. Punkt.

„Zehn zu eins, Dusk hat gewonnen." Kendrick riss die Arme hoch, als hätte er selbst diesen Sieg errungen. Dusk klatschte mit Rune ab, dann drehte er sich zu den Sofas um. „Wollt ihr auch eine Partie spielen?", fragte er an Leo gewandt.

„Das hatten wir vor." Leo stand auf und machte ein paar Schritte auf Dusk zu.

„Tja, Pech gehabt, wir sind noch nicht fertig." Lachend wandten Dusk, Rune und Kendrick sich wieder dem Spiel zu und ließen den Ball auf den Tisch rollen.

„Idioten", knurrte Leo, als er sich mit verkniffenem Gesichtsausdruck wieder aufs Sofa fallen ließ. „War ja klar, dass die uns nicht spielen lassen."

„Reg dich nicht auf", sagte Samara und drückte Leo tiefer in die Polster des Sofas. „Je mehr du dich aufregst, desto länger werden sie spielen. Sie genießen es, andere zu provozieren."

„Fühlst du dich denn nicht provoziert?", gab Leo gereizt zurück.

„Doch", erwiderte Samara. „Aber die Kunst ist es, es den anderen nicht merken zu lassen. Ich schlage vor, wir unterhalten uns und haben dabei ganz viel Spaß. Dann wird ihnen von allein langweilig werden."

„Klingt doch nach einem Plan." Nickels hob mehrmals die Augenbrauen und Reena musste lachen.

„Na gut, was machen wir am Wochenende?"

Eine Zeitlang besprachen sie ihre Pläne fürs Wochenende, die unglücklicherweise eine Menge Hausaufgaben beinhalteten. Allerdings planten die anderen auch einen Ausflug zu ihren Familien, was bedeutete, dass Reena am Samstag ganz allein an der Akademie sein würde. Am Sonntag war dann die nächste Wahl für die Kandidaten. Jedes Mal, wenn das Gespräch auf die Wahl kam, verspürte Reena ein krampfartiges Ziehen in ihrer Magengegend. All das hier könnte am Sonntag schon vorbei sein.

Nach einer Weile hatten sie das Thema „Akademie" abgehakt und Leo begann nach und nach, immer mehr seiner Witze zum Besten zu geben. Schon nach wenigen Minuten liefen Reena Lachtränen über die Wangen. Nicht etwa, weil die Witze so gut waren, sondern vielmehr, weil sie und ihre Freunde sich gegenseitig in ihr Gelächter hineinsteigerten. Zum ersten Mal seit dem

Kuss mit Leo fühlte sich zwischen ihnen allen alles wieder normal an.

„Schau mal, ich glaube sie haben genug." Samara stieß Reena in die Seite und deutete in Richtung des Tischs. Dusk, Kendrick und Rune verließen gerade den Aufenthaltsraum. Allerdings nicht, ohne noch einmal einen Blick zu ihnen zurückzuwerfen und gehässig zu schauen.

„Was stimmt mit denen nicht", murmelte Reena.

„Ich würde sagen, ihre Mütter haben sie nicht geliebt und das lassen sie jetzt an anderen aus", kommentierte Nickels mit betont nachdenklicher Miene und mit Daumen und Zeigefinger an seinem Kinn.

„Gute Diagnose." Leo klatschte ihm seine Hand auf den Rücken. „Wollen wir doch mal sehen, ob du beim Tischfußball genauso gut bist wie beim Erstellen psychologischer Diagnosen."

„Wir beide gegen Samara und Reena?"

„Ganz genau. Wir beide. Und ich habe vor, zu gewinnen." Leo stellte sich an den Tisch, packte zwei der Griffe und fletschte die Zähne.

Wieder musste Reena lachen. „Ich glaube nicht, dass ihr eine Chance habt." Lässig ergriff sie die ersten beiden Stangen, während Samara sich neben ihr aufstellte. „Ich habe es im Gefühl, dass das unser Tag wird."

„Das Gefühl täuscht." Leo sagte es mit einem Grinsen, doch der Unterton in seiner Stimme entging Reena nicht. „Das passiert häufiger, als man denkt."

Reena schluckte. Hatten die anderen seinen Tonfall ebenfalls bemerkt?

Nein, offenbar war ihnen nichts aufgefallen. Nickels hielt bereits den golfballgroßen Spielball hoch, bereit, ihn zum ersten Angriff einzuwerfen. „Kann es losgehen?"

Alle nickten und der Ball flog durch ein Loch aufs Spielfeld. Sofort drehten alle ihre Stäbe.

Es wurde ein erbitterter Kampf. Sie spielten drei Partien, da die erste an Reena und Samara und die zweite an Nickels und Leo ging. Die dritte Runde jedoch entschieden Reena und Samara wieder für sich und damit auch das gesamte Spiel.

„Oh ja, so sieht es aus", feixte Reena in Richtung der Jungen und schlug in Samaras erhobene Hand ein. „Ich sagte ja: Das wird unser Tag."

„Jaja", murmelte Leo und winkte ab.

„Alles Glück", ergänzte Nickels.

„Wir sollten langsam los." Samara hatte einen Blick auf ihren Com geworfen. „Der Unterricht fängt gleich an."

„Schon?" Reena hatte nicht den Eindruck gehabt, als hätten sie besonders lange gespielt, doch ein Blick auf ihren eigenen Com verriet ihr, dass sie fast zwei Stunden hier verbracht hatten. Der Mathematikunterricht würde in gut zehn Minuten beginnen. „Dann sollten wir uns lieber beeilen."

„Das ist noch nicht vorbei." Mit gespielt grimmiger Miene deutete Nickels auf Samara und Reena. „Wir wollen eine Revanche."

„Allerdings." Leo nickte zustimmend. Gemeinsam gingen sie zum Aufzug. Auf dem Weg dorthin trafen sie auf Mary, die gerade aus Richtung des Aufzugs kam.

„Und? Wer hat gewonnen?" Sie streifte sich den Com übers Handgelenk.

„Die beiden." Leo nickte zu Samara und Reena hinüber. „Aber ganz knapp."

„Ganz knapp würde ich das nicht gerade nennen." Reena grinste. „Es war eher ..."

„... ziemlich eindeutig", ergänzte Samara.

„Ist ja gut." Nickels winkte ab. „Wollten wir nicht zum Unterricht?"

„Wollten wir." Reena drückte den Knopf für den Aufzug und zusammen mit drei anderen Kandidaten stiegen sie in die Kabine und fuhren ein Stockwerk abwärts.

„Wie war dein Artikel?", wandte Reena sich an Mary. Nicht, dass der Artikel über Rhetorik sie interessierte, aber sie wollte nicht, dass Mary das Gefühl bekam, ausgeschlossen zu sein.

„Der war wirklich interessant. Ich glaube, das Wissen daraus wird mir im Unterricht sehr weiterhelfen. Es waren einige interessante Ansätze darin, die wir vielleicht auch mal diskutieren könnten. Wartet, ich schicke euch den Artikel auf eure Coms, dann könnt ihr ihn auch lesen."

Während Mary auf ihrem Com herumdrückte, um ihnen allen den Artikel zu schicken, fing Reena die tadelnden Blicke der anderen auf. Entschuldigend hob sie die Hände. Sie hatte nur höflich zu Mary sein wollen, nicht ihnen allen noch mehr Arbeit aufladen.

„Besonders der zweite Absatz ist faszinierend", fuhr Mary fort, als sie den Arm mit ihrem Com wieder sinken ließ. „Es geht dabei darum, welche Wirkung winzig kleine Worte in Reden haben können und ..."

„Mary?", unterbrach Leo sie sanft. „Wir werden den Artikel lesen. Aber jetzt haben wir erstmal Mathematik, ja? Gib mir zumindest die Möglichkeit, mich mental darauf einzustellen."

„Oh, natürlich." Mary lief rot an und strich sich eine Strähne hinters Ohr.

Normalerweise hatte Reena keine Probleme damit, dem Mathematikunterricht zu folgen, doch heute schweiften ihre Gedanken immer wieder ab. Sie freute sich auf die beiden freien Tage, die vor ihr lagen, auch wenn ihr vor der Wahl am Sonntag graute. Es war nichts weiter vorgefallen, weder Gutes noch Schlechtes, das sie bei den Zuschauern in ein neues Licht hätte rücken können. Sie waren noch fünfundzwanzig Kandidaten und beim letzten Mal hatte es für Platz zwanzig gereicht. Eigentlich nicht schlecht, aber keine Garantie dafür, dass sie auch dieses Mal nicht auf dem letzten Platz landen würde.

„Reena?" Miss Johnson, ihre Lehrerin, stand direkt vor Reenas Tisch und blickte sie mit einem nachsichtigen Lächeln an. Offenbar hatte sie sie schon mehrmals angesprochen. „Würdest du bitte an die Tafel gehen und die Aufgabe lösen?"

„Natürlich." Reena erhob sich. Es ging um Wahrscheinlichkeitsrechnung, das sollte eigentlich kein Problem sein. Die Rechenwege hatte sie schon seit einigen Stunden verstanden. An der durchscheinenden elektronischen Tafel standen bereits einige Zahlen, darüber ein Satz, worum es ging. Nach ein paar Sekunden des Nachdenkens hatte Reena einen Ansatz, wie sie beginnen musste. Mit einem ebenfalls elektronischen Stift schrieb sie an die Tafel. Okay, das war doch kein Problem, die Aufgabe war nicht schwierig. Jetzt musste sie nur noch ...

Der Stift fiel aus Reenas Hand, als eine Erschütterung den Boden beben ließ. „Huch." Reena stützte sich an der Tafel ab, die sich an der Stelle schwarz färbte. „Tut mir leid." Sie bückte sich, um den Stift wieder aufzuheben, da ertönte ein lauter, weit entfernter Knall und wieder bebte der Boden unter ihren Füßen.

„Alle auf den Boden, unter die Tische, die Hände über den Kopf!", schrie Miss Johnson und kauerte sich neben ihrem Schreibtisch auf den Boden. „Bleibt so lange unten, bis ich sage, ihr könnt wieder aufstehen."

Reena verstand nicht, was auf einmal vor sich ging, doch gehorsam ging sie auf die Knie und legte sich dann unter der Tafel auf den Boden. Bevor sie die Arme über dem Kopf verschränkte, warf sie einen Blick auf ihre Klassenkameraden. Sie suchte Mary. Wenn jemand wusste, was hier vor sich ging, dann war sie es. Als sie sie fand, beruhigte sie der Anblick ihrer Freundin nicht im Geringsten. Marys Augen waren weit aufgerissen, der Mund geöffnet. Sie schien Probleme mit dem Atmen zu haben, doch als sich ihre Blicke trafen, verzog sich ihr Mund zu einem zittrigen Lächeln.

Reena wandte den Blick dem Boden zu und schützte mit den Händen ihren Kopf, auch wenn sie nicht wusste, wovor. Es gab einen weiteren Knall, den Reena nun sehr deutlich durch den Boden wahrnehmen konnte. Einige der anderen schrien erstickt auf.

Was passierte hier?

Dann wieder ein Knall, offenkundig näher dieses Mal. Reenas Zähne klapperten durch die Druckwelle, die der Knall auslöste, aufeinander. Plötzlich stürzte ein Stück der Decke neben ihr auf den Boden. Der Putz musste sich von dem Stahlgerüst gelöst haben, aus dem die Aspiration bestand.

„Bleibt unten!" Die Stimme der Lehrerin überschlug sich fast. Reena wandte den Blick wieder dem Klassenraum zu. Niemand machte auch nur Anstalten, sich zu bewegen. Keiner schien zu wissen, was diese Geräusche zu bedeuten hatten. War bei den Maschinen etwas schief gegangen? Hatte es dort eine Explosion gegeben?

Es erklangen noch zwei weiterer Knalle, diesmal wieder weiter entfernt. Danach breitete sich eine bedrückende Stille aus. Niemand sprach ein Wort, niemand bewegte sich. Es schien nicht einmal mehr jemand zu atmen.

Die Minuten zogen sich in die Länge wie Kaugummi. Das Adrenalin, das zuvor noch durch Reenas Adern geschossen war, baute sich ab und hinterließ eine bleierne Erschöpfung.

Erst als ein vielstimmiges Klingeln erklang, hob Reena wieder den Kopf. Ihr Com. Ihrer und die aller anderen vermeldeten eine Sprachnachricht. Als sie die entsprechende Taste drückte, erschien Recovery Tailor, der Dekan der Akademie auf dem Bildschirm.

„Kandidaten, es hat einen Angriff auf die Aspiration gegeben. Kehrt in eure Quartiere zurück, schließt euch dort ein, bis ich euch weitere Anweisungen gebe. Nehmt die Treppe, auf keinen Fall den Aufzug." Der Bildschirm wurde wieder schwarz, doch Reena starrte weiterhin darauf, als könnte sie ihm so weitere Informationen entlocken.

Ein Angriff? Das, was sie gehört hatten, war ein Angriff gewesen? Was genau ... Reena drückte auf ihren Com, fand dort aber nur das übliche Interface, keine weiteren Informationen zu dem, was Recovery Tailor vor wenigen Sekunden verkündet hatte.

„Reena?" Leo stand über ihr und streckte eine Hand nach ihr aus. „Wir müssen gehen."

Wie betäubt griff Reena seine Hand. „Die Aspiration ist angegriffen worden?"

„Ich weiß auch nicht mehr als du." Mit einem Ruck zog er sie auf die Füße und ließ ihre Hand so schnell wieder los, als hätte er sich an ihr verbrannt. „Aber wir sollten tun, was er sagt."

„Sicher." Langsam klarer im Kopf sah Reena sich im Klassenraum um. Sie bemerkte ihre Bewacher, die sie zwar beobachteten, die aber auch nicht mehr zu wissen schienen. Nach der tiefen Stille, die noch bis vor wenigen Momenten geherrscht hatte, kamen ihr die Geräusche, die ihre Klassenkameraden beim Verlassen des Zimmers machten, unnatürlich laut vor. Wo waren die anderen? Wo waren Mary und Samara? Nickels stand etwa einen Meter hinter Leo und sah besorgt zwischen Reena und der Eingangstür hin und her.

„Wir sollten uns beeilen", rief er jetzt und deutete hektisch in Richtung des Ausgangs.

„Mach ich", gab Reena mit zusammengebissenen Zähnen zurück. Würde es ihnen etwas nutzen, wenn sie in ihren Quartieren hockten, wenn die nächsten Angriffe stattfinden? Angenommen, Bomben waren an der Außenhülle der Aspiration explodiert, konnte das gleiche nicht auch in ihrem Quartier geschehen? Waren sie dort wirklich sicherer? „Wo sind Mary und Samara?"

„Stehen schon vor der Tür", gab Leo zurück. „Und jetzt los."

Nickels lief bereits vor ihr durch die Tür. Als Reena einen letzten Blick in den Raum warf, wartete dort nur noch die Lehrerin mit ängstlichem Blick darauf, dass auch die letzten Kandidaten den Raum verließen.

Hinter der Tür griff Mary nach Reenas Arm und zog sie mit sich. Bevor sie es wirklich realisierte, waren sie bereits im Treppenhaus. Mary lief vor ihr, warf aber immer wieder Blicke über ihre Schulter, als befürchtete sie, Reena könnte heimlich davonlaufen. Wohin sollte sie denn? Sie wusste ja nicht einmal, was überhaupt geschehen war. War es auf der Aspiration noch sicher?

Endlich erreichten sie das Ende der Treppe. Leo hielt ihnen die Tür auf und Reena und Mary schlüpften hindurch.

„Bis später", verabschiedete Leo sich von ihnen, als Mary den Com vor das Leuchtfeld hielt und sich die Tür zu ihrem Quartier öffnete.

„Hoffentlich", gab Mary zurück und umarmte Leo kurz, bevor sie im Inneren des Quartiers verschwand.

„Bis später", sagte auch Reena. Sollte auch sie Leo umarmen? Leo schien sich das gleiche zu fragen, denn er musterte sie für einen kurzen Moment nachdenklich. Dann wandte er sich jedoch ab.

„Wir sehen uns", rief er ihr über die Schulter hinweg zu, als er bereits mehrere Schritte entfernt war.

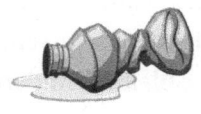

„Wie lange müssen wir hier warten?" Reena blickte bereits zum achten Mal auf ihren Com. Seitdem sie in ihr

Quartier zurückgekehrt waren, waren drei Stunden vergangen. Drei Stunden ohne eine weitere Nachricht, ohne eine Information darüber, was eigentlich geschehen war.

„Wir warten so lange, bis Entwarnung gegeben wird", erklärte Mary geduldig ebenfalls zum achten Mal.

„Und wann wird das sein?" Unruhig begann Reena wieder damit, im Wohnzimmer des Quartiers auf und ab zu laufen. Zum ersten Mal, seit sie in der Quarantäne gewesen war, fühlte sie sich wieder eingesperrt. Das Gefühl der dauernden Isolation war ihr noch viel zu präsent, als dass sie ruhig dasitzen und abwarten konnte.

„Es wird dann sein, wenn alle Schäden begutachtet und bewertet wurden." Mary antwortete ganz ruhig, in ihrer Stimme schwang nicht auch nur ein Hauch von Beunruhigung mit.

„Wie kannst du da so ruhig bleiben? Wir sind hier drin eingesperrt." Reena schlug mit der Faust gegen die nächste Wand. Schmerz zuckte durch ihre Fingerknöchel, doch für einen Moment wurde ihr tatsächlich leichter ums Herz.

„Wir sind doch nicht eingesperrt. Wir könnten jederzeit gehen. Auch, wenn das eine schlechte Idee wäre." Mary ließ ihren Com sinken, auf dem sie etwas gelesen hatte. „Es ist das Beste, wenn wir zu unserer eigenen Sicherheit in unseren Quartieren bleiben. Andere sorgen da draußen dafür, dass es für uns sicher ist. Wir müssen nur warten."

„Warten." Reena stieß ein Schnauben aus. „Und was, wenn sie das nicht in den Griff bekommen, was da draußen ist? Was, wenn es kein da draußen mehr gibt?"

„Reena, jetzt übertreibst du aber. Die Aspiration wird nicht fort sein. Bis jetzt haben wir noch alles überstanden. Auch als der Antrieb der Aspiration ausgefallen ist und sich das Schiff nicht mehr manövrierfähig war, haben die Einwohner einen Weg gefunden, mit dem Problem umzugehen."

„Sie haben die Outlander Plastik sammeln lassen", murmelte Reena. „Nicht gerade eine beeindruckende Lösung."

„Aber eine Lösung", beharrte Mary. „Ohne die Beweglichkeit des Schiffes fehlte die Möglichkeit, Plastik effektiv aus dem Meer zu fischen. Natürlich filtern wir immer noch Plastik aus dem Meer, aber bei weitem nicht genug. Und da kommen eben die Outlander ins Spiel. Eine brauchbare Lösung."

„Brauchbar, ja", murmelte Reena. Es machte sie verrückt, dass es im Quartier keine Fenster gab, aus denen sie zumindest einen Blick nach draußen hätte werfen können. Wenn sie nur hinaussehen könnte, dann würde sich das Gefühl, eingesperrt zu sein, festzusitzen, vielleicht verflüchtigen oder zumindest eindämmen lassen.

„Jetzt gerade, in diesem Moment, sind diejenigen auf der Aspiration, die dafür ausgebildet sind, im Einsatz und reparieren, was repariert werden muss, damit es für uns sicher ist." Mary verkündete dies mit einer solchen Gewissheit, dass Reena fast überzeugt war. Aber eben nur fast. Der Zweifel in ihr behielt noch immer die Oberhand.

Nach weiteren zwei Stunden, die Reena dazu genutzt hatte, eine Spur in den weichen Teppich des Wohnzimmers zu laufen und Mary dazu, mehrere Artikel und ein halbes Buch zu lesen, meldete sich endlich der Com mit einem penetranten Klingeln. Diesmal war es jedoch nicht der Dekan Recovery Tailor, der auf dem Bildschirm erschien, sondern die Präsidentin, Marys Mutter.

Reena hob den Com näher vor ihre Augen, sie wollte auf keinen Fall ein Wort der Übertragung verpassen. Ganz offensichtlich war das Gezeigte live und keine Aufnahme wie sonst, denn die Präsidentin wirkte fahrig und aufgeregt, nicht so abgeklärt wie üblich. Normalerweise waren ihre schulterlangen Haare in ordentliche Wellen gelegt und glänzten im Licht der Scheinwerfer, die auf die Präsidentin gerichtet waren. Jetzt jedoch waren ihre Haare leicht zerzaust, gerade so, als hätte sie sich in aller Eile für die Übertragung fertig machen müssen.

Reena bemerkte aus dem Augenwinkel, wie Mary sich aufrichtete und an die Sofakante rutschte.

„Bürger der Aspiration", begann die Präsidentin nun zu sprechen. Sie stand hinter einem bauchhohen Rednerpult und blickte starr in Richtung Kamera. „Ich kann kaum in Worte fassen, was heute mit unserem geliebten Zuhause geschehen ist." Sie senkte den Blick betroffen zu dem Rednerpult, auf dem ihre gefalteten Hände lagen. „Trotzdem verdienen Sie alle es, die Wahrheit zu erfahren. Und das, was dahintersteckt." Sie holte tief Luft, ihr Blick wechselte von mitfühlend zu hart. „Vor wenigen Stunden explodierten neun Sprengsätze an der Außenhülle der Aspiration."

Reena hörte, wie Mary scharf die Luft einsog.

„Neun Sprengsätze, die nebeneinander an der Außenhülle aufgebracht worden waren. Einzeln hätte ihre Sprengkraft vermutlich nicht ausgereicht, zusammen jedoch ergab sich eine ausreichend große Kraft, um ein Loch zu erzeugen. Dieses Mal jedoch nicht nur in der Außenhülle, sondern durchgehend. Auf Ebene zwei war das Innere der Aspiration geschätzte dreieinhalb Stunden der äußeren Atmosphäre ausgesetzt."

„Oh nein", murmelte Mary, doch Reena lauschte gespannt darauf, was die Präsidentin noch zu sagen hatte.

„Uns ist nicht bekannt, inwiefern dies zu einer Beeinträchtigung unserer Gemeinschaft geführt hat oder führen wird. Ebene zwei wurde vollständig abgeriegelt und wird für zwei Wochen unter Quarantäne gestellt."

„Ebene zwei ist doch die Ebene für die Viehhaltung, oder?", wandte Reena sich an Mary.

„Ganz genau."

Eine ganze Ebene für zwei Wochen abgeriegelt ... Wie mochten sich die Menschen dort fühlen? Würde es keine Proteste gegen diese Abriegelung geben? Wie wahrscheinlich war es wohl, dass Samaras Eltern auch dort unten waren?

„Die nächsten Wochen werden kritisch für uns sein. Achten Sie auf Symptome wie etwa geschwollene Lymphknoten und melden Sie sich sofort auf der Krankenstation, falls Sie den Verdacht hegen, krank zu sein. Keine falsche Scheu!" Bei diesen Worten blickte die Präsidentin besonders streng in die Kamera, als sähe sie jeden Einwohner der Aspiration einzeln an und versuchte, ihm ins Gewissen zu reden. „Ein falscher Verdacht ist nichts Schlimmes, eine nicht gemeldete Erkrankung dagegen schon. Also: Sobald Ihnen etwas Ungewöhnliches auffällt, melden Sie sich auf der Krankenstation und lassen Sie sich untersuchen." Die Präsidentin löste ihre ineinander verkrampften Hände. „Ich weiß, es gibt eine Sache, die Sie alle sich fragen und der natürlich auch unsere zweite Sorge nach unser aller Gesundheit gilt. Wer ist für dieses feige Attentat verantwortlich?"

Mary nickte bestätigend.

„Wir können es bisher nicht mit der Sicherheit sagen, mit der wir es gerne sagen können würden", fuhr die Präsidentin nach einer kurzen Pause fort. „Tatsache ist, dass Einsatzkräfte des Militärs etwa zehn Minuten nach dem Anschlag vor Ort waren und auch den Bereich im Outland weiträumig abgesucht haben. Gefunden wurde niemand. Spekulationen über den oder die Täter möchte ich an dieser Stelle nicht anstellen."

Das war auch nicht nötig. Reena konnte sich sehr genau vorstellen, wen alle auf der Aspiration für diese Anschläge verantwortlich machen würden: Die Outlander. Diejenigen, die rund um die Aspiration verteilt lebten.

Denn wer sonst hätte die Möglichkeit und das Motiv, das Schiff anzugreifen?

„Glücklicherweise kann ich vermelden, dass bei diesem schändlichen Angriff niemand ums Leben gekommen ist. Es gab lediglich zwei leicht verletzte Arbeiter auf Ebene zwei, deren Leben aber nicht annähernd in Gefahr ist, wie mir von der medizinischen Ebene versichert wurde." Die Präsidentin nickte bestätigend, als wäre diese glückliche Tatsache auf irgendeine Weise ihr Verdienst.

„Jetzt bleibt mir nichts Anderes mehr übrig, als mich von Ihnen zu verabschieden. Ich möchte Sie noch einmal daran erinnern: Sollten Sie Symptome jedweder Art verspüren, die auf eine Krankheit hindeuten könnten, suchen Sie bitte die Krankenstation auf. Falls Sie auf Ebene zwei arbeiten und zum Zeitpunkt des Anschlags nicht vor Ort waren, müssen Sie die Arbeit für die nächsten zwei Wochen aussetzen. Für eine Umverteilung Ihrer Verantwortlichkeiten ist bereits gesorgt." Die Präsidentin breitete die Arme aus. „Und nun wünsche ich Ihnen einen erholsameren Abend. Sie dürfen sich, Ebene zwei ausgenommen, nun wieder frei bewegen. Vielen Dank für Ihre Aufmerksamkeit."

Reena schluckte schwer. Die Rede der Präsidentin hatte sie gleichzeitig beruhigt und verunsichert. Sie starrte noch immer gebannt auf den Bildschirm, obwohl die Präsidentin nun zur Seite von ihrem Pult weggetreten war. Sie wandte sich anscheinend jemandem zu, der jedoch nicht im Bildbereich der Kamera zu sehen war.

Die Präsidentin sprach mit dieser Person, der Ton der Übertragung war bereits ausgeschaltet. Die Miene der Präsidentin verdüsterte sich mit jeder Sekunde, dann sah sie zu jemandem, der offenbar hinter der Kamera stand und rief ihm etwas zu. Deutliche Besorgnis sprach aus ihrem Gesicht. Mit einem Mal brach die Übertragung ab. Noch ein paar Sekunden blickte Reena auf den schwarzen Bildschirm und versuchte das, was sie gerade gehört hatte, zu sortieren. Die Aspiration war also nicht nur angegriffen worden – es gab auch einen deutlichen Schaden, der die Quarantäne einer ganzen Ebene nötig gemacht hatte.

„Das ist schlimmer, als ich gedacht habe", sagte Reena schließlich in Marys Richtung. Ihre Mitbewohnerin hatte den Com sinken lassen und blickte mit versteinerter Miene geradeaus. Als Reena sprach, zuckte sie zusammen.

„Das hatte meine Mutter immer befürchtet. Sie spricht schon seit Monaten von möglichen Anschlägen von draußen." Mary fuhr sich durch die sorgfältig frisierten Haare.

„Aber wer soll denn dafür verantwortlich sein? Die Leute, die ich draußen kenne ..."

„Du kennst nicht jeden im Outland", hielt Mary sanft dagegen und Reena nickte nach ein paar Sekunden. Nein, sie kannte nicht jeden draußen, das tat niemand.

„Und jetzt gibt es eine Quarantäne auf Ebene zwei?", fragte sie nach ein paar Augenblicken. Die Abriegelung einer ganzen Ebene kam ihr übertrieben vor.

„Genau. Das hatten wir zuletzt …" Nachdenklich hob Mary den Blick zur Decke. „Ich glaube, das letzte Mal war vor zehn Jahren. Damals gab es einen Ausbruch einer neuen Influenza. Ich kann mich nicht mehr genau erinnern, aber ich meine, es wurden sogar mehrere Ebenen abgeriegelt."

„Und die Leute müssen auf ihrer Ebene bleiben? Sogar, wenn es dort tatsächlich eine Krankheit geben sollte?" Die Vorstellung, auf einer Ebene gefangen und einer möglichen Krankheit auf Gedeih und Verderb ausgeliefert zu sein, machte Reena zu schaffen.

„Aus dem Grund wird die Ebene ja abgeriegelt", erwiderte Mary. „Sollte eine Krankheit eingedrungen sein, hat sie sich hoffentlich nicht auf die anderen Ebenen ausgebreitet und das Schiff bleibt in seiner Gesamtheit bestehen."

„Auf die Kosten der Leben auf Ebene zwei?"

„Für das Wohl aller", gab Mary mit ernster Miene zurück.

„Samaras Eltern arbeiten auf Ebene zwei." Reena sah Mary an. Die nickte.

„Ich weiß", gab sie leise zurück. „Vielleicht hatten sie Glück und waren nicht dort, als die Anschläge passiert sind."

„Vielleicht, ja." So recht mochte Reena nicht an die Möglichkeit glauben. „Was ist mit der Wahl am Sonntag? Wird die stattfinden?"

„Natürlich, warum denn nicht?"

„Na ja, ich könnte mir vorstellen, dass nach diesem Vorfall vielleicht alle erstmal zur Ruhe kommen wollen.

Die Wahlen an der Akademie könnte man doch verschieben, es gibt sicher wichtigere Dinge zu tun, als fernzusehen und zu wählen."

„Die Wahlen sind wichtig." Erregt richtete Mary sich auf. „Es geht dabei um die Zukunft der Aspiration, es geht um den Fortbestand unserer Gemeinschaft, es geht um ..."

„Schon gut, schon gut." Reena hob beschwichtigend die Hände. „Ich weiß schon, worum es geht. Ich dachte nur, vielleicht wird die Wahl verlegt."

„Das ist bisher noch nie vorgekommen." Mary rutschte an die Kante des Sofas. „Und wird es dieses Mal sicherlich auch nicht. Wir dürfen jetzt nicht nachlassen. Der Vorfall ist schrecklich, aber das darf dich nicht davon abhalten, alles zu geben."

„Natürlich nicht."

„Du musst dich über das Wochenende nochmal reinknien." Beschwörend sah Mary Reena an. „Setz dich sofort an deine Hausaufgaben, lies vielleicht auch noch etwas extra. Das kann nicht schaden."

„Ich glaube kaum, dass ich mich gut genug konzentrieren kann."

„Die Leute wissen ja nicht, ob du dir etwas merkst. Auch wenn du nur so tust, als würdest du lesen, kann dir das etwas nützen. Die Leute vor dem Bildschirm sehen nur, dass du dich anstrengst. Das macht einen guten Eindruck." Marys Stimme war bei den letzten Worten immer lauter geworden.

„Was ist denn los mit dir?", fragte Reena sie verwirrt. Mary war immer so ruhig, wenn es um die Leistungen an der Akademie ging. Warum machte sie nun solch einen Aufstand?

„Ich will nicht, dass du gehen musst", stieß Mary hervor. „Draußen ist es offenbar nicht sicher für dich und außerdem ..." Sie sah Reena scheu von der Seite an. „... hatte ich noch nie eine so gute Freundin wie dich. Ich will einfach nicht, dass du wieder ins Outland musst und ich allein hier zurückbleibe."

„Ach, Mary." Reena legte einen Arm um ihre Freundin. „Du bist nicht allein, du hast die anderen und du hast deine Familie."

„Das ist nicht das gleiche." Mary schniefte leise.

„Ich weiß", erwiderte Reena. „Ich hatte auch noch nie eine so gute Freundin wie dich." Eigentlich hatte sie bisher überhaupt keine Freunde gehabt, aber das behielt sie lieber für sich.

Nun schlang auch Mary einen Arm um Reenas Schultern. „Du musst einfach hierbleiben. Dann können wir beide zusammen an der Akademie studieren und hinterher arbeiten wir vielleicht sogar miteinander."

„Jetzt lass aber mal die Fische im Teich", lachte Reena. „So weit kannst du doch unmöglich vorausplanen."

„Aber schön wäre es doch, oder?", beharrte Mary.

„Natürlich." Das würde bedeuten, dass sie für immer auf der Aspiration bleiben und ihre Familie nie wieder sehen würde. Wäre das wirklich das, was sie wollte? Aber wenn sie bleiben könnte, wäre die Sache mit Leo vielleicht auch gar nicht mehr so abwegig ...

„Wir sollten ins Bett gehen", sagte Mary gähnend. „Das heute war anstrengend und wir sollten den Tag morgen nutzen und uns an unsere Hausaufgaben setzen."

„Oh ja, das klingt nach Spaß", erwiderte Reena mit einem Seufzen. „Aber du hast recht."

# KAPITEL 15

Der Morgen des Samstags vor der Wahl verging unfassbar langsam. Überall diskutierten die Kandidaten der Akademie darüber, wer hinter dem Anschlag wohl stecken könnte und wie es nun auf Ebene zwei zuging. Zwar wusste keiner etwas Konkretes, doch verschiedene Gerüchte gelangten im Laufe des Tages auch zu ihnen. Natürlich vermuteten alle hinter dem Anschlag Outlander, vielleicht sogar eine ganze Gruppe von ihnen, die draußen umherschlich und Pläne schmiedete, wie die Aspiration am besten anzugreifen war. Reena konnte sich kaum vorstellen, dass die Menschen im Outland für so einen Unfug Zeit hatten. Denn im Outland ging es um etwas, das die Menschen auf der Aspiration nicht kannten: Überleben. Jeden Tag musste Nahrung herbeigeschafft werden, Wasser musste gefiltert und abgekocht werden, es gab Verletzungen zu behandeln und davon ganz abgesehen auch Raubtiere, die den Siedlungen manchmal gefährlich nah kamen.

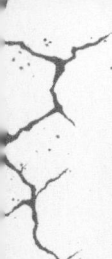

Hatten die Outlander bei all dem wirklich noch Zeit und Muße dazu, Pläne zu schmieden, in denen es um die bloße Zerstörung der Aspiration ging? Der einzigen Quelle für Medikamente? Doch bei all den Gerüchten wussten Reena und Leo etwas, dass die meisten anderen wohl nicht wussten: Offenbar wurden Versuche an Outlandern durchgeführt. Das könnte ihnen ein Motiv geben. Ein Motiv, das Reena den anderen aber ganz sicher nicht auf dem Silbertablett servieren würden.

„Meine Eltern haben mir geschrieben", ergriff Samara plötzlich das Wort. Sie saßen seit Stunden zusammen im Aufenthaltsraum und nun sagte sie zum ersten Mal etwas. „Gestern Abend."

„Und?" Nickels beugte sich vor. „Geht es ihnen gut?"

„Kann man so sagen. Sie sind auf Ebene zwei." Samara zuckte mit den Achseln. Das hatte Reena schon erwartet. Samaras Eltern arbeiteten dort, es wäre ein großer Zufall gewesen, wenn sie zum Zeitpunkt des Anschlags nicht dort gewesen wären. „Mein Vater stand wohl sehr nah an einer der Explosionen. Er hat denjenigen, der dabei verletzt wurde, in Sicherheit gebracht und versorgt. Aber auf einem Ohr hört er nun fast nichts mehr wegen der Explosion."

Alle anderen schwiegen betroffen. Dadurch, dass sie von jemandem hörten, der bei den Explosionen dabei gewesen war, wurden sie plötzlich so viel realer.

„Aber meine Mutter war weit weg. Sie hat nichts abbekommen", fuhr Samara fort. Und obwohl sie oft von ihren Eltern sprach, als schämte sie sich für sie und für

356

ihre Arbeit, klang sie doch eindeutig erleichtert darüber, dass ihren Eltern nichts weiter geschehen war.

„Ich hoffe wirklich, dass die Quarantäne bald aufgehoben wird und es ihnen gut geht", sagte Reena und sah Samara ernst an.

„Danke."

Sie arbeiteten bis in den Abend hinein an den Aufgaben, die ihre Lehrer ihnen gestellt hatten. Hin und wieder fragte Reena sich, ob sich der Aufwand überhaupt noch lohnte. Wenn sie morgen die Aspiration verlassen musste, was hatte sie dann davon, eine Rede von Cicero auf sprachliche Mittel analysiert zu haben? Warum machte sie sich die Arbeit überhaupt? Diese Momente jedoch gingen vorbei und sie sagte sich, dass die Zuschauer den Eindruck von ihr bekommen mussten, dass sie an der Akademie sein wollte und sich anstrengte, um bestmöglich für die Menschen der Aspiration sorgen zu können, sollte sie in eines der Ämter gewählt werden. Die Menschen mussten wissen, dass sie bereit war, sich anzustrengen.

Viel zu schnell war der nächste Morgen hereingebrochen. Nach einem ausgiebigen Frühstück und noch einer weiteren Runde von Aufgaben im Aufenthaltsraum war es auch schon Nachmittag. Der Augenblick der Wahl rückte näher. Mit dem Fortschreiten der Zeit stieg auch die Nervosität wieder in Reena auf. Sie hatte gedacht, dieses Mal würde es anders sein. Sie hatte sich in den letzten Wahlen gut geschlagen. Und selbst wenn sie rausflöge, hatte sie doch so viele Medikamente an ihre Familie schicken können, dass es locker ein paar Monate reichen dürfte. Sie hatte ihre Aufgabe erfüllt. Trotzdem zitterten ihre Hände, als sie sich vor dem Spiegel einen ordentlichen Zopf band. Sie hatte beschlossen ihre Haare nicht extra für die Wahl offen über ihre Schultern fallen zu lassen, wie sie es die letzten Male getan hatte. Es passte nicht zu ihr und sie fühlte sich damit unwohl. Die Leute auf der Aspiration sollten sie wählen, weil sie gut an die Akademie passte, nicht, weil ihnen ihre Frisur gefiel.

„Bist du so weit?" Mary kam aus ihrem Zimmer. Sie trug ein mädchenhaftes blaues Kleid, dessen Träger nach oben zur Schulter hin breiter wurden und das sich unter der schmalen Taille zu einem bauschigen Rock öffnete.

„Eigentlich nicht, aber besser wird es nicht mehr." Reena strich über ihre schwarze Hose und steckte die dunkelgrüne Bluse, die sie dazu angezogen hatte, ein letztes Mal zurück in den Bund. Auch Kleider würde es für sie zur Wahl nicht geben.

„Wird schon gut gehen." Mary hakte sich bei Reena unter und zog sie mit sich zur Tür des Quartiers. „Ich bin sicher, du hast viele Zuschauer von dir überzeugt."

Reena zuckte unbestimmt mit den Achseln. Ja. Vielleicht. Vielleicht auch nicht. Sie redete sich selbst gut zu, dass sie mit beiden Ergebnissen zufrieden wäre. Müsste sie die Aspiration verlassen, würde sie ihre Familie und ihr Zuhause wiedersehen. Dürfte sie bleiben, konnte sie mehr Geld schicken und sie könnte weiterhin mit ihren Freunden zusammen lernen und Spaß haben.

Auf dem Flur schlossen sich ihnen Samara und Nickels an.

„Leo meinte, er geht schon mal vor", informierte sie Nickels.

„Warum das?", fragte Mary verwirrt.

„Keine Ahnung, hat er nicht gesagt."

Im Aufenthaltsraum herrschte bereits einiges an Betriebsamkeit. Die meisten Kandidaten hatten sich schon einen Platz gesucht, viele sprachen aufgeregt mit ihren Nachbarn. Reena schnappte hier und da Gesprächsfetzen auf, die darauf hindeuteten, dass viele sich bereits ausmalten, wie viele Stimmen sie erhalten würden. Das war Reena egal. Entweder reichte es oder es reichte nicht. Sie hatte keine Wetten darauf abgeschlossen, wie viele der Zuschauer sie wählen würden. Ganz im Gegensatz zu einigen der anderen, wie es schien.

„Komm, wir stellen uns hierhin." Sitzplätze gab es im Aufenthaltsraum keine mehr, also zog Mary Reena hinüber an die Wand auf der linken Seite. Leo stand ein paar Meter weiter vorn und hob nur kurz grüßend die Hand, als sie eintraten.

„Von hier aus können wir doch gut sehen."

„Willst du wirklich sehen, was die Highlights unserer Wochen waren?", fragte Reena zweifelnd. Noch immer hatte sie sich nicht daran gewöhnt, sich selbst im Fernsehen zu sehen und auch zu hören.

„Ich will sehen, was sie anderen so getrieben haben", gab Mary grinsend zurück.

„Ja, ist doch immer interessant", stimmte ihr Nickels zu. Im selben Augenblick wurde auch schon das Licht gedimmt und die Gespräche um sie herum verstummten. Jetzt ging es los. Nun hieß es für sie wieder bangen und hoffen für die nächste halbe Stunde.

Save Saunders erschien auf der Leinwand. Doch im Gegensatz zu sonst trug sie kein breites Lächeln zur Schau. Sie blickte ernst auf die Zuschauer vor den Fernsehern und Coms.

„Guten Abend, verehrte Zuschauer. Unsere Gemeinschaft wurde vor zwei Tagen von einem verheerenden Unglück getroffen, dessen Ursprung wir noch immer nicht kennen." Ihr Blick wechselte zu Betroffenheit. „Glücklicherweise sind alle mit dem Leben davongekommen, doch die Suche nach den Tätern wird mit voller Kraft fortgesetzt. Wir haben ein Recht zu wissen, wer uns das angetan hat." Entschlossen nickte sie in Richtung Kamera. „Doch heute Abend geht es um etwas Anderes. Es geht um das Fortbestehen, um die Zukunft der Aspiration. Wir widmen uns den verbliebenen 25 Kandidaten der Akademie und ihren Leistungen der letzten zwei Wochen. Wer von ihnen konnte überzeugen? In welchem Kandidaten steckt das größte Potential für eine Führungsposition?" Saunders beugte sich in Richtung Kamera vor. „Wem gelten Ihre Sympathien?" Sie zwinkerte kurz. Von der Bestürzung, die sie noch vor wenigen Augenblicken zur Schau gestellt hatte, war nichts mehr zu merken, sie wirkte so fröhlich wie eh und je. „Lassen Sie uns gemeinsam zusehen, wie es unseren Kandidaten in den letzten vierzehn Tagen ergangen ist."

Das Bild von Saunders verblasste und die Leinwand wurde für wenige Sekunden schwarz. Danach folgte ein Zusammenschnitt einiger Szenen der letzten beiden Wochen, soweit Reena erkennen konnte, war es nichts Besonderes. Im Anschluss wurde der Erkennungsclip des ersten Kandidaten eingeblendet und es folgten seine besten – für die Zuschauer interessantesten – Szenen. Nach und nach folgten die Zusammenschnitte aller Kandidaten, bei keinem von ihnen geschah etwas wirklich Spektakuläres, was Reena beruhigte. Auch den anderen war es in den letzten Wochen nicht gelungen, sich besonders hervorzutun.

Als ihr kurzer Einspieler gezeigt wurde, war sie sich sicher, dass sie diese Woche genau so gute Chancen hatte wie bei der letzten Wahl. Sie hatte genau so viel, wenn nicht sogar mehr, gearbeitet als die anderen und sie war diesmal nicht in irgendeinen negativ behafteten Vorfall verwickelt gewesen. Es gab nichts, was die Zuschauer ihr vorwerfen könnten. Außer ihrem Einspieler, den konnte man ihr tatsächlich vorwerfen. Und sie ärgerte sich jedes Mal, wenn sie ihn sah, darüber. Sie hätte es besser machen müssen, anders. Sie hätte sympathischer wirken müssen.

Plötzlich wurde ihr Blick starr. Das Bild auf der Leinwand zeigte nun sie. Sie, wie sie mit Leo durch die Vergnügungsebene lief. In Richtung Wald. Leo hielt sie an der Hand und zog sie förmlich hinter sich her. In diesem Moment lachte die Reena auf der Leinwand. Sie wirkte glücklich. Reena konnte nicht anders, als zu Leo hinüberzusehen. Er sah stur geradeaus auf den Film. Ihn schien nicht zu beunruhigen oder zu stören, was er dort sah.

„Zwei Kandidaten so vertraut miteinander?", ertönte gerade Saunders' Stimme aus dem Off. „Unglücklicherweise liegen uns keine Aufnahmen vor, wohin es auf der Vergnügungsebene ging. Aber wir dürfen wohl gespannt sein, ob sich hier eine zarte Romanze entwickelt."

Hier und da ertönte ein Kichern oder Tuscheln im Aufenthaltsraum und mehrere Kandidaten drehten sich zu Reena um. Wieder betrachtete Reena Leo. Nach wie vor blickte er nach vorn, doch seine Kiefermuskeln traten nun deutlich hervor.

Auch in Leos Beitrag wurde noch einmal die Szene aus der Vergnügungsebene gezeigt, danach folgten die restlichen vier Kandidaten, bevor die Leinwand wieder schwarz wurde, und Saunders erneut darauf erschien.

„Nun haben wir alles gesehen, was in den letzten Wochen geschehen ist. Es liegt jetzt an Ihnen, darauf aufbauend Ihre Entscheidung zugunsten der Aspiration zu treffen. Welcher der Kandidaten verdient Ihre Stimme? Welcher Kandidat wird der Aspiration die nötige Führung geben können? Welchen dieser fünfundzwanzig Kandidaten halten Sie für fähig genug, um Verantwortung zu tragen? Verantwortung für Sie alle? Für Ihr Leben?"

Bei ihren Worten schrumpfte Reena innerlich. War sie dazu tatsächlich fähig? Gut genug, um auch nur irgendeinen Posten auf der Aspiration zu bekleiden? Um überhaupt hier zu sein?

Mitten in ihre Gedanken hinein fuhr Save Saunders fort. „Die Abstimmung läuft ab jetzt. Sie haben genau zehn Minuten Zeit, Ihre Favoriten auszusuchen und ihnen Ihre Stimme zu geben. Wählen Sie weise." Mit einem weiteren Augenzwinkern von Saunders wurde die Leinwand schwarz.

„Na, das war ja mal so gar nicht spannend", murmelte Samara, als sich die Freunde einander wieder zuwandten. Leo trat zu ihnen in den Kreis.

„Was habt ihr beide denn da auf der Vergnügungsebene gemacht?", fragte Samara ihn sofort neugierig.

Leo sah ihn nicht an. „Nichts, bisschen rumgelaufen", gab er in kaltem Tonfall zurück, der wohl jede Nachfrage im Keim ersticken wollte.

Samara zog zweifelnd eine Augenbraue hoch, sagte aber nichts mehr.

„Was glaubt ihr, wie stehen wir da?" Mary warf nervös einen Blick auf ihren Com, vermutlich, um nach der verstrichenen Zeit zu sehen. Nur noch ein paar Minuten, dann stand das Ergebnis fest.

„Gut, würde ich sagen." Leo zuckte lässig mit den Achseln und ein Hauch seines üblichen Lächelns blitzte auf. „Ich denke nicht, dass wir uns verschlechtert haben."

„Glaube ich auch nicht." Mary kaute auf ihrer Unterlippe herum. „Zumindest nicht so sehr. Verbessert allerdings auch nicht."

„Ist doch egal, reicht doch erstmal", gab Leo zurück.

Eine Weile stritten die Freunde sich noch darüber, ob es egal war, bei einer Wahl ein paar Plätze zu verlieren und Reena beobachtete sie belustigt und beinahe schon wehmütig dabei.

Als Save Saunders wieder auf der Leinwand erschien, waren die anderen bei ihrer Diskussion zu keinem nennenswerten Ergebnis gekommen. Ein Raunen ging durch den Raum, dann begann die Moderatorin zu sprechen.

„Noch zehn Sekunden, dann ist auch die sechste Wahl dieses Akademiejahrs beendet. Fünf, vier drei ..." Saunders hielt ihre Hand hoch und zog einen Finger nach dem anderen ein. „Eins!" Eine Art Gong ertönte – der war neu – und Saunders machte eine entschlossene Miene. „Die Abstimmung ist nun beendet, verspätete Stimmen werden nicht mehr gezählt." Sie warf einen Blick zum Bühnenrand. „In wenigen Sekunden erhalte ich das Ergebnis der Wahl. Ich bin ja schon so gespannt, wie sieht es bei Ihnen aus?"

Als gespannt konnte Reena sich nicht bezeichnen, ihre Gefühle gingen in eine gänzlich andere Richtung. Momentan machte sich eine gemeine Panik in ihr breit, die ihr wieder und wieder zuflüsterte, dass dies die letzten Minuten waren, die sie auf der Aspiration verbringen würde. Die letzten Minuten mit ihren Freunden. Bald war es vorbei mit ausreichend Essen und Trinken, der warmen Dusche und dem weichen Bett.

Saunders' Blick heftete an ihrem Com, die Sekunden verstrichen und Reenas Herz schien immer lauter zu schlagen, während sie warteten. Los, mach schon, beschwor sie die Moderatorin inständig. Diese Warterei war das Schlimmste an der Akademie. Das und Dusks dummes Grinsen ständig sehen zu müssen.

Endlich blickte Saunders auf und sah in die Kamera. „Gerade sind die Ergebnisse eingetroffen. Und ich verrate nicht zu viel, wenn ich Ihnen sage, da warten ein paar Überraschungen auf uns."

Überraschungen? Reenas Gedanken sprangen hierhin und dorthin. Waren Überraschungen gut oder schlecht für sie?

„Fangen wir doch direkt mit der ersten Überraschung an." Saunders trat einen Schritt zurück, die Kamera zoomte raus, um eine Ganzkörperaufnahme von ihr zu machen. „Nachdem Mary nun seit Beginn der diesjährigen Akademie den ersten Platz belegt hat, musste sie heute einem anderen Kandidaten Platz machen."

Reena spürte, wie Mary sich neben ihr verkrampfte.

„Auf dem ersten Platz ist Leonidas."

Ein erneutes Raunen ging durch den Aufenthaltsraum, alle Kameras an den Wänden richteten sich ruckartig auf Leo, der zunächst wie erstarrt wirkte, sich aber schnell fing und mit einem selbstbewussten Grinsen in die Kamera winkte. Auf der Leinwand wurden gleich darauf Szenen aus Leos letzten beiden Wochen abgespielt. Hauptsächlich war er dabei zu sehen, wie er lernte, im Unterricht mitarbeitete und auch dabei, wie er anderen

Kandidaten seine schlechten Wortwitze aufdrängte. Gegen ihren Willen musste Reena bei den Witzen lächeln.

„Aber, keine Sorge, Mary, du bist nicht vollkommen abgeschlagen." Saunders setzte ein breites Lächeln auf, das wohl beruhigend wirken sollte, in Reena aber unwillkürlich Abscheu hervorrief.

„Auf dem zweiten Platz findet sich also Mary wieder, die Tochter unserer geschätzten Präsidentin." Saunders stimmte in das Klatschen des offenbar vor ihr sitzenden Publikums ein. Mary hob eine Hand und winkte mit einem Lächeln in die Kameras. War Reena die Einzige, die bemerkte, dass es ein wenig zittrig ausfiel?

Nach und nach wurden die restlichen Plätze abgearbeitet. Samara landete auf Platz sechs, Nickels auf neun. Beide schienen relativ zufrieden mit ihrer Platzierung. Nur Reena konnte nicht aufatmen. Ihr Name fiel und fiel nicht. Auch nicht, als Saunders bereits Platz 23 nannte. Es blieb nur noch ein Platz, ein einziger Platz. Bei den letzten Wahlen hatte Reena sich daran gewöhnt, nicht als Letzte genannt zu werden. Und nun musste sie wieder bangen. Ihr Herz pochte so heftig gegen ihre Rippen, als wollte es herausspringen.

„Nur noch ein Platz, ein Kandidat, der an der Akademie bleiben darf und noch immer die Chance auf eine der Führungspositionen auf unserem Schiff hat. Wer von unseren letzten beiden Kandidaten wird das Rennen machen?" Auf der Leinwand erschienen nun Liveaufnahmen von Reena und Kendrick. Reena bemühte sich um einen neutralen Gesichtsausdruck. Niemand sollte

sehen, wie viel es ihr ausmachte, vielleicht nicht weitergewählt zu werden. Kendrick wirkte selbstsicher, er
strahlte eine absolute Gewissheit aus, dass er weiterkommen würde, um die Reena ihn beneidete.

„Und es ist ...“ Saunders machte wieder eine Pause
und Reena ballte die Fäuste. „... Kendrick!“

Nein! Reena riss die Augen auf. Die Leinwand verkündete es unbarmherzig: Kendrick war weiter, sie war
ausgeschieden. Sie konnte nur seinen Einspieler anstarren, konnte sich nicht rühren, keinen klaren Gedanken
fassen.

„Wir müssen uns also von Reena Vermillion verabschieden. Trotzdem, Reena, eine beeindruckende Leistung, so weit wie du ist bisher kein Outlander an der
Akademie gekommen.“

Reena starrte noch immer wie versteinert auf die
Leinwand. Dort wurden ihre besten Szenen der letzten
Wochen gezeigt, doch sie nahm nichts von dem, was
dort ablief, wirklich wahr. Sie musste gehen. Sie musste
tatsächlich und wahrhaftig gehen und zurück ins Outland.

Eine Hand schob sich in ihre rechte. Auch ohne hin-
zusehen, wusste Reena, dass es Mary war. Mary, die sie
trösten wollte. Doch für ihr Ausscheiden aus der Akademie gab es keinen Trost. Geistesabwesend drückte Reena Marys Hand. Es war nicht schlimm, redete sie sich
ein. Das Leben im Outland war das, was sie kannte. Das,
was für sie vorgesehen war. Als sie aufblickte, begegnete
sie Leos Blick. Er sah schockierter aus, als sie sich selbst

fühlte. Dann bemerkte Reena, dass an der Tür neben ihren beiden Wächtern auch Recovery Tailor, der Dekan der Akademie wartete. Er hob die Hand und winkte Reena zu sich. Sie schluckte. Das war also der Moment. Man würde ihr gestatten, ihre persönlichen Sachen zusammenzupacken und sie dann zur Schleuse geleiten, um sicherzugehen, dass sie die Aspiration auch wirklich verließ. Reena löst ihre Hand von Marys. Plötzlich fühlte sie sich klein und verlassen. Knapp umarmte sie jeden ihrer Freunde, keiner von ihnen sagte etwas, zu groß schien der Schock darüber zu sein, dass sie gehen musste. Als sie vor Leo stand, wusste sie nicht, was sie tun sollte. Sollte sie ihn ebenfalls umarmen?

„Leb wohl", flüsterte sie schließlich mit einer Stimme, die nicht die ihre zu sein schien.

„Reena, ich ..." Leo streckte die Hände nach ihr aus, doch Reena wandte sich ab und ging auf den Dekan zu. Sie konnte es nicht ertragen, Leos Worte zu hören. Am liebsten hätte sie geweint, doch diese Genugtuung wollte sie weder den Menschen auf der Aspiration geben, die sie hier nicht haben wollten, noch Dusk, dessen Blick förmlich ein Loch in ihren Rücken zu brennen schien.

„Bitte, hier entlang." Der Dekan deutete den Flur hinunter, auf dem die Quartiere der Kandidaten lagen. „Du hast zehn Minuten, um dich herzurichten und deine Sachen zu packen."

Reena nickte stumm. Vor der Tür ihres Quartiers ließ man sie allein. Als die Tür hinter ihr in Schloss fiel, konnte Reena nicht mehr stehen, ihre Beine gaben einfach unter ihr nach und sie sank an der Tür herab zu Boden. Sie weinte nicht, stattdessen starrte sie einfach stumpf geradeaus auf den Boden. Sie musste gehen. Dies waren die letzten Minuten auf der Aspiration, die sie jemals haben würde. Zehn Minuten eines Lebens, das sie sich nur geborgt hatte. Es war niemals für sie vorgesehen gewesen.

Als vielleicht fünf Minuten verstrichen waren, stemmte Reena sich wieder hoch. Sie musste ihre Sachen packen. Am besten nahm sie alles mit, was sie draußen im Outland gebrauchen konnte. Hier auf der Aspiration würde es niemand vermissen. Sie griff nach dem Rucksack, der in ihrem Schrank für sie bereitstand, und begann zu packen. Erst die Kleidung, die sie hier gekauft hatte, dann das Bettzeug, dann die Kosmetikartikel im Bad. Sie packte auch Marys Sachen ein und hoffte, dass ihre Freundin ihr verzeihen würde. Dass sie verstehen würde, weshalb Reena ihre Sachen nahm. Als Nächstes kam der Kühlschrank an die Reihe, dann das Wohnzimmer. Reena steckte sogar zwei der Kissen vom Sofa ein. Als gar nichts mehr in den Rucksack hineinpasste, richtete Reena sich auf und hob ihn sich auf den Rücken. Sein Gewicht erinnerte sie an das des Korbes, den sie immer zum Plastiksammeln auf dem Rücken trug. Ihr Blick glitt ein letztes Mal durch das Quartier, das sie in den letzten Monaten zusammen mit Mary bewohnt hatte. Sie versuchte die Trauer zu unterdrücken, die bei diesem Anblick in ihr hochstieg. Sie war glücklich gewesen auf der Aspiration. Sie hätte hier glücklich bleiben können ...

Mit einem Ruck schob Reena den ausgebeulten Rucksack zurecht und drehte sich schwungvoll um. Es half nichts, darüber zu grübeln, was hätte sein können. Alles, was sie jetzt noch hatte, war eine Zukunft im Outland. Und sie würde schon das Beste daraus machen.

Sie legte eine Hand auf die Türklinke des Quartiers. Wenn sie durch diese Tür hinausging, war es vorbei. Es war der Weg hinaus ins Outland, herunter von der Aspiration. Ein Weg ohne Wiederkehr, so viel stand fest.

Nach einem tiefen Atemzug öffnete Reena die Tür und trat auf den Flur hinaus. Zum ersten Mal seit Tagen waren ihre beiden Wachen nicht mehr da. Offenbar brauchte sie nun keinen Schutz mehr, nicht mehr lange und sie wäre ohnehin fort. Ihr Anblick hatte Reena die ganze Zeit gestört, doch nun, da sie nicht mehr da waren, schien etwas zu fehlen.

Stattdessen wartete noch immer Recovery Tailor auf dem Flur, zusammen mit Maddie.

„Maddie." Reena sah die Ärztin erstaunt an. „Was machst du denn hier?"

„Hallo Reena." Maddies Lächeln fiel ein wenig schwermütig aus. „Ich bin hier, weil es Vorschrift ist, den ausgeschiedenen Outlander vor seinem Wiedereintritt ins Outland zu untersuchen. So wollen es die Regeln."

„Oh." Reena schluckte. „Na klar, ich will ja fit sein, um draußen von einem Blitz erschlagen oder von einem Wildschein gefressen zu werden."

Sowohl der Dekan als auch Maddie rissen die Augen auf bei diesen Worten.

„Wildschweine?" Maddie schien ehrlich schockiert.

„Das war ein Scherz", nuschelte Reena und schob den Rucksack auf ihrem Rücken hin und her. Der war wirklich verdammt schwer. Und das mit den Wildschweinen war kein Witz gewesen, es gab sie und sie töteten hin und wieder Menschen. Nur das mit dem Fressen war leicht – wenn auch nicht ganz - übertrieben gewesen.

„Reena, bitte übergib mir jetzt deinen Com."

Natürlich, daran hatte Reena gar nichts mehr gedacht, so sehr war der kleine Computer ein Teil von ihr geworden. Sie überreichte ihm dem Dekan und er fuhr fort. „Lass uns nun zur Schleuse gehen. Wir haben einen engen Zeitplan und ich möchte Maddie auch noch ein paar Minuten zur Beurteilung deines körperlichen Zustands einräumen." Er deutete den Gang entlang zum Aufzug.

„Natürlich." Reena befahl ihren Füßen, sich in Gang zu setzen. Einen nach dem anderen. Und wieder von vorn. Endlich standen sie am Aufzug und der Dekan drückte den Knopf. Das Klingeln des Aufzugs, als sich die Türen öffneten, fuhr Reena bis ins Mark. Nur mit Mühe gelang es ihr, über die Schwelle zu treten. Sie drehte sich um. Der letzte Blick auf die Ebene der Akademie. Auf ihr Zuhause der letzten Wochen. Der Flur lag wie ausgestorben da, vermutlich befanden sich die anderen Kandidaten – diejenigen, die weiterhin teilnehmen durften – noch im Aufenthaltsraum. Solange, bis der Outlander endlich nicht mehr unter ihnen war.

Die Aufzugtüren schlossen sich und ein leichtes Schwindelgefühl setzte bei Reena ein, als die Kabine abwärts schoss. Oberhalb der Tür blinkten die einzelnen Ebenen. Dann leuchtete Ebenen 1 auf. Endstation.

Die Türen öffneten sich und Recovery Tailor schritt voraus. Wieder ein Gang, wieder eine Tür. Der Vorraum der Schleuse. Den erkannte Reena vom Tag ihrer Ankunft wieder. Ein Mann saß an einem Pult mit blinkenden Knöpfen. Als sein Blick Reena streifte, schien er vor Verachtung zu triefen. Er war froh, dass die Outlanderin endlich wieder von der Aspiration verschwand. Er und der Großteil der Bevölkerung.

„Ich werde dich jetzt kurz untersuchen. Keine Sorge, das wird nicht wehtun." Maddie schenkte Reena ein Lächeln, doch Reena erwiderte es nicht. Es würde nicht wehtun, ganz im Gegensatz zu der Untersuchung, die Maddie durchgeführt hatte, damit Reena die Aspiration überhaupt betreten durfte. Sie verließ das Schiff ja nur, was scherte es die Leute hier, wenn Reena draußen im Outland verreckte?

Maddie tastete Reenas Hals ab, ließ sie die Zunge herausstrecken und horchte ihre Brust mit einem Stethoskop ab. Als sie sich dicht zu Reena beugte, flüsterte sie hastig: „Es ist eine Schande, dass du gehen musst. Du bist besser als die meisten anderen Kandidaten." Dann schob sie Reena von sich und verkündete: „Alles in Ordnung."

Der Dekan nickte wohlwollend und gab dem Mann am Pult ein Zeichen. Dieser drückte ein paar Knöpfe und ein Zischen erklang. „Hier rein." Der Dekan deutete auf eine Metalltür. „Das ist eine Schleuse. Wenn du darin bist, wird sie auf dieser Seite geschlossen und die Luft

desinfiziert. Danach wird sie auf der anderen Seite geöffnet und du kannst die Aspiration verlassen."

Reena nickte. Ja, das kannte sie bereits. „Kann losgehen." Jetzt, da die Aspiration sie nicht mehr haben
wollte, wäre es ihr lieber, keine weitere Sekunde hier
zu bleiben. Entschlossen ging sie auf die Tür zu und zog
das schwere Metall zu sich. Ein Schritt und sie stand
in einer würfelförmigen Kammer. An den Seiten waren
Löcher in die Wand eingelassen. Die Beleuchtung war
nur ein schummriges Blau, in dem Reena kaum erkennen konnte, wohin sie trat. Nur noch wenige Sekunden
und sie war wieder im Outland. Wenige Stunden und
sie war wieder bei ihrer Familie. Sie konnte nicht recht
sagen, wie sie sich bei dem Gedanken fühlte. Sie würde
Mary, Samara und Nickels nie wieder sehen. Und auch
Leo nicht. Wie sie sich bei dem Gedanken fühlte, wusste
sie allerdings genau.

Sie drehte sich zur Tür, wo der Dekan neben dem Mann
am Pult stand. Maddie hatte sich ein paar Schritte abseits
an die Wand gelehnt und hielt die Arme verschränkt.

Ein Piepen klang durch den Raum, der Alarmton eines Coms. Reena sah den Dekan zusammenzucken. Mit
einem unwilligen Stirnrunzeln blickte er hinab auf das
Gerät an seinem Handgelenk. Er schien nicht glauben
zu können, was er dort las, denn er tippte wild auf den
Tasten seines Coms herum.

Der Mann am Pult begann gelangweilt, mehrere Knöpfe zu drücken und die Tür zur Schleuse begann sich
langsam von selbst zu schließen.

„Halt!", hörte Reena den Dekan rufen, bevor sich die Tür ganz schließen konnte. Ein winziger Spalt blieb offen. „Sofort Stopp! Machen Sie sie wieder auf!"

Lieber Leser,

vielen Dank, dass du dich für „Aspiration – Die Akademie"
entschieden hast. Wenn dir der Roman gefallen hat, hin-
terlass mir doch gerne eine kurze Bewertung auf Porta-
len wie zum Beispiel Amazon.

Natürlich ist Reenas Abenteuer noch nicht zu Ende,
folgende Bände sind noch geplant und erscheinen vor-
aussichtlich 2024:

Band 2 „Aspiration – Tödliche Bedrohung"
Band 3 „Aspiration – Rebellische Zeiten"

Viele Grüße
Jasmin